高职化工技术类专业
新型工作手册式教材

典型化工生产
操作技术（下）

徐晓辉　赵　埔　主编
史振国　主审

化学工业出版社
·北京·

内 容 简 介

《典型化工生产操作技术》(下)包括三个模块:岗位基础认知、苯乙烯装置生产操作、丙烯腈生产操作。选取典型化工产品(苯乙烯、丙烯腈)为载体,对照化工生产过程的岗位标准设计项目工作任务,包括装置岗位认知、装置HSE认知、交接班与巡检;苯乙烯生产运行认知、装置正常生产与调节、开车操作、停车操作、异常与处理;丙烯腈生产运行认知、装置正常生产与调节、开车操作、停车操作、异常与处理等内容,将企业岗位操作规程与项目操作标准进行准确对接。在项目导言和任务学习中融入质量、安全、环保、健康等意识;在任务执行中融入爱岗敬业、遵章守纪、工匠精神、团队协作、企业文化等思政教育元素,在提高技术技能的同时,注重全方位培养学生的综合素质。每个任务设计了任务工单,并整合了信息化资源,针对性、实操性较强。

本书可作为高等职业教育化工类专业师生教学用书及化工类企业员工培训教材。

图书在版编目(CIP)数据

典型化工生产操作技术.下/徐晓辉,赵埔主编.—北京:化学工业出版社,2023.12
高职化工技术类专业新型工作手册式教材
ISBN 978-7-122-44235-2

Ⅰ.①典⋯ Ⅱ.①徐⋯②赵⋯ Ⅲ.①化工生产-高等职业教育-教材 Ⅳ.①TQ06

中国国家版本馆 CIP 数据核字(2023)第 182208 号

责任编辑:王海燕 张双进 文字编辑:曹 敏
责任校对:宋 玮 装帧设计:张 辉

出版发行:化学工业出版社(北京市东城区青年湖南街13号 邮政编码100011)
印　　装:北京科印技术咨询服务有限公司数码印刷分部
787mm×1092mm 1/16 印张17 字数422千字 2024年1月北京第1版第1次印刷

购书咨询:010-64518888 售后服务:010-64518899
网　　址:http://www.cip.com.cn
凡购买本书,如有缺损质量问题,本社销售中心负责调换。

定　价:52.00元　　　　　　　　　　　　　　　　　版权所有　违者必究

《典型化工生产操作技术（上、下）》教材编委会

主 任 委 员：严世成　覃　杨
副主任委员：徐晓辉　赵　埔　史振国
委　　　员：严世成　覃　杨　徐晓辉　赵　埔　王　蕾　王　超
　　　　　　薛忠义　李丽娜　米　星　朱子富　王承猛　颜鹏飞
　　　　　　叶宛丽　刘立新　宋艳玲　张宏伟　白延军　朴　勇
主　　　审：史振国

前言

随着《国家职业教育改革实施方案》（职教 20 条）和《关于推动现代职业教育高质量发展的意见》等文件的颁布实施，职业教育迎来了高质量快速发展的黄金机遇期。当前，各职业院校纷纷开展新一轮的职业教育教学改革，教材改革和建设是落实习近平总书记重要指示精神和职教 20 条的具体体现。

教材是课程建设与教学内容改革的载体，是提高人才培养质量的重要抓手。职业教育经过多年的改革与实践，涌现了一大批特色教材，如"理实一体化"教材、"项目化"教材、"活页式"教材等。但随着职业教育课程改革的不断深入，对教材的编写也提出了更高的标准和要求，迫切需要融入新标准、新技术、新规程，线上线下一体的混合式立体化、信息化教材。鉴于此，吉林工业职业技术学院联合北京东方仿真软件技术有限公司编写了化工技术类新型工作手册式教材《典型化工生产操作技术（上、下）》。

本教材为《典型化工生产操作技术（下）》，以"立德树人、德技并修"为指导思想进行编写，定位于高职高专石油化工类专业学生的培养及化工类企业员工的培训，选取典型化工产品（苯乙烯、丙烯腈）为载体，对照化工生产过程的岗位标准设计项目工作任务，将企业岗位操作规程与项目操作标准进行准确对接，采用线上线下融合、课内课外混合、软件硬件结合、内操外操配合的方式组织教学内容。在项目导言中融入质量、安全、环保、健康等意识，在任务学习和任务执行中融入爱岗敬业、遵章守纪、工匠精神、团队协作、企业文化等思政教育元素，在提高技术技能的同时，注重全方位培养学生的综合素质。

教材在编写过程中，吸收了近年高职教育教学改革的先进成果，征求了石化企业专家和生产一线工程技术人员的意见，力求集先进性、实用性、职业性于一体。本教材以"工作手册"的形式组织编写课程内容。各个项目既可以独立运行，也可以综合使用。既能满足课程教学需要，也能满足企业员工培训需求，具有较强的针对性和较大的灵活性。各职业院校和化工企业可根据自身需要选取学习内容。

本教材由吉林工业职业技术学院徐晓辉与北京东方仿真软件技术有限公司赵埔担任主编。东方仿真软件技术有限公司覃杨、赵埔、米星、朱子富、王承猛，吉林工业职业技术学院严世成、王超、王蕾编写模块一，吉林工业职业技术学院薛忠义编写模块二的项目一、项目二，李丽娜编写项目三、项目四、项目五；徐晓辉编写模块三。本教材由中国石油天然气股份有限公司吉林石化分公司高级工程师史振国主审。

本书在编写过程中得到了吉林工业职业技术学院叶宛丽、刘立新、宋艳玲、张宏伟、白延军、朴勇等老师的帮助和指导，同时参考了相关文献资料及企业操作规程，在此一并表示感谢。由于编者对职教理论理解和自身业务水平有限，教材难免存在不足之处，请读者批评指正。

编者

2023 年 7 月

目录

模块一　岗位基础认知

项目一　装置岗位认知 ……………………………………………………………… 002
　　任务一　化工企业典型组织架构认知 …………………………………………… 003
　　任务二　装置环境认知 …………………………………………………………… 012
　　任务三　岗位及主要工作认知 …………………………………………………… 022
　　项目综合评价 ……………………………………………………………………… 026

项目二　装置HSE认知 ……………………………………………………………… 027
　　任务一　HSE责任认知 …………………………………………………………… 028
　　任务二　消防和环保基础认知 …………………………………………………… 038
　　任务三　危险源及HAZOP基础认知 …………………………………………… 047
　　任务四　职业卫生与防护 ………………………………………………………… 056
　　任务五　班组应急处置 …………………………………………………………… 069
　　项目综合评价 ……………………………………………………………………… 072

项目三　交接班与巡检 ……………………………………………………………… 073
　　任务一　化工装置交接班认知 …………………………………………………… 074
　　任务二　化工装置巡检认知 ……………………………………………………… 081
　　项目综合评价 ……………………………………………………………………… 087

模块二　苯乙烯装置生产操作

项目一　装置生产运行知识 ………………………………………………………… 089
　　任务一　苯乙烯产业认知 ………………………………………………………… 090

任务二	乙苯脱氢反应工段认知	095
任务三	脱氢液分离工段认知	103
任务四	尾气压缩及吸收工段认知	107
任务五	苯乙烯分离工段认知	111
项目综合评价		115

项目二　装置正常生产与调节　　116

任务一	维持汽提塔塔顶温度稳定	119
任务二	提高粗苯乙烯塔回流量	122
任务三	降低精苯乙烯塔塔顶压力	126
项目综合评价		129

项目三　苯乙烯装置开车操作　　130

任务一	乙苯脱氢工段开车操作	131
任务二	苯乙烯精制工段开车操作	143
项目综合评价		152

项目四　苯乙烯装置停车操作　　153

任务一	乙苯脱氢工段停车操作	154
任务二	苯乙烯精制工段停车操作	158
项目综合评价		161

项目五　苯乙烯装置异常与处理　　162

任务一	乙苯单元故障与处理	163
任务二	苯乙烯单元故障与处理	169
项目综合评价		174

模块三　丙烯腈生产装置操作

项目一　丙烯腈生产装置运行认知　　176

任务一	丙烯腈反应工段认知	178
任务二	丙烯腈回收工段认知	187
任务三	丙烯腈精制工段认知	192
任务四	丙烯腈火炬工段认知	201
项目综合评价		206

项目二　丙烯腈装置正常生产与调节　　207

任务一	E9102冷后温度调节	209
任务二	贫水/溶剂水缓冲槽液位和回收塔釜液位控制	213
项目综合评价		216

项目三　丙烯腈装置开车操作 ·· 217
　　任务一　T9101、T9103 建立液位 ································· 219
　　任务二　汽包升温升压 ·· 225
　　任务三　开工加热炉点火升温、加催化剂 ······················ 229
　　任务四　装置循环冷运 ·· 233
　　任务五　装置循环热运 ·· 236
　　任务六　脱氢氰酸塔、成品塔进料 ································ 239
　　项目综合评价 ·· 242

项目四　丙烯腈装置停车操作 ·· 243
　　任务一　反应器停车 ··· 244
　　任务二　脱氢氰酸塔 T9106、成品塔 T9107 停工退料 ······ 247
　　项目综合评价 ·· 249

项目五　丙烯腈装置异常与处理 ······································ 250
　　任务一　装置典型事故案例 ·· 251
　　任务二　空压机故障反应器进料中断 ···························· 255
　　任务三　氢氰酸泄漏事故 ··· 257
　　任务四　精制工段装置晃电 ·· 259
　　项目综合评价 ·· 263

参考文献 ·· 264

二维码资源目录

编号	名称	页码	编号	名称	页码
M1-1	工业管道基本识别色	016	M1-14	防爆巡检机器人简介	085
M1-2	某裂化装置巡回检查制度	023	M2-1	汽提塔	106
M1-3	安全教育培训流程	032	M2-2	填料塔整体浏览	110
M1-4	消防水炮	041	M2-3	填料塔外观展示	110
M1-5	中石化 7×8 风险矩阵及注释	047	M2-4	填料塔结构展示	110
M1-6	职业危害事故案例	056	M2-5	填料塔原理展示	110
M1-7	安全色与安全标志	058	M2-6	分馏塔整体浏览	114
M1-8	常用防护用品	062	M2-7	分馏塔外观展示	114
M1-9	事故应急救援预案	070	M2-8	分馏塔结构展示	114
M1-10	某公司交接班视频	074	M2-9	分馏塔原理展示	114
M1-11	某装置运行经理交接班日志	076	M2-10	苯乙烯泄漏处理	169
M1-12	巡检	082	M3-1	丙烯腈装置开工纲要	218
M1-13	设备巡检	084			

模块一
岗位基础认知

项目一 装置岗位认知

【学习目标】

知识目标
① 了解化工企业典型组织架构及岗位职责；
② 熟悉典型工艺装置的车间布局；
③ 熟悉内外操岗位员工的工作内容。

技能目标
① 能够清晰描述车间班组岗位组成；
② 能够结合沙盘辨识化工企业典型工艺现场装置的功能区域；
③ 能够清晰描述内外操岗位员工的工作内容及工作时间。

素质目标
① 通过学习，了解化工企业典型组织架构及岗位责任，增强岗位责任意识；
② 通过学习化工装置的车间布置，树立安全环保意识；
③ 通过叙述化工企业内外操岗位员工的工作内容，培养良好的语言组织、语言表达能力。

【项目导言】

化学工业是我国国民经济的支柱产业之一，在国民经济中具有举足轻重的地位。化工行业涉及范围极广，主要包括石油、化肥、农药、新领域精细化工、无机盐、有机原料、化工材料等。而从事化学工业生产和开发的企业和单位即为化工企业，化工技术类专业毕业生的就业方向一般为化工企业，且刚入职的毕业生往往从事一线生产工作，因此了解化工行业的特点及前景、化工企业典型组织架构、车间班组组成、化工企业的现场装置布局规律，能够建立对化工企业的简单认识，完成个人职业生涯规划，对个人的职业发展有积极作用。

【项目实施任务列表】

任务名称	总体要求	工作任务单	建议课时
任务一 化工企业典型组织架构认知	通过该任务，了解化工企业典型的组织架构及个人职业晋升通道，熟悉班组各岗位的岗位职责	1-1-1	1
任务二 装置环境认知	通过该任务，了解典型化工装置的现场环境	1-1-2-1 1-1-2-2	1
任务三 岗位及主要工作认知	通过该任务，了解典型化工企业班组十项制度，熟悉典型岗位员工的主要工作内容	1-1-3	1

任务一　化工企业典型组织架构认知

任务目标　① 了解化工行业在国民经济中的地位；
② 了解化工企业车间班组岗位构成；
③ 了解班组中各岗位的岗位职责。

任务描述　以入厂新员工的身份组成化工班组，学习化工企业组织架构，了解车间班组人员构成，学习各岗位员工的岗位职责。

教学模式　理实一体、任务驱动

教学资源　工作任务单（1-1-1）

任务学习

一、化工行业概述

化工行业就是从事化学工业生产和开发的企业和机构的总称。化学工业在许多国家的国民经济中都占有重要地位，是基础产业和支柱产业。化学工业的发展速度和规模对社会经济的各个部门有着直接影响，世界化工产品年产值已超过 15000 亿美元。化学工业门类繁多、工艺复杂、产品多样，生产中产生的各类物质种类多、数量大，且部分具有毒性。同时，化工产品在加工、贮存、使用和废弃物处理等各个环节都有可能产生有毒物质。因此，化学工业发展走可持续发展道路对于人类经济、社会发展具有重要的现实意义。

1. 化工行业的分类

化工行业按其化学特性分类分为无机化工、基本有机化工、高分子化工、精细化工；按原料分类分为石油化学工业、煤化学工业、生物化学工业、农林化学工业等；按产品吨位分类分为大吨位产品、精细化学品，前者指产量大对国民经济影响大的一些产品，如氨、乙烯、甲醇等，后者指产量小、品种多，但价值高的产品，如药品、染料等；按我国统计方法分类分为合成氨及肥料工业、硫酸工业、制碱工业、无机物工业（包括无机盐及单质）、基本有机原料工业、染料及中间体工业、产业用炸药工业、化学农药工业、医药药品工业、合成树脂与塑料工业、合成纤维工业、合成橡胶工业、橡胶制品工业、涂料及颜料工业、信息记录材料工业（包括感光材料、磁记录材料）、化学试剂工业、军用化学品工业，以及化学矿开采业和化工机械制造业等。

2. 化学工业在国民经济中的地位

化学工业在许多国家的国民经济中占有重要地位，是国家的基础产业和支柱产业，农业发展的强大支持，为工农业生产提供重要的原料保障，与衣、食、住、行密切相关。化学工业还肩负着为国防生产配套高技术材料的任务，并提供常规战略物资。

（1）化学工业与农业　化学工业为农业提供化肥、农药、塑料薄膜、饲料添加剂、生物促进剂等产品，反过来又以农副产品如淀粉、糖蜜、油脂、纤维素以及天然香料、色素、生物药材等为原料，以制造农业所需要的化工产品，形成良性循环。这就是化学工业与农业的天然联盟，也是乡镇企业发展的主要方向。农业是国民经济的基础，而农业问题又主要是粮食、棉花等涉及亿万人民的吃穿问题，它制约着工业的发展，这就决定了化学工业特别是其中的化肥、农药、塑料工业在国民经济中的突出重要地位。化学工业为农业技术改造和发展社会主义农业经济提供物质条件。重工业用它生产大量农业机械以及现代化的运输工具、电力设备、化肥、农药等产品装备农业，逐步实现农业的机械化、现代化，以不断提高农业的劳动生产率。

（2）化学工业与制药　制药工业是现代化工业，与其他工业有许多共性，尤其是化学工业，它们彼此之间有密切的关系。化学药品属于精细化工，合成药离不开中间体和化工原料。某些合成药技术水平的提高有赖于化工中间体水平的提高。所以与化学工业密切结合开发中间体大有可为，可大大提高我国合成药的国际竞争力。

（3）化学工业与冶金、建筑　冶金工业使用的原材料除了大量的矿石外，就是炼铁用的焦炭。冶金用的不少辅助材料都是化工产品。目前高分子化学建材已形成相当规模的产业，其主要有建筑塑料、建筑涂料、建筑粘贴剂、建筑防水材料以及混凝土外加剂等。此外，化学工业为建筑工业提供了建筑机械、传统建筑材料和新型建筑材料。

（4）化学工业与能源　能源既是化学工业的原料，又是它的燃料和动力，因此能源对于化学工业比其他工业部门更具重要性。化学工业是采用化学方法实现物质转换的过程，其中也伴随着能量的变化。目前化学工业有二十几个行业，数万个品种，应用范围渗透到国民经济各个部门。化学工业是能源最大消费部门之一，能源是国民经济发展的基础，是化学工业的原料、燃料和动力的源泉。

（5）化学工业与国防　国防工业是一个加工工业部门，它的生产和发展离不开化学工业提供的机器设备和原材料。此外，化学工业产品的很大一部分也是用来武装和改造化学工业本身的物质技术基础。在常规战争中所用的各种炸药都是化工制品。军舰、潜艇、鱼雷以及军用飞机等装备都离不开化学工业的支持。导弹、原子弹、氢弹、超音速飞机、核动力舰艇等都需要质量优异的高级化工材料。

（6）化学工业与环境　在二十一世纪的今天，随着人类改造自然的能力和规模的巨大发展，尤其是化学工业的飞速发展所带来的环境问题已影响到人类的生活。人们在经历了环境与经济的双收益后，更多的目光和精力被投入到绿色化学技术的发展，随着科技的进步，绿色生产技术必将进一步发展和优化。

以上说明在国民经济中，包括有各不相同的产业，它们相互联系在一起。在国民经济中，各产业、行业和企业之间既有分工，各自承担着不同的任务，而又相互联系，共同发挥作用。

二、优秀化工企业和典型组织架构

1. 国内优秀化工企业案例

2021年，中国化工企业有七家进入全球50强。值得注意的是，中国企业的排名基本处于持平或者上升状态，反映出中国化工行业蓬勃的发展态势。除中国石化、台塑外，中国石油排名第13位与上年持平；恒力石化位居15位；中国中化旗下的先正达位列26位；万华化学位居29位。荣盛石化2021年第一次进入50强，位居42名。

总部位于山东烟台的万华化学集团（简称万华化学）是中国唯一一家拥有MDI（二苯甲烷二异氰酸酯）制造技术自主知识产权的企业，曾获"国家科技进步奖一等奖"，号称"化工界的华为"，在异氰酸酯领域已超过巴斯夫、拜耳等国际化工巨头成为全球最大的生产商。

万华化学前身为烟台合成革厂，成立于1978年，最初的愿景是让每个中国人都能穿上皮鞋。1984年烟台合成革厂引进了日本一套落后的1万吨MDI装置［MDI被称为"第五种塑料"，广泛用于生产鞋底、汽车内饰件（仪表台、方向盘）、坐垫、头枕、PU玩具、床垫、冰箱、冷库板、建筑保温材料等，是一种现代轻工业不可或缺的原材料］，但却在日方不再提供技术支持后基本无法正常开工。在全球范围向MDI巨头寻求技术换市场，却四处碰壁后，万华无奈走上了自主研发道路，坚持自己培养科学技术人才，花费重金聘请高端的技术人才，在中国科学院、国防科技大学等多家单位的支持下，终于掌握了国际先进水平的MDI核心技术——光气化学技术，闯进这一外国垄断的领域，由此我国成为世界上继美、德、英、日之后第五个拥有自主知识产权的MDI制造技术的国家，万华化学也是我国唯一拥有MDI自主知识产权的企业。1995年，MDI装置年产量首次突破1万吨；1997年，万华开启国有企业改革之路。1998年完成股份制改制成立烟台万华聚氨酯股份有限公司；2001年公司上市；2003年16万吨/年MDI工程在宁波大榭开始建设。2004年万华成为国内化工领域率先引进美国杜邦安全管理体系的公司，从严提出"零伤害，零事故，零排放，建设花园式工厂"的HSE目标。2005年宁波16万吨/年MDI装置一次性投料试车成功，同期，万华在中东、俄罗斯、日本、美国、欧洲设立分公司和办事处，实施全球化布局。2011年万华收购匈牙利宝思德化学，迈出了国际化进程里程碑式的一步，开始建设环氧丙烷及丙烯酸酯一体化项目；2013年更名为万华化学集团股份有限公司；2015年环氧丙烷及丙烯酸酯一体化项目顺利投产，标志着公司进军石化行业，进一步完善聚氨酯产业链；2016年公司成功打通了"IP-IPN-IPDA-IPDI"全产业链并建成投产，同时自主研发的SAP和POP工业化装置投产，公司在精细化学品和新材料领域多点开花；2018年通过资产重组吸收合并控股股东万华实业，实现万华化学相关资产整体上市；2019年收购瑞典国际化工，巩固了公司MDI护城河。2020年营收过千亿，跻身世界化工巨头行列；截至2021年万华化学MDI产能居全球第一。

2. 世界范围内的化工巨头

根据美国《化学与工程新闻》（Chemical & Engineering News，C&EN）发布的"2021全球最大的50家化学公司"排行榜（Global Top 50 Chemical Companies for 2021），目前世界范围内的化工巨头公司如表1-1。

表1-1 2021年全球规模最大的50家化学公司

排名	公司名称	总部所在地	2020财年化学品销售额/亿美元
1	巴斯夫（BASF）	德国	674.91
2	中国石化（Sinopec）	中国	466.56
3	陶氏（Dow）	美国	385.42
4	英力士（Ineos）	英国	313.10
5	沙特基础工业（Sabic）	沙特	287.92
6	台塑（Formosa Plastics）	中国	277.11
7	LG化学（LG Chem）	韩国	254.77
8	三菱化学（Mitsubishi Chemical）	日本	253.23
9	林德（Linde）	英国	243.92
10	利安德巴塞尔工业（LyondellBasell Industries）	美国	234.07
11	埃克森美孚（ExxonMobil Chemical）	美国	230.91

续表

排名	公司名称	总部所在地	2020财年化学品销售额/亿美元
12	法液空(Air Liquide)	法国	230.89
13	中国石油(PetroChina)	中国	217.69
14	杜邦(DuPont)	美国	203.97
15	恒力石化(Hengli Petrochemical)	中国	172.65
16	住友化学(Sumitomo Chemical)	日本	158.22
17	东丽(Toray Industries)	日本	151.96
18	信越化学工业(Shin-Etsu Chemical)	日本	140.19
19	赢创(Evonik Industries)	德国	139.19
20	信实工业(Reliance Industries)	印度	136.00
21	科思创(Covestro)	德国	122.16
22	壳牌(Shell Chemicals)	荷兰	117.21
23	雅苒(Yara)	挪威	115.91
24	巴西国家化学(Braskem)	巴西	113.48
25	三井化学(Mitsui Chemicals)	日本	113.48
26	先正达(Syngenta)	瑞士	112.08
27	拜耳(Bayer)	德国	112.04
28	索尔维(Solvay)	比利时	110.84
29	万华化学(Wanhua Chemical)	中国	106.36
30	因多拉玛(Indorama)	泰国	105.89
31	乐天化学(Lotte Chemical)	韩国	103.54
32	庄信万丰(Johnson Matthey)	英国	99.51
33	优美科(Umicore)	比利时	97.38
34	旭化成(Asahi Kasei)	日本	92.83
35	帝斯曼(DSM)	荷兰	92.49
36	阿科玛(Arkema)	法国	89.96
37	空气产品(Air Products and Chemicals)	美国	88.56
38	美盛(Mosaic)	美国	86.82
39	韩华思路信(Hanwha Solutions)	韩国	85.96
40	伊士曼化学(Eastman Chemical)	美国	84.73
41	雪佛龙菲利普斯化学(Chevron Phillips Chemical)	美国	84.39
42	荣盛石化(Rongsheng Petrochemical)	中国	83.59
43	北欧化工(Borealis)	奥地利	77.80
44	西湖化学(Westlake Chemical)	美国	75.04
45	沙索(Sasol)	南非	72.88
46	Nutrien	加拿大	71.56
47	朗盛(Lanxess)	德国	69.65
48	东曹(Tosoh)	日本	68.64

续表

排名	公司名称	总部所在地	2020财年化学品销售额/亿美元
49	DIC	日本	65.67
50	科迪华(Corteva Agriscience)	美国	64.61

可知前三名分别为巴斯夫、中国石化、陶氏。

3. 现代化工企业组织架构

各公司的组织架构基本一致又各具特点，本书仅以中国石化某公司的组织架构为例介绍现代化工企业的基本架构（图1-1）。

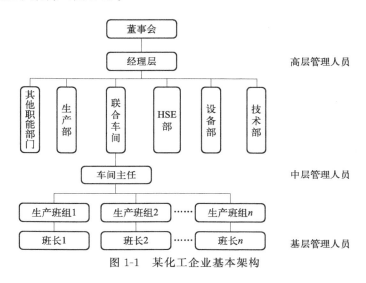

图1-1 某化工企业基本架构

现代化工企业集团，一般在集团公司设置董事会，董事会是由董事组成的，对内掌管公司事务、对外代表公司的经营决策和业务执行机构。董事会委托公司经理层的各经理进行公司的具体运营管理。在经理层之下，会设置生产部、设备部、技术部、HSE部（安全监督部门）及为具体生产服务的热电部、水务部、财务部、审计部等其他职能部门，也会根据具体业务的不同设置炼油部、化工部；而在化工部下会设置各个生产车间，由各车间的车间主任进行管理。在车间之下就是各个生产班组，由各个班组的班长进行管理。

三、化工企业车间班组组成

1. 化工企业车间组织架构及各岗位职责

下面以中国石化某下属公司某联合车间为例，介绍车间组织架构（如图1-2）。车间是企业内部组织生产的基本单位，也是企业生产行政管理的一级组织。车间的任务是进行生产管理工作，通过对生产过程中人、机、料、法等要素进行优化配置，做到生产组织科学有序，人员结构合理，生产方案优化，节能减耗，提高产品产率，保证产品质量，提高经济效率。

车间一般由若干工段或生产班组构成。它按企业内部产品生产各个阶段或产品各组成部分的专业性质和各辅助生产活动的专业性质而设置，拥有完成生产任务所必需的厂房或场地、机器设备、工具和一定的生产人员、技术人员和管理人员。

2. 班组组织架构及各岗位职责

企业中的班组的地位和作用是极其重要的。班组是企业的"细胞"，是企业的基本组成

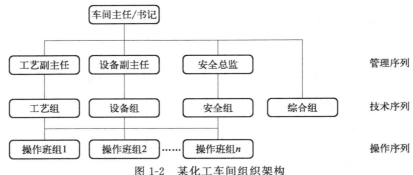

图 1-2 某化工车间组织架构

单位。企业的各项运营生产工作最终都要通过班组去落实，各项任务都要依靠班组去完成，所以班组是企业各项工作的落脚点。俗话说，万丈高楼平地起，一个企业由小到大，由弱到强，不断发展壮大都离不开班组在其中发挥巨大作用。下面以中国石化某公司某联合车间某班组为例，介绍班组的组成（如图1-3）。化工企业因其工作内容的特殊性和典型性，分为内操岗位和外操岗位。内操岗位主要是在中控室中对现场的工艺进行监控和调节；而外操岗位主要是在装置现场进行操作和调节。而内操岗位和外操岗位都各由一位副班长对各岗位的工作进行汇总和协调，最终将工作的执行结果和遇到的问题汇总给班长。

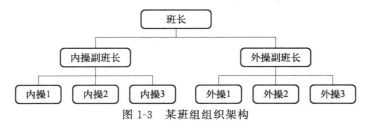

图 1-3 某班组组织架构

职业院校学生在化工企业的职业发展路线举例

职业院校化工相关专业毕业生若进入化工企业，一般会先从事一线的生产工作。现以国内某大型石化企业的新员工职业晋升路径进行举例说明（如图1-4）。

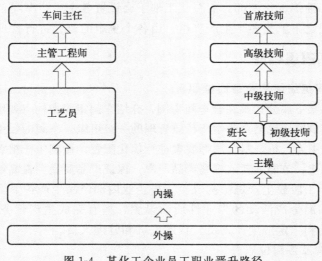

图 1-4 某化工企业员工职业晋升路径

一般化工专业的职业院校毕业生进入化工企业，会先从外操员做起，在现场进行外操工作，经过一到两年的时间，会选拔优秀的外操员进入中控室做内操，经历一段时间后，对工艺熟悉、内操操作好的员工一部分会晋升为主操，相当于之前介绍过的内操副班长，走专业技术序列，之后可以晋升为班长、初级技师再晋升为中级技师最终成为集团首席技师；另一部分内操，如果拥有专科及以上学历，还可以走管理序列，可以晋升为工艺员、主管工程师最终晋升为车间主任，后期还有望进入公司管理层。

任务执行

通过任务学习，完成化工企业典型组织架构认知（工作任务单 1-1-1）

要求：① 按授课教师规定的人数，完成虚拟车间的组建。
② 完成组内分工，学习对应岗位的职责并完成工作任务单。
③ 完成后，以车间班组为单位向全体分享。
④ 任务时间：20min。

工作任务单　化工企业典型组织架构认知			编号:1-1-1
考查内容:车间班组组织架构及主要岗位职责认知			
姓名：	学号：		成绩：

1. 车间班组组织架构

完成虚拟车间的组建，并在下图的括号处填入自己的姓名。

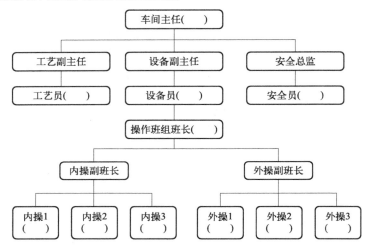

2. 各岗位主要职责

岗位	职责
内操	了解生产计划,明确生产任务,严格执行(　)和(　),负责对产品质量及各控制参数调整 　负责主控室内 DCS 系统的(　)、监屏,熟悉每个(　),对每个(　)的变化能及时发现并处理,及时报警和通知(　)、(　)并作出相应反应 　负责按时按要求记录班组(　)、(　)、(　)等。对装置运行情况做好总结与记录 　负责(　)、(　)与其他操作记录的填写,内操室设施、(　)的使用、保管与交接的记录
外操	外操受(　)领导,加强与(　)、(　)以及(　)的练习,配合(　)把各项工艺参数控制在最佳范围内,做好系统优化和节能降耗工作 　按时按规定执行(　),发现问题及时向(　)汇报。协助(　)组织抢救,做好详细记录,参加(　)、(　)落实防范措施 　负责按时按要求记录(　)及(　)情况,对管辖区域内(　)、(　)、办公设施、(　)的管理维护 　负责(　)设备、(　)设备、消防设施、(　)和(　)的检查维护工作,保证其保持完好和正常运行 　配合(　)、(　)等制度的执行,按规定进行(　),发现违章应及时(　),定期参加各种(　)、安全活动与各种(　),掌握正确使用防护器材的方法,确保遇到突发事件能正常处理

续表

岗位	职责
班长	全面负责装置现场的安全生产及（　　）、机泵、（　　）的正常运行 严格工艺纪律，执行工艺卡片，负责协调指挥（　　）岗位间操作 负责（　　）、（　　）、劳动纪律管理 负责班组（　　）工作，制止各类违章操作，保证（　　）安全和（　　）安全 负责带领全班人员按照（　　）、（　　）规定与要求，进行（　　）、（　　）及（　　）等工作 树立（　　）的思想，遵守（　　），严格执行（　　），有权拒绝（　　）
工艺员	负责（　　）各项指令的传达、（　　）与（　　）等工作的落实根据（　　）的生产情况进行相关单位及调度联系，保证装置平稳运行对（　　）进行分析，提出改进措施，并对这些指标进行（　　） 负责装置（　　）工作，装置（　　）工作，保证装置平稳运行、产品质量合格，保证装置（　　）工作运行
安全员	负责车间直接作业环节的（　　）、对施工作业全过程实施（　　）督查做好装置日常（　　）工作，施工及维修现场（　　） 对职工进行经常性的（　　），组织（　　）考核，参加（　　）活动搞好职业（　　），组织职工（　　），实施有效的（　　）
设备员	负责车间（　　）工作，严格执行（　　）制度，发现问题及时解决根据车间的（　　）运行情况，及时与（　　）联系，协调人员的对外操作 编制本装置（　　）及（　　），编制（　　）方案，及时指导（　　），确保（　　）正常运行 督导各班组的日常（　　）工作

任务总结与评价　◀

绘制此次任务的思维导图。

任务二　装置环境认知

任务目标　① 了解化工企业车间布置的基本原则；
② 了解化工企业内外操室的布置；
③ 了解典型装置在沙盘上的位置及功能。

任务描述　通过学习化工企业装置的定位、选址规律及通过××装置沙盘的现场观察学习，了解化工装置现场的基本组成，熟悉装置现场环境。

教学模式　理实一体、任务驱动

教学资源　沙盘及工作任务单（1-1-2-1、1-1-2-2）

任务学习

一、化工厂的定位与选址规律

化工厂的定位与厂址选择是一个复杂的问题，它涉及原料、水源、能源、土地供应、市场需求、交通运输和环境保护等诸多因素。应对这些因素全面综合地考虑，权衡利弊，才能作出正确的选择。

化工厂定位遵循的基本原则

厂址宜选在原料、燃料供应和产品销售便利的地区，并在储运、机修、公用工程和生活设施等方面具有良好协作条件的地区。

厂址应靠近水量充足，水质良好，电力供应充足的地方。厂址应选在有便利交通的地方。选厂应注意节约用地，不占或少占耕地，厂区的面积形状和其他条件应满足工艺流程合理布置的需要，并要预留适当的发展余地。选厂应注意当地的自然环境条件，工厂投产后对周围环境造成的影响作出预评价，工厂的生产区和居民区的建设地点应同时选定。

一般来说，厂区应避免建在以下地区：

具有开采价值的矿藏地区；

易遭受洪水、泥石流、滑坡等的危险地区；

厚度较大的三级自重湿陷性黄土地区；

发震断层地区和地震高发地区；

对机场、电台、国防线路等使用有影响的地区；

国家选定的历史文物、生物保护和风景旅游地区；

城镇等人口密集的地区。

工厂定位时除了谨遵以上原则外，考虑得更多的是经济问题。固然，高风速、地震多发、雨雪量大、雷电频发等不安全因素，在工厂定位时会给予适度考虑。但首要考虑的是经济问题。比如，世界上多数大型石油化工企业都建立在原料产地附近，就是出于原料流通经济上的考虑。

二、化工厂区及车间区域划分

1. 化工厂区域划分

工厂布局也是一种工厂内部组件之间相对位置的定位问题，其基本任务是结合厂区的内外条件确定生产过程中各种机器设备的空间位置，获得最合理的物料和人员的流动路线。化工厂布局普遍采用留有一定间距的区块化的方法。工厂厂区一般可划分为以下六个区块：工艺装置区，罐区，公用设施区，运输装卸区，辅助生产区，管理区。各区块需考虑的安全因素如下。

(1) 工艺装置区　工艺装置区由加工单元装置设备和过程单元装置设备构成。加工单元可能是工厂中最危险的区域。首先应该汇集这个区域的一级危险源如毒性或易燃物质、高温、高压、火源等。这些地方有很多机械设备，容易发生故障，加上人员可能的失误而使其充满危险。

加工单元应该离开工厂边界一定的距离，应该是集中而不是分散的分布。后者有助于加工单元作为危险区的识别，杜绝或减少无关车辆的通过。要注意厂区内主要的火源和主要的人口密集区，由于易燃或毒性物质释放的可能性，加工单元应该置于上述两者的下风区。过程区和主要罐区有交互危险性，两者最好保持相当的距离。

过程单元除应该集中分布外，还应注意区域不宜太拥挤。因为不同过程单元间可能会有交互危险性，过程单元间要隔开一定的距离。特别是对于各单元不是一体化过程的情形，完全有可能一个单元满负荷运转而邻近的另一个单元正在停车大修，从而使潜在危险增加。危险区的火源、大型作业、机器的移动、人员的密集等都是应该特别注意的事项。在安全方面唯一可取之处是通常过程单元人员较少。

目前在化学工业中，过程单元间的间距仍然是安全评价的重要内容。对于过程单元本身的安全评价比较重要的因素有：

① 操作温度；
② 操作压力；
③ 单元中物料的类型；
④ 单元中物料的量；
⑤ 单元中设备的类型；
⑥ 单元的相对投资额；
⑦ 救火或其他紧急操作需要的空间。

(2) 罐区　贮存容器，比如贮罐，是需要特别重视的装置。每个这样的容器都是巨大的能量或毒性物质的贮存器。在人员、操作单元和贮罐之间保持尽可能远的距离是明智的。这样的容器能够释放出大量的毒性或易燃性的物质，所以务必将其置于工厂的下风区域。前面已经提到，贮罐应该安置在工厂中的专用区域，加强其作为危险区的标识，使通过该区域的无关车辆降至最低限度。罐区的布局有以下三个基本问题：

① 罐与罐之间的间距；
② 罐与其他装置的间距；
③ 设置拦液堤所需要的面积。

与以上三个问题有密切关系的是贮罐的两个重要的危险，一个是罐壳可能破裂，很快释放出全部内容物，另一个是当含有水层的贮罐加热高过水的沸点时，会引起物料过沸。如同加工单元的情形，以上三个问题所需要的实际空间方面，化学工业还没有具体的设计依据。罐区和办公室、辅助生产区之间要保持足够的安全距离。罐区和工艺装置区、公路之间要留出有效的间距。罐区应设在地势比工艺装置区略低的区域，决不能设在高坡上。还有通路问题。每一罐体至少可以在一边由通路到达，最好是可以在相反的两边由通路到达。

（3）公用设施区　公用设施区应该远离工艺装置区、罐区和其他危险区，以便遇到紧急情况时仍能保证水、电、汽等的正常供应。由厂外进入厂区的公用工程干管（主干管），也不应该通过危险区，如果难以避免，则应该采取必要的保护措施。工厂布局应该尽量减少地面管线穿越道路。管线配置的一个重要特点是在一些装置中配置回路管线。回路系统的任何一点出现故障即可关闭阀门将其隔离开，并把装置与系统的其余部分接通。为了加强安全，特别是在紧急情况下，这些装置的管线对于如消防用水、电力或加热用蒸汽等的传输必须是回路的。

锅炉设备和配电设备可能会成为火源，应该设置在易燃液体设备的上风区域。锅炉房和泵站应该设置在工厂中其他设施的火灾或爆炸不会危及的地区。管线在道路上方穿过要引起特别注意。高架的间隙应留有如起重机等重型设备的方便通路以减少碰撞的危险。最后管路一定不能穿过围堰区，围堰区的火灾有可能毁坏管路。

冷却塔释放出的烟雾会影响人的视线，冷却塔不宜靠近铁路、公路或其他公用设施。大型冷却塔会产生很大噪声应该与居民区有较大的距离。

（4）运输装卸区　良好的工厂布局不允许铁路支线通过厂区，可以把铁路支线规划在工厂边缘地区解决这个问题。对于罐车和罐车的装卸设施常做类似的考虑。在装卸台上可能会发生毒性或易燃物的溅洒，装卸设施应该设置在工厂的下风区域最好是在边缘地区。

原料库、成品库和装卸站等机动车辆进出频繁的设施，不得设在必须通过工艺装置区和罐区的地带，与居民区、公路和铁路要保持一定的安全距离。

（5）辅助生产区　维修车间和研究室要远离工艺装置区和罐区。维修车间是重要的火源，同时人员密集应该置于工厂的上风区域。研究室按照职能的观点一般是与其他管理机构比邻，但研究室偶尔会有少量毒性或易燃物释放进入其他管理机构，所以两者之间直接连接是不恰当的。

废水处理装置是工厂各处流出的毒性或易燃物汇集的终点，应该置于工厂的下风远程区域。

高温煅烧炉的安全考虑呈现出矛盾性。作为火源，应将其置于工厂的上风区，但是严重的操作失误会使煅烧炉喷射出相当量的易燃物，对此则应将其置于工厂的下风区。作为折中方案，可以把煅烧炉置于工厂的侧面风区域。与其他设施隔开一定的距离也是可行的方案。

（6）管理区　每个工厂都需要一些管理机构。出于安全考虑，主要办事机构应该设置在工厂的边缘区域并尽可能与工厂的危险区隔离。这样做有以下理由：首先销售和供应人员以及必须到工厂办理业务的其他人员，没有必要进入厂区。因为这些人员不熟悉工厂危险的性质和区域，而他们的普通习惯如在危险区无意中吸烟就有可能危及工厂的安全。其次，办公室人员的密度在全厂可能是最大的，把这些人员和危险分开会改善工厂的安全状况。

在工厂布局中，并不总是有理想的平地，有时工厂不得不建在丘陵地区。有几点值得注意：液体或蒸气易燃物的源头从火险考虑不应设置在坡上；低洼地有可能积水，锅炉房、变电站、泵站等应该设置在高地，在紧急状态下，如泛洪期，这些装置连续运转是必不可少的，贮罐在洪水中易受损坏，空罐在很低水位中就能漂浮，从而使罐的连接管线断裂造成大量泄漏进一步加重危机。甚至需要考虑设置物理屏障系统阻止液体流动或火险从一个厂区扩散至另一个厂区。

2. 化工厂车间的组成

化工厂可以由多个不同车间组成，共同构成厂区的整体布局。而每个具体车间根据其负责的生产任务不同又可以分为生产设施、生产辅助设施、行政福利设施及其他特殊用室。其中生产设施包括原料工段、生产工段、成品工段、回收工段、中控室、外操室、贮罐区等；生产辅助设施包括：机修间、变电配电室等；行政福利设施包括：办公室、休息室、更衣室、浴室、厕所等；其他特殊用室主要包括：劳动保护室、保健室。其组成图如图 1-5 所示。

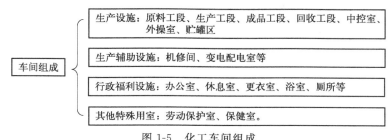

图 1-5 化工车间组成

生产设施区域的原料工段、生产工段、成品工段、回收工段、贮罐区主要包括各工段的不同设备，而中控室则是内操岗位员工的工作场所、外操室是外操工作员工在现场工作期间的临时休息、学习的场所；生产辅助设施区域的机修间则是维修人员维修机械的场所，变电配电室则是根据现场用电需求，进行电压升降和电能分配的设备房；行政福利设施区域的办公室是非现场作业人员的日常办公场所及有外来访客时的接待处；其他特殊用室中的劳动保护室主要是用于员工劳动保护及劳动保险的实施与管理工作、保健室是由工厂设立的主要用于健康保健咨询的机构。

车间布置的主要原则有：

① 车间布置设计要适应总图布置要求，与其他车间、公用系统、运输系统组成有机体。

② 最大限度地满足工艺生产包括设备维修要求。

③ 经济效果要好；有效地利用车间建筑面积和土地；要为车间技术经济先进指标创造条件。

④ 便于生产管理，安装、操作、检修方便。

⑤ 要符合有关的布置规范和国家有关的法规，妥善处理防火、防爆、防毒、防腐等问题，保证生产安全，还要符合建筑规范和要求。人流货流尽量不要交错。

⑥ 要考虑车间的发展和厂房的扩建。

⑦ 考虑地区的气象、地质、水文等条件。

三、化工车间现场装置的设施举例

典型化工现场装置主要由：钢结构架、化工管路、化工设备、职业病危害告知牌、安全标志、消防器材、职业卫生防护设施等组成。

1. 钢结构架

钢结构架，起支撑化工设备及化工管路的作用。示例如图 1-6 所示。

2. 化工管路

化工管路，输送化工原料及产品，连接不同化工设备的管线。根据工艺介质的不同，会

图 1-6 钢结构架

选用不同材质的碳钢、不锈钢经焊接而成。根据化工管路防腐要求及不同化工厂的习惯，化工管路外往往会刷上不同颜色的油漆，以便从外观辨识管内物料。

根据 GB 7231—2003《工业管道的基本识别色、识别符号和安全标识》的规定，八种基本识别色及颜色标准编号如表 1-2。

M1-1 工业管道基本识别色

表 1-2 工业管道基本识别色

物质种类	基本识别色	颜色标准编号
水	艳绿	G03
水蒸气	大红	R03
空气	浅灰	B03
气体	中黄	Y07
酸或碱	紫	P02
可燃液体	棕	YR05
其他液体	黑	
氧	淡蓝	PB06

3. 化工设备

化工设备 是化工厂中实现化工生产所采用的工具。主要分为，动设备和静设备。动设备主要包括：泵、压缩机、风机等由驱动机带动的转动设备或指消耗能源的设备；静设备主要包括塔、釜、换热器等各种常压容器或压力容器。常用的设备英文表示方法如表 1-3。

表 1-3 常用设备英文表示法

代号	设备类型	备注
A	搅拌器	Agitator
C	压缩机或塔	Compressor/Column
D	容器	Drum
E	热交换器	Heat Exchanger

续表

代号	设备类型	备注
F	过滤器	Filter
T	储罐或塔	Tank(TK)/Tower
P	泵	Pump
R	反应器	Reactor
M	混合器	Mixer

4. 职业病危害告知牌

职业病危害告知牌，是指工作场所职业病危害警示标识，一般位于车间工艺装置区入口处，适用于可产生职业病危害的工作场所、设备及产品。示例如图1-7。

职业危害告知牌

作业环境有毒，对人体有害，请注意防护		
噪声	健康危害	理化特性
	致使听力减弱、下降，时间长可引起永久耳聋，并引发消化不良、呕吐、头痛、血压升高、失眠等全身性病症	声强和频率的变化都无规律、杂乱无章的声音
噪声有害	应急处理	
	使用防声器如：耳塞、耳罩、防声帽等，并紧闭门窗。如发现听力异常，则到医院进行检查、确诊	
	注意防护	
	利用吸声材料或吸声结构来吸收声能，佩带耳塞，使用隔声罩、隔声间、隔声屏，将空气中传播的噪声挡住、隔开	

图1-7 职业病危害告知牌

5. 安全标志

安全标志，用以表达特定安全信息的标志，由图形符号、安全色、几何形状（边框）或文字构成。一般张贴于装置框架中需要进行安全信息提示的场所，如图1-8。

图1-8 安全标志

6. 消防器材

消防器材是指用于灭火、防火以及火灾事故的器材。一般位于装置中易发生火灾或存在火灾隐患的场所，如图1-9。

图 1-9　消防器材

7. 职业卫生防护设施

职业卫生防护设施，指应用工程技术手段控制工作场所产生的有毒有害物质，防止发生职业危害的一切技术措施。装置现场主要有人体静电消除柱、洗眼器、有毒可燃气体检测器等，如图 1-10。

图 1-10　职业卫生防护设施

任务执行

化工厂装置环境认知(沙盘)

工作任务单1　化工厂装置环境认知(一)		编号:1-1-2-1
考查内容:化工装置环境认知——现场环境认知		
姓名:	学号:	成绩:

根据东方仿真软件中沙盘描述的工艺流程,补充化工装置厂区平面布置图。

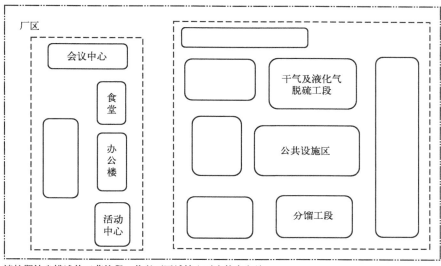

请按照沙盘描述的工艺流程,将以下区域填入对应的空白处。

管理区　　催化裂化车间装置区　　罐区　　吸收稳定工段

反-再工段　　液化气脱硫醇工段

工作任务单2　化工厂装置环境认知(二)		编号:1-1-2-2
考查内容:化工装置环境认知——内外操室环境认知		
姓名:	学号:	成绩:

1. 根据教师指定的某教学工厂内操室实景,完成内操室的布置一览表。

内操室展板一览表

序号	展板名称(根据个人认知填写)	作用或用途(选择编号)
1		
2		
3		
4		

续表

内操室展板部分提示信息

编号	作用或用途
A1	介绍本装置各物料收付节点、收付操作类型的提示牌,快速清晰了解装置物料走向
B1	对车间生产重要参数指标情况进行展示,及时清晰让大家了解生产情况

内操室设备设施与工具一览表

序号	设备设施与工具名称(根据个人认知填写)	作用或用途(选择编号)
1		
2		
3		
4		

内操室设备设施与工具一览表部分提示信息

编号	作用或用途
C1	装载 DCS 系统、SIS 系统,远程控制现场设备操作,监视数据,保障安全生产
D1	进行紧急停车等紧急操作
E1	突发应急事件及时向装置现场传递信息
F1	实时监测现场情况,及时发现异常事故等,保证装置生产安全
G1	一种双向移动通信工具,在不需要任何网络支持的情况下,就可以通话,没有话费产生,适用于相对固定且频繁的通话场合,对讲机提供一对一,一对多的通话方式

2. 根据教师指定的某教学工厂外操室实景,完成外操室的布置一览表。

外操室展板一览表

序号	展板名称(根据个人认知填写)	作用或用途(选择编号)
1		
2		
3		
4		
5		
6		

外操室展板部分提示信息

编号	作用或用途
A2	TPM 是英文 Total Productive Maintenance 的缩略语,中文译为全员生产维护,又译为全员生产保全。是以提高设备综合效率为目标,以全系统的预防维修为过程,全体人员参与为基础的设备保养和维修管理体系
B2	公示装置运行信息
C2	公示人员信息
D2	工作场所职业病危害警示标识,适用于可产生职业病危害的工作场所、设备及产品
E2	展示车间装置存在的风险,警示操作人员规避风险

续表

外操室设备设施与工具一览表

序号	设备设施与工具名称（根据个人认知填写）	作用或用途（选择编号）
1		
2		
3		
4		
5		
6		
7		
8		

外操室设备设施与工具一览表部分提示信息

编号	作用或用途
F2	是用来判断动设备故障等，一端接触设备的轴承等部位，一端与耳朵接触，听取运转时设备里面的响声，利用传导原理可以准确地判断问题部位
G2	一种双向移动通信工具，在不需要任何网络支持的情况下，就可以通话，没有话费产生，适用于相对固定且频繁的通话场合。对讲机提供一对一、一对多的通话方式
H2	配有相关救护用品，可用于员工发生意外实施紧急救护
I2	是阀门专用扳手，设备安装、装置及设备检修、维修工作中的必需工具
J2	监测氧气、可燃气体、一氧化碳、硫化氢浓度，并配有声光报警提示
K2	用来装巡检常用工具的背包，方便工具携带
L2	用于振动检测，适合现场设备运行和维护人员监测设备状态
M2	用红外线传输数字的原理来感应物体表面温度，操作简单方便，特别是高温物体的测量

任务总结与评价

以班组为单位汇总出此次课程的要点和注意事项，并派出学员代表进行阐述、分享。

任务三　岗位及主要工作认知

任务目标　① 了解化工企业班组内的倒班制度；
② 熟悉班组内外操岗位员工的工作流程；
③ 了解化工企业班组十项制度。

任务描述　以新员工的身份组成班组，学习并了解倒班工作时间、各岗位的工作内容及制度。

教学模式　理实一体、任务驱动

教学资源　沙盘及工作任务单（1-1-3）

任务学习

一、各岗位工作时间-班组倒班制度

在我国，火电、核电、医药、钢铁、炼油、石化、化工等企业工作都需要倒班，有一些私人生产企业也需要倒班。倒班是由于企业本身社会责任、行业性质、生产规律（如电厂）所要求，或为完成企业生产进度、生产目标而遵循的人停机不停的原则。一般的倒班方式如下。

1. 两班倒

如果公司人手不足，就会安排人两班倒，两班倒有两种，一种是上 12 小时休 12 小时，只是上 12 小时休 12 小时时间太紧。两班倒职工会比较累，但是收入会相对高一些。

2. 四班三倒

把全部生产运行工人分为四个运行班组，按照编排的顺序，依次轮流上班，每 24 小时工作时间分三个班组，每个班组上班 8 小时，对单个运行班组来说，就是每班上 8 小时休息 24 小时，大部分工厂会采用这种上班方式。至于特殊原因特殊处理，在细节上有些地方不太一样。

3. 五班三倒

共有五个班组，每班组 8 小时班，40 小时一个周期，即上 8 小时休息 32 小时；这种倒班方式也是国企常用的倒班制度，工作相对较轻松。

4. 四班三倒排班实例

四班三倒的倒班方式可以有不同的排班方式，其中一种可以是：早早凌凌休中中休，八天一个周期，一周期工作时间：48 小时，如表 1-4。

早班：8:00—16:00
中班：16:00—24:00
凌晨：0:00—8:00

表 1-4　四班三倒排班表举例

	1	2	3	4	5	6	7	8	9	10	11	12	13	14	15	16
A班	早班	早班	凌晨	凌晨	休息	中班	中班	休息	早班	早班	凌晨	凌晨	休息	中班	中班	休息
B班	休息	中班	中班	休息	早班	早班	凌晨	凌晨	休息	中班	中班	休息	早班	早班	凌晨	凌晨

续表

	1	2	3	4	5	6	7	8	9	10	11	12	13	14	15	16
C班	凌晨	凌晨	休息	中班	中班	休息	早班	早班	凌晨	凌晨	休息	中班	中班	休息	早班	早班
D班	中班	休息	早班	早班	凌晨	凌晨	休息	中班	中班	休息	早班	早班	凌晨	凌晨	休息	中班

二、各岗位员工日常工作内容

1. 内操岗位日常工作内容与流程

内操岗位员工主要在运行班组从事一线倒班工作，工作场所为中控室，特殊情况下会进入生产装置。其主要工作内容有：①生产操作，在中控室操作 DCS 系统按工艺卡片和工艺指令组织生产；②控制产品质量，DCS 监屏，调整控制生产参数，确保质量合格率；③成本核算，水汽用量控制、下令加注各种助剂；④生产异常处理，发现参数异常数据，及时处理；⑤生产隐患处理，采取有效措施处理各类隐患；⑥生产事故处理，判断和处理各种事故苗头；⑦填写工作记录表，如交接班记录、操作记录、内操室物品使用记录。

2. 外操岗位日常工作内容与流程

外操岗位员工主要在运行班组从事一线倒班工作，经常进入生产装置，会直接接触到装置区域内可能存在的职业危害因素。其主要的工作内容有：①接班前现场预巡检，发现异常汇报；②现场设备的维护；③采样；④巡检；⑤配合班长及内操进行现场操作；⑥装置现场卫生工作；⑦填写工作记录表，如交接班记录、操作记录、外操室物品使用记录。

三、班组工作制度/十项班组制度

各岗位员工在班组日常工作过程中，需要遵守一些制度，这些制度总结起来为十项班组制度。本书以中石化某公司某联合车间制度为例，具体的班组制度事项有：①岗位专责制；②健康安全环保生产制；③设备维护保养制；④质量负责制；⑤交接班制；⑥班组成本核算制；⑦巡回检查制；⑧岗位练兵制；⑨文明清洁生产制；⑩思想政治工作制。

四、各岗位员工事迹案例

从以上的学习内容中，我们可以了解到作为一名合格的操作岗位员工，不但要具有坚实的知识基础及专业能力，还要拥有强健的体魄，以适应常年如一日的倒班工作制度；工作中要具备强烈的责任心，对事情认真负责，爱岗敬业；还需具有良好的语言表达能力、有基本的组织指挥能力。拥有该种品质的典型人物在各个化工企业都会得到重用。

M1-2 某裂化装置巡回检查制度

任务执行

内外操岗位主要工作内容及流程认知（工作任务单 1-1-3）

要求：时间在 30min，成绩在 90 分以上。

工作任务单　岗位及主要工作认知		编号：1-1-3
考查内容：内外操岗位主要工作内容及流程认知		
姓名：	学号：	成绩：

1. 完成内操岗位员工日常工作流程图填空。

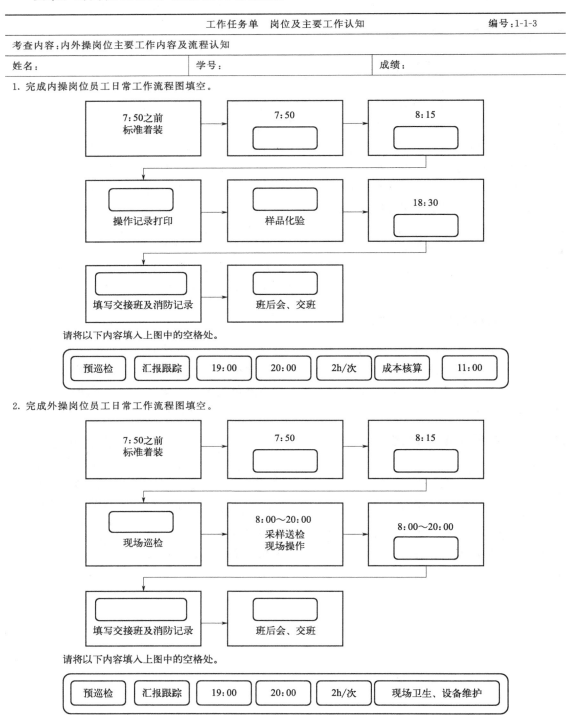

2. 完成外操岗位员工日常工作流程图填空。

续表

3. 完成内外操岗位员工工作内容与工作岗位对应表。

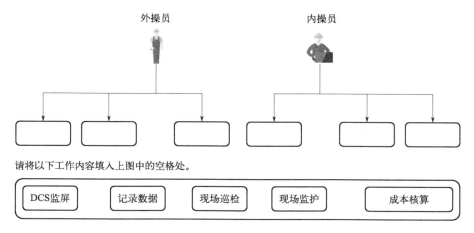

请将以下工作内容填入上图中的空格处。

| DCS监屏 | 记录数据 | 现场巡检 | 现场监护 | 成本核算 |

任务总结与评价 ◀

简要说明本次任务的收获与感悟。

【项目综合评价】

姓名		学号		班级	
组别		组长及成员			

项目成绩　　　　　　　　　　　总成绩：_____

任务	任务一	任务二	任务三	
成绩				

<table>
<tr><td colspan="3">自我评价</td></tr>
<tr><td>维度</td><td>自我评价内容</td><td>评分(1~10)</td></tr>
<tr><td rowspan="7">知识</td><td>1. 了解化工行业在国民经济中的重要地位及与其他行业的关系</td><td></td></tr>
<tr><td>2. 了解中国优秀化工企业——万华化学的发展历程</td><td></td></tr>
<tr><td>3. 了解化工企业典型组织架构——车间班组的组成</td><td></td></tr>
<tr><td>4. 熟悉化工企业各岗位员工的岗位职责</td><td></td></tr>
<tr><td>5. 熟悉化工企业车间内外操室及现场装置的环境及布局</td><td></td></tr>
<tr><td>6. 了解化工企业一线员工的倒班工作制度</td><td></td></tr>
<tr><td>7. 熟悉化工企业内外操岗位员工的日常工作内容</td><td></td></tr>
<tr><td rowspan="4">能力</td><td>1. 能组建虚拟化工车间,描述各岗位员工的工作职责</td><td></td></tr>
<tr><td>2. 能结合沙盘,描述出指定工艺的车间分区及现场防护设施</td><td></td></tr>
<tr><td>3. 能结合 M-SPOC,描述出内外操室的布局,展板、工器具的用途</td><td></td></tr>
<tr><td>4. 能辨识各岗位员工的不同工作内容</td><td></td></tr>
<tr><td rowspan="5">素质</td><td>1. 通过学习,了解化工产业在国民经济中的地位,增强学生的从业自豪感</td><td></td></tr>
<tr><td>2. 通过学习万华化学的发展历程及成果,了解我国当前 MDI 领域的实力,增强学生的民族自豪感。</td><td></td></tr>
<tr><td>3. 通过学习吉化公司两名基层员工的成长经历,增强爱岗敬业、踏实勤奋的岗位责任意识</td><td></td></tr>
<tr><td>4. 通过车间班组组织架构的学习,了解企业结构组成,帮助学生规划职业通道</td><td></td></tr>
<tr><td>5. 通过各岗位员工的工作内容与流程,培养语言组织、语言表达能力</td><td></td></tr>
<tr><td rowspan="4">我的反思</td><td>我的收获</td><td></td></tr>
<tr><td>我遇到的问题</td><td></td></tr>
<tr><td>我最感兴趣的部分</td><td></td></tr>
<tr><td>其他</td><td></td></tr>
</table>

项目二 装置HSE认知

【学习目标】

知识目标

① 了解 HSE 的相关法律法规和管理体系，掌握操作人员的 HSE 职责；
② 掌握三级安全教育的内容，理解安全培训和特种作业培训的重要性；
③ 了解化工生产对环境的影响；
④ 掌握化工生产常见的火灾类型、危险性及特点，掌握灭火器的使用方法；
⑤ 了解危险源的概念及辨识方法，掌握化工企业危险源的辨识过程，熟悉 HAZOP 分析方法；
⑥ 了解职业卫生的基础知识，以及石化行业的危害因素；
⑦ 了解应急管理的概念以及应急预案的基本内容。

技能目标

① 根据 HSE 的职责要求，能分析具体工作；
② 能够根据不同的火灾类型选择合适的灭火器；
③ 根据危险源的辨识方法，能够辨识装置现场（沙盘）的危险源；
④ 在了解常见的防护要点基础上，能够根据工作场景选取合适的个人防护用品；
⑤ 能够根据演练流程在沙盘上进行泵的法兰处着火应急演练。

素质目标

① 在执行任务过程中具备较强的沟通能力，具有严谨的工作态度；
② 遵守安全生产要求，在完成任务过程中，主动思考周边潜在危险因素，时刻牢记安全生产的意识；
③ 面对生产事故时，服从班级指令，注重班组配合，具备团队合作意识和沉着冷静的心理素质；
④ 主动思考学习过程的重难点，积极探索任务执行过程中的创新方法。

【项目导言】

HSE 是 Health（健康）、Safety（安全）、Environment（环境）的英文缩略语，HSE 是对健康、安全、环境的价值追求。H（健康）是指人身体上没有疾病，在心理上保持一种完好的状态；S（安全）是指在劳动生产过程中，努力改善劳动条件、克服不安全因素，使劳动生产在保证劳动者健康、企业财产不受损失、人民生命安全的前提下顺利进行；E（环境）是指与人类密切相关的、影响人类生活和生产活动的各种自然力量或作用的总和，它不仅包括各种自然因素的组合，还包括人类与自然因素间相互形成的生态关系的组合。

由于健康、安全、环境在实际化工生产中密不可分，因此把三者形成一个整体的管理体系，即 HSE 管理体系。HSE 管理体系是现代化工企业的通用管理方式，主要包括化工安全、职业卫生、环境保护三方面的内容。

本项目结合国内外大型化工企业的 HSE 管理体系的内容，从中选取适合在校学生学习的知识内容，形成本项目下的五个任务，即 HSE 责任认知、消防和环保基础认知、危险源与化工 HAZOP 分析认知、职业卫生和防护、班组应急处置。

【项目实施任务列表】

任务名称	总体要求	工作任务单	课时
任务一 HSE 责任认知	以新员工的身份学习 HSE 的基础知识，区分主要生产岗位的 HSE 责任，辨识岗前三级教育的内容	1-2-1	1
任务二 消防和环保基础认知	以新员工的身份进入化工企业，了解化工企业火灾的特点和危险性，熟悉化工装置主要消防设施，认识工业"三废"，能够正确选择和使用灭火器，对化工消防和环保有基本认知	1-2-2-1 1-2-2-2	1
任务三 危险源及 HAZOP 基础认知	通过了解化工企业危险源辨识的工作流程，熟悉重大危险源的辨识和分级，理解 HAZOP 分析的相关内容，能够根据风险矩阵判断事故的风险等级，能够简单复述 HAZOP 分析的流程	1-2-3	1
任务四 职业卫生与防护	以新员工的身份学习职业卫生的基础知识，辨识石化行业生产过程中危害因素，并根据工作场景选取合适的防护用品	1-2-4	1
任务五 班组应急处置	在学习应急预案的理论知识和基本流程后，补充着火应急预案的内容，并能够根据设计的应急预案进行沙盘应急演练	1-2-5	1

任务一　HSE 责任认知

任务目标　① 了解 HSE 相关的法律法规，认识 HSE 的重要性；
② 了解 HSE 管理体系，掌握操作岗位的 HSE 职责；
③ 了解安全培训和特种作业培训内容，深化安全意识。

任务描述　请你以新员工的身份进入化工企业，了解 HSE 相关法律法规和 HSE 管理体系，理解操作岗位的 HSE 职责，掌握 HSE 培训的基本内容，能够区分主要生产岗位的 HSE 责任，辨识岗前三级教育的内容。

教学模式　理实一体、任务驱动

教学资源　工作任务单（1-2-1）

任务学习

随着党和国家对安全生产的进一步关注，HSE 的各项工作愈发受到重视。特别是在化工行业，HSE 管理缺失一直是事故发生的主要因素，是滋生事故的土壤，对企业安全生产构成了极大的威胁。因此，HSE 工作是安全生产的重中之重。作为生产操作人员，应提高自身的安全意识，增强个人防范技能，严格履行岗位 HSE 责任，保证安全生产。

一、HSE 责任认知概述

HSE 管理体系是一种事前通过识别与评价，确定在活动中可能存在的危害及后果的严重性，从而采取有效的防范手段、控制措施和应急预案来防止事故的发生或把风险降到最低程度，以减少人员伤害、财产损失和环境污染的有效管理方法。责任制是 HSE 管理体系的核心。

HSE 发展历程

"HSE"是从 20 世纪 80 年代提出的。由于当时国际上几次特大事故引起了人们对安全工作的反思，推动了 HSE 体系的建立。

(1) 国际 HSE 的发展　1986 年，壳牌石油公司将 ESM，即强化安全管理 Enhance Safety Management 确定为文件，HSE 管理体系初见端倪。

针对 1988 年发生的英国阿尔法平台爆炸事故，英国政府组织了官方调查，在调查期间提出 106 条安全改进意见，制定了新的海上安全法规体系和管理模式，并要求石油作业公司建立完整的安全评估管理体系和安全状况报告制度。

1991 年，在荷兰海牙召开了第一届油气勘探、开发的健康、安全、环保国际会议，HSE 这一概念开始为众人接受，许多企业相继提出自己的 HSE 管理体系。

随着 1996 年 1 月 ISO/CD 14690《石油天然气工业健康、安全与环境管理体系》的发布，成为 HSE 在国际普遍推行的里程碑，HSE 的发展进入到高速上升的阶段。

(2) 我国 HSE 的发展　我国在 1994 年印度尼西亚雅加达召开的第二届油气开发安全、环保国际会议上，第一次较为系统地接触到 HSE 管理理念。

自 1996 年 ISO/CD 14690《石油天然气工业健康、安全和环境管理体系》标准发布以来，中国石油石化企业对该标准进行翻译转化，如 1997 年 6 月，中国石油天然气总公司颁布了 SY/T 6276—1997《石油天然气工业健康、安全与环境管理体系》（已更新到 2014 年版）、SY/T 6280—1997《石油物探地震队健康、安全与环境管理规范》（已更新到 2013 年版）等，标志我国石油石化行业管理方式逐渐与国际接轨。

(3) HSE 的未来发展　HSE 成为化工企业通向世界市场的通行证，建立和持续改进 HSE 管理体系将成为国际公司 HSE 管理的大趋势。作为管理的核心，以人为本的思想得到充分的体现。

随着世界各国有关安全、环境立法更加系统，标准更加严格，HSE 管理体系的审核正向标准化迈进。

二、HSE 主要法律基础认知

我国法律法规体系根据其法律层次由上到下主要为宪法、法律、行政法规、规章制度、地方性法规和地方政府规章、标准和国际公约，涉及 HSE 的法律法规有许多，其中《中华人民共和国安全生产法》《中华人民共和国职业病防治法》《中华人民共和国环境保护法》这三部法律与化工从业人员息息相关，明确规定了我们从业人员的权利与义务。

三、HSE 责任制

习近平总书记强调，要抓紧建立健全"党政同责、一岗双责、齐抓共管、失职追责"的安全生产责任体系，把安全责任落实到岗位、落实到人头，坚持"管业务必须管安全，管生产经营必须管安全"；所有企业必须认真履行安全生产主体责任，做到安全投入到位、安全培训到位、基础管理到位、应急救援到位。

1. HSE 责任制目的

为落实各部门、岗位在安全、环保、职业卫生和治安保卫、应急等主体责任，预防和减少事故，保障员工生命健康、公司财产安全，预防环境污染，促进公司持续健康发展，制定本规定。

2. HSE 责任制的原则

HSE 责任是岗位职责的组成部分，HSE 责任制是 HSE 规章制度的核心。主要有：

① "我的区域安全我负责"的区域安全责任制原则；

② "管行业必须管安全，管业务必须管安全，管生产经营必须管安全"的专业安全责任制原则。

3. 生产部门及岗位人员 HSE 职责

（1）HSE 职责结构（如图 1-11）

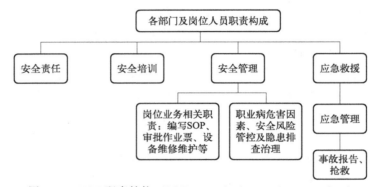

图 1-11　HSE 职责结构（SOP：standard operating procedure）

（2）生产车间的 HSE 职责

①负责生产基地 HSE 工作的决策，制定生产基地 HSE 目标、方针、政策；②履行 HSE 监督管理职能；定期召开生产基地安全生产委员会会议及其他临时性会议，听取各单位 HSE 工作汇报，分析生产基地安全生产形势，总结 HSE 工作；③研究部署生产基地各项 HSE 工作，解决重大 HSE 问题，提供必要的资源；④组织开展各项 HSE 活动，审议各单位提出的 HSE 建议；⑤定期向公司安委会汇报工作。

（3）工会 HSE 职责

①参与制定劳动保护规章制度并督促落实；②配合相关部门开展安全生产宣传教育活动、监督 HSE 奖惩措施落实；③监督安全、职业卫生防护设施落实，监督劳动防护用品的配发、使用，保障从业人员的健康、安全；④维护员工安全和健康权益，检举、控告侵犯员工合法权益的行为；⑤关心员工劳动条件改善，做好女工的劳动保护；⑥参加伤害/职业病事故调查，协助相关部门做好事故善后处理。

4. 车间主要岗位的 HSE 职责

（1）车间主任岗位 HSE 职责（如表 1-5）

表 1-5　车间主任岗位 HSE 职责表

序号	车间主任 HSE 职责	责任类别
1	建立健全本车间 HSE 责任制，明确各岗位的责任人员、责任范围和考核标准，并落实考核	安全责任

续表

序号	车间主任 HSE 职责	责任类别
2	组织制定、审核本车间 HSE 教育培训和日常 HSE 管理工作计划,并组织实施	安全培训
3	组织制定车间安全操作规程及管辖区域 HSE 规章制度,落实基地和本车间各项 HSE 规章制度	安全管理
4	负责本车间工艺、设备设施日常安全管理,保证工艺安全稳定运行,设备设施完好、安全可靠	安全管理
5	组织实施本车间安全、环保、职业卫生、应急设施检查和维护,确保完好有效	安全管理
6	组织识别车间的"两重点一重大",并落实其安全技术措施和管理措施	安全管理
7	组织识别管辖区域非常规作业风险,审核、落实管控措施,保证风险可控	安全管理
8	组织开展本车间职业病防治、职业病危害因素分级管控工作,保障从业人员的职业健康	安全管理
9	组织开展本车间环境因素识别评价及安全生产风险分级管控,定期排查、如实报告现场隐患,并落实隐患治理措施	安全管理
10	组织制定本车间事故应急救援预案并定期组织演练	应急救援
11	及时、如实报告事故,组织事故抢救,按权限组织事故调查、分析、处理	应急救援
12	做好本车间其他方面的 HSE 工作	其他

(2) 班长岗位 HSE 职责 (如表 1-6)

表 1-6 班长岗位 HSE 职责表

序号	班长 HSE 职责	责任类别
1	建立健全本班组 HSE 责任制,明确各岗位的责任人员、责任范围和考核标准,并落实考核	安全责任
2	组织制定、审核本班组 HSE 教育培训和日常 HSE 管理工作计划,并组织实施	安全培训
3	协助车间主任制定车间安全操作规程及管辖区域 HSE 规章制度,落实基地和本车间各项 HSE 规章制度	安全管理
4	负责当班期间,工艺、设备设施的安全管理,保证工艺安全稳定运行,设备设施完好、安全可靠	安全管理
5	负责当班期间,安全、环保、职业卫生、应急设施检查和维护,确保完好有效	安全管理
6	负责落实当班期间"两重点、一重大"的安全技术措施和管理措施	安全管理
7	负责当班期间非常规作业风险,审核、落实管控措施,保证风险可控	安全管理
8	负责当班期间的职业病防治和管控工作,保障从业人员的职业健康	安全管理
9	负责当班期间排查、如实报告现场隐患,并落实隐患治理措施	安全管理
10	定期组织本班组应急演练	应急救援
11	负责当班期间及时、如实报告事故,组织事故抢救	应急救援
12	做好本班组其他方面的 HSE 工作	其他

(3) 操作人员 HSE 职责 (如表 1-7)

表 1-7 操作人员 HSE 职责表

序号	操作人员 HSE 职责	责任类别
1	参加 HSE 教育培训,认真学习 HSE 知识、技能,了解本岗位危害因素	安全培训
2	参加特种作业或特种设备操作培训,取得相应资质证书,定期复审,并在操作中落实相关作业或操作要求	安全培训

续表

序号	操作人员 HSE 职责	责任类别
3	严格遵守工艺纪律、劳动纪律、安全纪律,认真学习并严格执行操作规程,按生产指令精心操作,正确分析、判断、处理、报告工艺异常	安全管理
4	严格落实交接班制度,保证交接内容完整、检查确认到位、交接记录准确	
5	负责监督检查非常规作业管控措施落实情况	
6	负责安全、环保、职业卫生、消防应急设施检查和维护,确保完好有效	
7	了解并熟悉本岗位风险点、风险分级管控措施,依据隐患排查计划,组织开展本班组的隐患排查	
8	负责班前、班中、交接班巡回检查,如实报告现场隐患,并按职责落实隐患治理措施	
9	参加事故应急演练,提升应急设备设施使用、应急措施落实、应急逃生等应急能力	应急救援
10	及时、如实报告事故,积极配合事故调查、处理	
11	做好本装置其他方面的 HSE 工作	其他

四、HSE 培训

安全问题是性命攸关的大事,因此各级行政管理部门不断通过法律法规、通知规定对单位和个人提出 HSE 培训的要求,希望通过 HSE 培训,提高人员的安全意识和安全技能,为安全生产提供切实保障。

1. 岗前三级安全教育

(1) 岗前三级安全教育概述

① 背景原因　由于化工生产的复杂性和潜在的危险性,安全问题始终是所有企业要考虑的首要问题。为了使生产人员能够尽快地了解公司概况和工厂中存在哪些危险因素,防止各类事故的发生,以便系统有效地掌握自我保护技能。国家规定要求企业对新入厂的员工必须进行三级安全教育。

M1-3　安全教育培训流程

② 制度要求　国家安全生产监督管理总局发布的《生产经营单位安全培训规定》中明确写道:"加工、制造业等生产单位的其他从业人员(非企业主要负责人、安全生产管理人员),在上岗前必须经过厂(矿)、车间(工段、区、队)、班组三级安全教育培训;生产经营单位应当根据工作性质对其他从业人员进行安全培训,保证其具备本岗位安全操作、应急处置等知识和技能;危险化学品等生产经营单位新上岗的从业人员安全培训时间不得少于 72 学时,每年再培训时间不得少于 20 学时。"

(2) 岗前三级安全教育的内容

① 厂(公司)级安全教育的主要内容:

a. 公司安全生产情况介绍。

b. 公司安全生产规章制度和劳动纪律。

c. 安全生产基本知识(消防、环保、职业卫生基础知识)及从业人员安全生产权利和义务。

d. 事故应急救援、事故应急预案演练及防范措施。

e. 事故案例及教训。

② 车间级安全教育的主要内容:

a. 本车间的工作环境、危险源、生产特点、工艺主要流程、物料的特性。

b. 所从事工种可能遭受的职业危害。

c. 所从事工种的安全职责、操作技能及强制性标准。

d. 自救互救、急救方法、疏散和现场紧急情况的处理。

e. 安全设施设备、个人防护用品的使用和维护。

f. 安全生产状况及规章制度。

g. 预防事故和职业危害的措施及应注意的安全事项。

h. 事故案例、事故报告及处理要求。

i. 车间安全责任区域划分。

③ 班组级安全教育的主要内容：

a. 岗位安全操作规程。

b. 岗位之间工作衔接配合的安全与职业卫生事项。

c. 岗位的安全装置、工具、个人防护用品的正确使用和维护保养方法。

d. 进入装置注意事项。

2. 特种作业操作培训

(1) 特种作业概述

① 特种作业定义：特种作业是指容易发生人员伤亡事故，对操作者本人、他人的生命健康及周围设施的安全可能造成重大危害的作业。直接从事特种作业的人员称为特种作业人员。

② 制度要求：因为特种作业有着不同的危险因素，容易损害操作人员的安全和健康，因此对特种作业需要有必要的安全保护措施，包括技术措施、保健措施和组织措施。

《中华人民共和国劳动法》和有关安全卫生规程规定：从事特种作业的职工，所在单位必须按照有关规定，对其进行专门的安全技术培训，经过有关机关考试合格并取得操作合格证或者驾驶执照后，才准予独立操作。

③ 特种作业目录：

电工作业

焊接与热切割作业

高处作业

制冷与空调作业

煤矿安全作业

金属、非金属矿山安全作业

石油天然气安全作业

冶金（有色）生产安全作业

危险化学品安全作业

烟花爆竹安全作业

安全监管总局认定的其他作业

(2) 与化工生产相关的特种作业

① 光气及光气化工艺作业。指光气合成以及厂内光气储存、输送和使用岗位的作业。涉及一氧化碳与氯气反应得到光气，光气合成双光气、三光气，采用光气作单体合成聚碳酸酯，甲苯二异氰酸酯（TDI）制备，4,4′-二苯基甲烷二异氰酸酯（MDI）制备等工艺过程的

操作人员需要具备相应的作业资质。

② 氯碱电解工艺作业。指氯化钠和氯化钾电解、液氯储存和充装岗位的作业。涉及氯化钠（食盐）水溶液电解生产氯气、氢氧化钠、氢气，氯化钾水溶液电解生产氯气、氢氧化钾、氢气等工艺过程的操作人员，需要具备相应的作业资质。

③ 氯化工艺作业。指液氯储存、气化和氯化反应岗位的作业。涉及取代氯化，加成氯化，氧氯化等工艺过程的操作人员，需要具备相应的作业资质。

④ 硝化工艺作业。指硝化反应、精馏分离岗位的作业。涉及直接硝化法、间接硝化法、亚硝化法等工艺过程的操作人员，需要具备相应的作业资质。

⑤ 合成氨工艺作业。指氨压缩、氨合成反应、液氨储存岗位的作业。涉及节能氨五工艺法（AMV），德士古水煤浆加压气化法，凯洛格法，甲醇与合成氨联合生产的联醇法，纯碱与合成氨联合生产的联碱法，采用变换催化剂、氧化锌脱硫剂和甲烷催化剂的"三催化"气体净化法工艺过程的操作人员，需要具备相应的作业资质。

⑥ 裂解（裂化）工艺作业。指石油系的烃类原料裂解（裂化）岗位的作业。涉及热裂解制烯烃工艺，重油催化裂化制汽油、柴油、丙烯、丁烯，乙苯裂解制苯乙烯，二氟一氯甲烷（HCFC-22）热裂解制得四氟乙烯（TFE），二氟一氯乙烷（HCFC-142b）热裂解制得偏氟乙烯（VDF），四氟乙烯和八氟环丁烷热裂解制得六氟乙烯（HFP）工艺过程的操作人员，需要具备相应的作业资质。

⑦ 氟化工艺作业。指氟化反应岗位的作业。涉及直接氟化，金属氟化物或氟化氢气体氟化，置换氟化以及其他氟化物的制备等工艺过程的操作人员，需要具备相应的作业资质。

⑧ 加氢工艺作业。指加氢反应岗位的作业。涉及不饱和炔烃、烯烃的三键和双键加氢，芳烃加氢，含氧化合物加氢，含氮化合物加氢以及油品加氢等工艺过程的操作人员，需要具备相应的作业资质。

⑨ 重氮化工艺作业。指重氮化反应、重氮盐后处理岗位的作业。涉及顺法、反加法、亚硝酰硫酸法、硫酸铜触媒法以及盐析法等工艺过程的操作人员，需要具备相应的作业资质。

⑩ 氧化工艺作业。指氧化反应岗位的作业。涉及乙烯氧化制环氧乙烷，甲醇氧化制备甲醛，对二甲苯氧化制备对苯二甲酸，异丙苯经氧化-酸解联产苯酚和丙酮，环己烷氧化制环己酮，天然气氧化制乙炔，丁烯、丁烷、C_4 馏分或苯的氧化制顺丁烯二酸酐，邻二甲苯或萘的氧化制备邻苯二甲酸酐，均四甲苯的氧化制备均苯四甲酸二酐，苊的氧化制 1,8-萘二甲酸酐，3-甲基吡啶氧化制 3-吡啶甲酸（烟酸），4-甲基吡啶氧化制 4-吡啶甲酸（异烟酸），2-乙基己醇（异辛醇）氧化制备 2-乙基己酸（异辛酸），对氯甲苯氧化制备对氯苯甲醛和对氯苯甲酸，甲苯氧化制备苯甲醛、苯甲酸，对硝基甲苯氧化制备对硝基苯甲酸，环十二醇/酮混合物的开环氧化制备十二碳二酸，环己酮/醇混合物的氧化制己二酸，乙二醛硝酸氧化法合成乙醛酸，以及丁醛氧化制丁酸和氨氧化制硝酸等工艺过程的操作人员，需要具备相应的作业资质。

⑪ 过氧化工艺作业。指过氧化反应、过氧化物储存岗位的作业。涉及双氧水的生产，乙酸在硫酸存在下与双氧水作用制备过氧乙酸水溶液，酸酐与双氧水作用直接制备过氧二酸，苯甲酰氯与双氧水的碱性溶液作用制备过氧化苯甲酰，以及异丙苯经空气氧化生产过氧化氢异丙苯等工艺过程的操作人员，需要具备相应的作业资质。

⑫ 胺基化工艺作业。指胺基化反应岗位的作业。涉及邻硝基氯苯与氨水反应制备邻硝

基苯胺，对硝基氯苯与氨水反应制备对硝基苯胺，间甲酚与氯化铵的混合物在催化剂和氨水作用下生成间甲苯胺，甲醇在催化剂和氨气作用下制备甲胺，1-硝基蒽醌与过量的氨水在氯苯中制备 1-氨基蒽醌，2,6-蒽醌二磺酸氨解制备 2,6-二氨基蒽醌，苯乙烯与胺反应制备 N-取代苯乙胺，环氧乙烷或亚乙基亚胺与胺或氨发生开环加成反应制备氨基乙醇或二胺，甲苯经氨氧化制备苯甲腈，以及丙烯氨氧化制备丙烯腈等工艺过程的操作人员，需要具备相应的作业资质。

⑬ 磺化工艺作业。指磺化反应岗位的作业。涉及三氧化硫磺化法，共沸去水磺化法，氯磺酸磺化法，烘焙磺化法，以及亚硫酸盐磺化法等工艺过程的操作人员，需要具备相应的作业资质。

⑭ 聚合工艺作业。指聚合反应岗位的作业。涉及聚烯烃、聚氯乙烯、合成纤维、橡胶、乳液、涂料黏合剂生产以及氟化物聚合等工艺过程的操作人员，需要具备相应的作业资质。

⑮ 烷基化工艺作业。指烷基化反应岗位的作业。涉及 C-烷基化反应，N-烷基化反应，O-烷基化反应等工艺过程的操作人员，需要具备相应的作业资质。

⑯ 化工自动化控制仪表作业。指化工自动化控制仪表系统安装、维修、维护的作业。厂区所有单位的仪表人员必须具备作业资质。

化工厂发生的许多安全事故，都是由于操作人员没有接受过正规的 HSE 培训，直接上岗操作导致的。因此，为了避免此类事故的发生，需要同学们在未来的生产工作中，认真接受 HSE 培训，严格履行岗位职责，这既是对自身的保护，也是对他人安全的负责。

任务执行

完成操作人员岗位 HSE 职责和岗前三级安全教育内容辨识

工作任务单 HSE 责任认知				编号:1-2-1	
装置名称		姓名		班级	
考查知识点	操作人员的 HSE 责任 岗前三级安全教育内容	学号		成绩	

根据生产操作人员 HSE 责任,完成 HSE 培训。
1. 将下列选项填写到操作人员 HSE 职责表格中,要求职责内容与责任类别一一对应(填序号即可)

HSE 职责	责任类别

将下面内容填写到表格中

| a. 参加事故应急演练,提升应急设备设施使用、应急措施落实、应急逃生等应急能力
b. 负责班前、班中、交接班巡回检查,如实报告现场隐患,并按职责落实隐患治理措施
c. 参加特种作业或特种设备操作培训,取得相应资质证书,定期复审,并在操作中落实相关作业或操作要求
d. 严格落实交接班制度,保证交接内容完整、检查确认到位、交接记录准确
e. 负责安全、环保、职业卫生、消防应急设施检查和维护,确保完好有效
f. 了解并熟悉本岗位风险点、风险分级管控措施,依据隐患排查计划,组织开展本班组的隐患排查
g. 及时、如实报告事故,积极配合事故调查、处理
h. 负责监督检查非常规作业管控措施落实情况
i. 严格遵守工艺纪律、劳动纪律、安全纪律,认真学习并严格执行操作规程,按生产指令精心操作,正确分析、判断、处理、报告工艺异常
j. 参加 HSE 教育培训,认真学习 HSE 知识、技能,了解本岗位危害因素 | A. 应急救援
B. 安全管理
C. 安全培训 |

2. 检查三级安全教育卡片中各级培训内容,将错误内容用圆圈圈出。

员工三级安全教育卡

编号: 　　　　　　　　　　　　　　　　员工号:

姓名	李四	性别	男	身份证号	××××××××××××××
部门	聚丙烯车间	岗位	外操	工种	操作工
学历	大学本科	专业	化学工程与工艺	健康状况	健康

培训记录

续表

厂(公司)级	(1)公司安全生产情况介绍 (2)公司安全生产规章制度和劳动纪律 (3)安全生产基本知识(消防、环保、职业卫生基础知识)及从业人员安全生产权利和义务 (4)安全生产状况及规章制度 (5)事故案例及教训			
	培训时间	培训课时	考试成绩	本人确认
	2021年7月8日至2021年8月2日	40	82	李四
车间 (部门)级	(1)本车间的工作环境、危险源、生产特点、工艺主要流程、物料的特性 (2)所从事工种可能遭受的职业危害 (3)所从事工种的安全职责、操作技能及强制性标准 (4)自救互救、急救方法、疏散和现场紧急情况的处理 (5)安全设施设备、个人防护用品的使用和维护 (6)岗位之间工作衔接配合的安全与职业卫生事项 (7)预防事故和职业危害的措施及应注意的安全事项 (8)预防事故和职业危害的措施及应注意的安全事项 (9)事故案例、事故报告及处理要求 (10)车间安全责任区域划分			
	培训时间	培训课时	考试成绩	本人确认
	2021年8月4日至2021年8月15日	32	91	王五
班组 (模块)级	(1)岗位安全操作规程 (2)事故应急救援、事故应急预案演练及防范措施 (3)岗位的安全装置、工具、个人防护用品的正确使用和维护保养方法 (4)进入装置注意事项			
	培训时间	培训课时	考试成绩	本人确认
	2021年8月18日至2021年8月2日	32	97	李四
备注				

任务总结与评价

根据任务单的完成情况，分析自身对本任务知识掌握的不足，并在小组内进行分享。

任务二　消防和环保基础认知

任务目标　① 了解化工企业火灾特点，认识消防工作的重要性；
② 了解化工装置主要消防设施，掌握灭火器的使用方法；
③ 了解化工生产对环境的影响，加强环保意识。

任务描述　请你以新员工的身份进入化工企业，了解化工企业火灾的特点和危险性，熟悉化工装置主要消防设施，认识工业"三废"，能够正确选择和使用灭火器，对化工消防和环保有基本认知。

教学模式　理实一体、任务驱动

教学资源　工作任务单（1-2-2-1、1-2-2-2）、沙盘

任务学习

一、化工消防基础认知

化工生产中所使用的原料、中间体甚至产品多为易燃、易爆的物质，容易形成爆炸性混合物，常导致火灾爆炸的发生；化工生产工艺操作复杂，生产高度密封化、自动化、连续化，发生事故容易形成连锁性反应；因此化工企业的消防工作是 HSE 工作中的重中之重。

1. 化工企业火灾概述

（1）火灾基础认知

① 燃烧的概念：燃烧是指可燃物与氧化物作用发生的放热反应，通常伴有火焰、发光和发烟现象。

② 燃烧的三要素：可燃物，助燃物，点火源。

③ 火灾的概念：火灾是指在时间或空间上失去控制的燃烧所造成的灾害。

④ 火灾的六大类型：火灾根据可燃物的类型和燃烧特性，分为 A、B、C、D、E、F 六大类。

A 类火灾：指固体物质火灾。这种物质通常具有有机物性质，一般在燃烧时能产生灼热的余烬。如木材、干草、煤炭、棉、毛、麻、纸张、塑料（燃烧后有灰烬）等火灾。

B 类火灾：指液体或可熔化的固体物质火灾。如煤油、柴油、原油、甲醇、乙醇、沥青、石蜡等火灾。

C 类火灾：指气体火灾。如煤气、天然气、甲烷、乙烷、丙烷、氢气等火灾。

D 类火灾：指金属火灾。如钾、钠、镁、钛、锆、锂、铝镁合金等火灾。

E 类火灾：指带电火灾。物体带电燃烧的火灾。

F 类火灾：指烹饪器具内的烹饪物（如动植物油脂）火灾。

⑤ 火灾的等级划分：根据 2007 年 6 月 26 日公安部下发的《关于调整火灾等级标准的通知》，新的火灾等级标准由原来的特大火灾、重大火灾、一般火灾三个等级调整为特别重大火灾、重大火灾、较大火灾和一般火灾四个等级。

特别重大火灾：指造成 30 人以上死亡，或者 100 人以上重伤，或者 1 亿元以上直接财产损失的火灾。

重大火灾：指造成 10 人以上 30 人以下死亡，或者 50 人以上 100 人以下重伤，或者 5000 万元以上 1 亿元以下直接财产损失的火灾。

较大火灾：指造成 3 人以上 10 人以下死亡，或者 10 人以上 50 人以下重伤，或者 1000 万元以上 5000 万元以下直接财产损失的火灾。

一般火灾：指造成 3 人以下死亡，或者 10 人以下重伤，或者 1000 万元以下直接财产损失的火灾（注："以上"包括本数，"以下"不包括本数）。

⑥ 火灾的危险性的分类：

a. 可燃气体的火灾危险性分类（如表 1-8）

表 1-8 可燃气体的火灾危险性分类表

类别	可燃气体与空气混合物的爆炸下限
甲	＜10％（体积）
乙	≥10％（体积）

b. 液化烃、可燃液体的火灾危险性分类（如表 1-9）

表 1-9 液化烃、可燃液体的火灾危险性分类

类别		具体描述
甲	A	在 15℃时的蒸气压大于 1.0MPa 的烃类液体及其他类似的液体
甲	B	甲 A 类以外，闪点＜28℃
乙	A	闪点≥28℃至≤45℃
乙	B	闪点＞45℃至＜60℃
丙	A	闪点≥60℃至≤120℃
丙	B	闪点＞120℃

特别说明：操作温度超过其闪点的乙类液体应视为甲 B 类液体；操作温度超过其闪点的丙 A 类液体应视为乙 A 类液体；操作温度超过其闪点的丙 B 类液体应视为乙 B 类液体；操作温度超过其沸点的丙 B 类液体应视为乙 A 类液体。

⑦ 灭火原理：窒息灭火法，冷却灭火法，抑制灭火法，隔离灭火法。

(2) 化工企业火灾危险性　化工企业生产由于多采用高温、高压、低温、负压、高流速等工艺条件，高温高压下气体的爆炸极限加宽，易引起分解爆炸性气体的爆炸；设备材料易损坏，可燃、易燃物大量泄漏的机会增加，反应物料温度高甚至超过自燃点，一旦泄漏遇空气立即自燃；个别工艺的物料配比在爆炸极限边缘，如操作不当就会发生爆炸。

化工生产的原料、成品中包括大量易燃、可燃物质。化工生产的原料大多为甲乙类化学危险物品，其特点是闪点低、爆炸下限低，有些在常温下自行分解或在空气中氧化即能导致迅速自燃或爆炸。这些原料在生产、储存中易发生泄漏，遇明火或遇性质相抵触物质，就会引起爆炸燃烧的严重事故。

(3) 化工企业火灾常见类型

① 化工生产装置因种种原因导致超温超压发生爆炸，且化工物料具备易燃、易爆的特性，导致发生大面积的火灾。

② 因液体原料的跑、冒、滴、漏，引发流淌火灾，或火灾后容器破损形成流淌火灾，特别是储罐出现问题，极易形成流淌火灾。

③ 立体火灾。由于原料易漏、易流，设备又多为竖直筑架，管道纵横交错，孔洞缝隙互为贯通，有火灾发生时就易形成立体燃烧。

（4）化工企业火灾主要诱因

① 明火。明火的温度一般都在七八百摄氏度以上，而化学物品中一些物料只要有一二百度就可以发生化学反应或被引燃着火，引发火灾。

② 热能。因为化学物品对热敏感，所以除明火外，传导热、聚焦热也能引起物料剧烈反应，造成火灾爆炸。

③ 静电。化工产品在生产、运输、贮存中都容易产生静电，而由于静电的电位差高，虽放电时间短，但能量大，容易引起火灾爆炸。

④ 高压。化工生产中有许多设备是在高压下进行操作。若因操作不当，造成设备超压损坏，导致火灾爆炸。

（5）化工企业火灾特点

① 爆炸性火灾居多。化工企业发生火灾时，由于各种因素的影响往往先爆炸后燃烧，或者先燃烧后爆炸。爆炸瞬间造成建筑结构破坏、变形或者倒塌，破坏力超强。

② 燃烧速度快。化工生产过程中的原料和产品沸点低，挥发性强且具备易燃易爆的特点，一旦起火，燃烧迅猛，蔓延极快。有些可燃液体具有流动性，起火后失控到处流淌，致使火灾蔓延扩大。

③ 毒害性较大。大部分的化工原料和产品具有较强的腐蚀性和毒害性，且物质在燃烧过程中产生大量有毒气体。

2. 化工企业消防基础认知

（1）消防工作的方针和原则　消防工作贯彻预防为主、防消结合的方针，按照政府统一领导、部门依法监管、单位全面负责、公民积极参与的原则，实行消防安全责任制，建立健全社会化的消防工作网络。

（2）主要的消防设施

① 消火栓，俗称消防栓，一种固定式消防设施，主要作用是控制可燃物、隔绝助燃物、消除着火源。其主要分类及用途如下。

a. 室内消防栓。室内消防栓是室内管网向火场供水的，带有阀门的接口，为工厂、仓库、高层建筑、公共建筑及船舶等室内固定消防设施，通常安装在消火栓箱内，与消防水带和水枪等器材配套使用。

图 1-12　室外消防栓

b. 室外消防栓。室外消防栓（如图 1-12）是设置在建筑物外面消防给水管网上的供水设施，主要供消防车从室外消防给水管网取水实施灭火，也可以直接连接水带、水枪出水灭火。所以，室外消火栓系统也是扑救火灾的重要消防设施之一。

② 消防水炮。消防水炮是以水作介质，远距离扑灭火灾的灭火设备。该炮适用于化工企业、储罐区、飞机库、仓库、港口码头、车库等场所，更是消防车理想的车载消防炮。其主要分类及用途如下。

a. 固定式手动消防水炮。固定式手动消防水炮是通过压力作用，将水形成射流状或雾状，用以远距离扑灭火灾、冷却保护相邻装置、储罐及其他设施或对区域进行水雾稀释的消防设备。射程 45m 左右。

b. 电控消防水炮。电控消防水炮为电动有线（或无线遥控）直流驱动，充分实现了操作人员与火灾现场远距离分隔的优点，能很好地保护灭火人员的人身安全。通常设置在火灾发生后，操作人员不能到达的位置，如框架顶层等。

M1-4 消防水炮

③ 水喷淋和水喷雾系统。在工艺装置内，消防水炮不能有效保护的特殊危险设备及场所，需要设置水喷淋或水喷雾系统。

水喷淋系统是由开式或闭式喷头、传动装置、喷水管网、湿式报警阀等组成。发生火灾时，系统管道上的水喷头遇高温自爆（一般是 68～70℃），通过安装在支管管路上的水流指示器动作并反馈给火灾报警控制系统控制器来控制启动喷淋泵，并设有手动启动装置。在发生火灾时，消防水通过喷淋头均匀洒出，对一定区域的火势起到控制作用。水喷淋和水喷雾系统如图 1-13 所示。

水喷雾系统是指由水源、供水设备、管道、雨淋阀组、过滤器和水雾喷头等组成的系统。其灭火机理是当水以细小的雾状水滴喷射到正在燃烧的物质表面时，产生表面冷却、窒息、乳化和稀释的综合效应，实现灭火。水喷雾灭火系统具有适用范围广的优点，不仅可以提高扑灭固体火灾的灭火效率，同时由于水雾具有不会造成液体火飞溅、绝缘性好的特点，在扑灭可燃液体火灾、电气火灾中均得到广泛的应用。

图 1-13 水喷淋和水喷雾系统

④ 灭火器。

a. 灭火器是一种可携式灭火工具。灭火器内放置化学物品，用以扑灭火灾。灭火器是常见的防火设施之一，存放在公众场所或可能发生火灾的地方，不同种类的灭火器内装填的成分不一样，是专为不同的火灾起因而设。使用时必须注意以免产生反效果及引起危险。

b. 分类：干粉灭火器，泡沫灭火器，二氧化碳灭火器，1211 灭火器。

c. 日常检查：《建筑灭火器配置验收及检查规范》中规定，在堆场、罐区、石油化工装置区、加油站、锅炉房等场所配置的灭火器应按要求每半月进行一次检查。

d. 灭火器的使用：

看——首先要检查灭火器是否在正常的工作压力范围；灭火器压力表分为三个颜色区域，黄色表示压力较高，绿色表示压力正常，红色表示欠压；选用灭火器指针要在绿色区域。还需要检查灭火器是否在有效期内，灭火器外观是否完好无损。

提——双手提起灭火器。

拔——拔掉保险销，一般为铅封或塑料保险销，直接用手拉住拉环，用力向外拉即可。

瞄——站在上风向，将灭火器对准火苗根部。

压——压下手柄。

⑤ 消防沙。消防沙通常储存在消防沙箱中，一般用于灭火和吸收易燃液体。使用消防沙的灭火原理是窒息灭火，因为油类不能用水灭火，因此可用消防沙在火灾初期及时灭火，降低安全隐患。消防沙要保持干燥，有水分的话遇火后会飞溅，易伤人。

二、化工环境保护基础认知

化工环境保护是指减少和消除化工生产中的废水、废气和废渣（简称"三废"）对周围环境的污染和对生态平衡及人体健康的影响，防治污染，改善环境，化害为利等工作。

1. 环境保护概述

（1）环境　环境保护中提及的环境是指影响人类生存和发展的各种天然的和经过人工改造的自然因素的总体，包括大气、水、海洋、土地、矿藏、森林、草原、野生生物、自然遗迹、人文遗迹、自然保护区、风景名胜区、城市和乡村等。

（2）环境污染　环境污染是指人类直接或间接地向环境排放超过其自净能力的物质或能量，从而使环境的质量降低，对人类的生存与发展、生态系统和财产造成不利影响的现象。

① 大气污染，是指由于人类活动或者自然过程引起某些物质进入大气中，达到足够的浓度，滞留足够的时间，并因此导致大气环境质量下降影响人类生活的现象。

主要来源：工业废气、施工扬尘、交通烟尘、汽车尾气、餐饮油烟、杀虫剂、氟利昂、下水道气体、露天燃烧垃圾和秸秆。

危害：大气污染会增加人们患慢性气管炎、支气管哮喘、肺气肿和癌症等疾病的概率，还会造成臭氧层破坏、全球气候变暖和酸雨现象。

② 水污染，指水体因某种物质的介入，而导致其化学、物理、生物或者放射性等方面特征的改变，从而影响水的有效利用，危害人体健康或者破坏生态环境的现象。

主要来源：工业废水、有毒物质、垃圾、生活废水、油污。

危害：水污染是世界头号杀手，世界上80%的疾病与水污染有关。它会增加人们患伤寒、霍乱、胃肠炎、痢疾、传染性肝炎等疾病的概率，也会导致作物减产、品质降低，还会造成生物体变异、畸形和死亡。

③ 噪声污染，是指在工业生产、建筑施工、交通运输和社会生活中所产生的干扰周围生活环境的声音。凡是干扰人们休息、学习和工作的声音统称为噪声。而只有当噪声超过国家规定的环境噪声排放标准时，才被认定为噪声污染。

主要来源：建筑施工、交通运输、社会生活、工业生产。

危害：造成人们听力损伤、神经系统损伤，增加高血压、动脉硬化和冠心病的发病概率，还会导致消化系统功能紊乱，使肠胃疾病发病率升高。

④ 固废污染。固体废弃物污染是指在生产建设、日常生活和其他活动中产生的固态、半固态废弃物质污染环境的现象。

主要来源：固体颗粒、垃圾、炉渣、污泥、废弃的制品、动物尸体、人畜粪便、变质食品等。

危害：固废产生的氨气、硫化氢、二噁英等有害气体会污染大气；自身分解和雨水浸淋产生的淋滤液注入水体，导致地表水和地下水污染；有害成分会污染土壤，进入粮食作物，最终危害人体健康。

（3）环境保护　顾名思义，环境保护就是通过采取行政的、法律的、经济的、科学技术等多方面的措施,保护人类生存的环境不受污染和破坏。我国《环境保护法》中规定的环境保护内容包括保护自然环境、防治污染和其他公害两个方面。

2. 化工企业的主要污染物

(1) 化工生产与环境问题　据统计,化学工业(包括冶金)排放的有害废物比其他工业部门排放的总和还要多。某些化学品造成事先未预料的灾难,严重危害人类健康和生态环境。

全球十大环境问题中,七个问题与化学物质污染直接相关,其余三个问题与化学污染间接相关。

① 大气污染,酸雨成灾。全球每年向大气排放硫氧化物 1.6 亿吨,氮氧化物 0.5 亿吨,一氧化碳 3.6 亿吨,二氧化碳 5.7 亿吨及有害飘尘。

② 全球气候变暖。近 100 年来,大气中二氧化碳含量增加 30%,甲烷含量增加 145%,一氧化二氮含量增加 15%,平均气温上升 0.3~0.5℃。

③ 臭氧层破坏。南极上空臭氧层空洞,西伯利亚、南美、英伦三岛上空也发现臭氧层空洞。

④ 淡水资源紧张和污染。100 多个国家缺水,20 亿人缺乏清洁水。每年 4260 亿吨工业废水、生活污水排入水体。

⑤ 海洋污染。工业废物倾倒入海,海上石油污染。

⑥ 土地资源退化。过度开发,造成水土流失,土地盐碱化、沙漠化。每年水土流失约 240 亿吨,600 万公顷土地沙漠化。

⑦ 森林锐减。每年丧失 1700 万~2000 万公顷森林,约 $2 \times 10^8 \text{m}^2/\text{min}$。

⑧ 生物多样性减少。目前生物物种 500 万~3000 万,每年灭绝 5 万个生物物种。

⑨ 有毒有害废物。每年产生约 100 亿吨工业废物和城市垃圾,其中 5%~10% 属危险废物,掩埋、焚烧等处理方式不能消除污染环境的危害。

⑩ 环境公害。噪声污染:气体动力噪声、机械噪声、电磁噪声。光污染:玻璃幕墙。

(2) 化工企业环境保护要点　一般而言,化工企业环保管理主要管控"环境风险"及"污染源"。

① 环境风险:突发事故对环境造成的危害程度及可能性;公司生产经营活动、产品及服务与环境发生相互作用,并对环境造成的有害变化。

② 污染源:造成环境污染的污染物发生源,通常指向环境排放有害物质或对环境产生有害影响的场所、设备或装置等。

(3) 工业"三废"　工业"三废"是工业废气、工业废水、工业固体废物的总称。

① 工业废气。工业废气,是指企业厂区内燃料燃烧和生产工艺过程中产生的各种排入空气的含有污染物气体的总称。这些废气有:二氧化碳、二硫化碳、硫化氢、氟化物、氮氧化物、氯化氢、一氧化碳、硫酸(雾)、铅、汞、铍化合物、烟尘及生产性粉尘,排入大气,会污染空气。

a. 颗粒性废气:此类污染物主要是生产过程中产生的污染性烟尘,其来源主要有水泥厂、重型工业材料生产厂、重金属制造厂以及化工厂等。在生产中,此类企业所需原料需要经过提纯,由于杂质较多,提纯后的可燃物不能完全燃烧、分解,因此以烟尘形态存在,形成废气,排放至大气中引发空气污染。

b. 气态性废气:气态性废气是工业废气中种类最多也是危害性最大的。目前气态性废气主要有含氮废气、含硫废气以及碳氢有机废气。

含氮废气。此类废气会对空气组成造成破坏，改变气体构成比例。尤其是石油产品的燃烧，在工业生产中石油产品的燃烧量巨大，而石油产品中氮化物含量大，因此废气中会含有大量氮氧化物，若排放到空气中会增加空气氮氧化物含量，对大气循环造成影响。

含硫废气。含硫废气会对人们的生活环境造成直接危害，这是由于其同空气中的水结合能够形成酸性物质，引发酸雨。而酸雨会对植物、建筑以及人体健康造成损害，尤其会影响人的呼吸道。另外还会对土壤和水源造成影响，造成二次污染。

碳氢有机废气，主要由碳原子和氢原子构成。此类废气扩散到大气中会对臭氧层造成破坏引发一系列问题，影响深远。

c. 处理方法：化工车间产生的废气在对外排放前会进行预处理，以达到国家废气对外排放的标准。工业废气处理的主要方式有活性炭吸附法、催化燃烧法、催化氧化法、酸碱中和法、等离子法等。

② 工业废水。工业废水是指工业生产过程中产生的废水、污水和废液，其中含有随水流失的工业生产用料、中间产物、副产品以及生产过程中产生的污染物。

a. 分类：第一种按工业废水中所含主要污染物的化学性质分类，含无机污染物为主的为无机废水，含有机污染物为主的为有机废水。例如电镀废水和矿物加工过程的废水是无机废水，食品或石油加工过程的废水是有机废水，印染行业生产过程中的是混合废水，不同的行业排出的废水含有的成分不一样。

第二种是按工业企业的产品和加工对象分类，如冶金废水、造纸废水、炼焦煤气废水、金属酸洗废水、化学肥料废水、纺织印染废水、染料废水、制革废水、农药废水、电站废水等。

第三种是按废水中所含污染物的主要成分分类，如酸性废水、碱性废水、含氰废水、含铬废水、含镉废水、含汞废水、含酚废水、含醛废水、含油废水、含硫废水、含有机磷废水和放射性废水等。

b. 处理措施：废水处理就是将废水中的污染物以某种方法分离出来，或者将其分解转化为无害稳定物质，从而使污水得到净化。废水处理方法的选择取决于废水中污染物的性质、组成、状态及对水质的要求。一般废水的处理方法大致可分为物理法、化学法及生物法三大类。

物理法：利用物理作用处理、分离和回收废水中的污染物。浮选法（或气浮法）可除去乳状油滴或相对密度近于1的悬浮物；过滤法可除去水中的悬浮颗粒；蒸发法用于浓缩废水中不挥发性的可溶性物质等。

化学法：利用化学反应或物理化学作用回收可溶性废物或胶体物质。中和法用于中和酸性或碱性废水；萃取法利用可溶性废物在两相中溶解度不同，回收酚类、重金属等；氧化还原法用来除去废水中还原性或氧化性污染物，杀灭天然水体中的病原菌等。

生物法：利用微生物的生化作用处理废水中的有机物。生物过滤法和活性污泥法用来处理生活污水或有机生产废水，使有机物转化降解成无机盐而得到净化。

③ 工业固体废物，是指在工业生产活动中产生的固体废物，是工业生产过程中排入环境的各种废渣、粉尘及其他废物。

a. 分类：工业固体废物一般分为两类，一般工业固体废物和工业有害固体废物。一般工业固体废物系指未列入《国家危险废物名录》或者根据国家规定的危险废物鉴别标准认定其不具有危险特性的工业固体废物。例如：粉煤灰、煤矸石和炉渣等，一般工业固体废物分为一类和二类。

一类：按照《固体废物 浸出毒性浸出方法》（GB 5086—1997）规定方法进行浸出试验而获得的浸出液中，任何一种污染物的浓度均未超过《污水综合排放标准》（GB 8978—1996）中最高允许排放浓度，且 pH 值在 6~9 的一般工业固体废物。

二类：按照《固体废物 浸出毒性浸出方法》（GB 5086—1997）规定方法进行浸出试验而获得的浸出液中，有一种或一种以上的污染物浓度超过《污水综合排放标准》（GB 8978—1996）中最高允许排放浓度，或者 pH 值在 6~9 之外的一般工业固体废物。

工业有害固体废物指在工业生产活动中产生的，能对人群健康或对环境造成现实危害或潜在危害的工业固体废物。它是列入国家危险废物名录或者根据国家规定的危险废物鉴别标准和鉴别方法认定的具有危险特性的固体废物。

b. 处理措施：常用的处理方法仍归纳为物理处理、化学处理、生物处理。

物理处理：物理处理是通过浓缩或相变化改变固体废物的结构使之成为便于运输、贮存、利用或处置的形态，包括压实、破碎、分选、增稠、吸附、萃取等方法。

化学处理：化学处理是采用化学方法破坏固体废物中的有害成分，从而达到无害化，或将其转变成为适于进一步处理、处置的形态。其目的在于改变处理物质的化学性质，从而减少它的危害性。这是危险废物最终处置前常用的预处理措施，其处理设备为常规的化工设备。

生物处理：生物处理是利用微生物分解固体废物中可降解的有机物，从而达到无害化或综合利用。生物处理方法包括好氧处理、厌氧处理和兼性厌氧处理。与化学处理方法相比，生物处理在经济上一般比较便宜应用普遍但处理过程所需时间长，处理效率不够稳定。

热处理：热处理是通过高温破坏和改变固体废物组成和结构，同时达到减容、无害化或综合利用的目的。其方法包括焚化、热解、湿式氧化以及焙烧、烧结等。热值较高或毒性较大的废物采用焚烧处理工艺进行无害化处理，并回收焚烧余热用于综合利用和物化处理以及职工洗浴、生活等，减少处理成本和能源的浪费。

固化处理：固化处理是采用固化基材将废物固定或包覆，以降低其对环境的危害，是一种较安全地运输和处置废物的处理过程，主要用于有害废物和放射性废物，固化体的容积远比原废物的容积大。

任务执行

工作任务单1　化工消防基础认知　　编号：1-2-2-1

装置名称		姓名		班级	
考查知识点	化工装置基础消防设施 火灾类型 灭火器的选择	学号		成绩	

确认装置的消防设施完好，根据火灾类型选择合适的灭火器。

1. 请以小组为单位，在聚丙烯装置沙盘上找到视频中出现的消防设施，并将其填入表格中。

序号	消防设施名称	序号	消防设施名称
1		4	
2		5	
3		6	

2. 在易思云课堂中完成火灾类型匹配。
3. 在易思云课堂中完成灭火器的选择。

工作任务单2　化工环保基础认知　　编号：1-2-2-2

装置名称		姓名		班级	
考查知识点		学号		成绩	

辨别装置的污染物，匹配污染种类。
1. 在易思云课堂中完成工业"三废"的分类选择。
2. 在易思云课堂中完成污染种类和污染来源匹配。

任务总结与评价

查找资料，谈谈你对"绿水青山就是金山银山"的感悟。

任务三　危险源及 HAZOP 基础认知

任务目标　① 了解危险源的概念，熟悉化工企业危险源辨识过程；
② 了解重大危险源的相关知识，能够辨识重大危险源；
③ 了解 HAZOP 分析的工作流程，熟悉 HAZOP 分析方法。

任务描述　请你以新员工的身份进入化工企业，了解化工企业危险源辨识流程，熟悉重大危险源的辨识，理解 HAZOP 分析流程，能够完成危险源的辨识和简单的 HAZOP 场景分析。

教学模式　理实一体、任务驱动

教学资源　工作任务单（1-2-3）

任务学习

一、化工企业危险源识别概述

危险源是爆发事故的源头，因此，在化工企业中，辨识危险源并针对危险源的风险设置相应的管控措施，是保证安全生产的关键。

1. 专业术语

（1）风险　风险是指生产安全事故或健康损害事件发生的可能性和严重性的组合，风险＝可能性×严重性。可能性是指事故（事件）发生的概率，严重性是指事故（事件）一旦发生后，将造成的人员伤害和经济损失的严重程度。

（2）固有风险　固有风险是指不考虑措施的情况下，危害发生可能性与危害影响严重性的集合。

（3）残余风险　残余风险是指考虑所有措施及其有效性后，危害发生可能性与危害影响严重性的集合。

（4）危险源　危险源是指可能造成（事故）人员伤亡、疾病、财产损失、工作环境破坏、有害的环境影响的根源或状态。

（5）危险有害因素（简称危害）　是指可对人造成伤害、影响人的身体健康甚至导致疾病的因素。包括：人的因素、物的因素、环境因素和管理因素。

（6）风险矩阵

① 概述。风险矩阵（risk matrix）是用于识别风险和对其进行优先排序的有效工具。风险矩阵可以直观地显现组织风险的分布情况，有助于确定风险管理的关键控制点和风险应对方案。一旦组织的风险被识别以后，就可以依据其对组织目标的影响程度和发生的可能性等维度来绘制风险矩阵。风险矩阵通常作为一种筛查工具用来对风险进行排序，根据其在矩阵中所处的区域，确定哪些风险需要更细致的分析，或是应首先处理哪些风险。

② 过程。对风险发生可能性的高低和后果严重程度进行定性或定量评估后，依据评估结果绘制风险图谱。绘制矩阵时，一个坐标轴表示结果等级，另一个坐标轴表示可能性等级。根据风险矩阵，确定Ⅰ、Ⅱ、Ⅲ、Ⅳ风险等级。

M1-5　中石化 7×8 风险矩阵及注释

2. 危险源的辨识

识别危险源的存在并确定其特性的过程。

(1) 危险源产生的原因　存在能量或有害物质。能量、有害物质失控；设备故障；人员失误；管理缺陷等都是导致危险的原因。

(2) 危险源三要素

① 潜在危险性，是指一旦触发事故，可能带来的危害程度或损失大小，或者说危险源可能释放的能量强度或危险物质量的大小。

② 存在条件，是指危险源所处的物理、化学状态和约束条件状态。例如，物质的压力、温度、化学稳定性，盛装压力容器的坚固性，周围环境障碍物等情况。

③ 触发因素，是危险源转化为事故的外因，而且每一类型的危险源都有相应的敏感触发因素。如易燃、易爆物质，热能是其敏感的触发因素，又如压力容器，压力升高是其敏感触发因素。

(3) 危险源的分类

① 分类依据——能量意外释放论：事故是能量或危险物质的意外释放。根据能量意外释放论（危险源在事故发生、发展过程中的作用），危险源分为第一类危险源和第二类危险源。

第一类危险源：系统中存在的、可能发生意外释放的能量或危险物质。

物理性：电能、机械能、噪声、辐射、高压、高温、低温等；

化学性：易燃易爆物质、有毒有害物质、腐蚀性物质等；

生物性：致病微生物等。

第二类危险源：导致约束、限制能量或危险物质的措施失效或破坏的各种不安全因素，包括人的因素、物的因素、环境因素、管理因素。

人的因素：情绪激动、心理异常、超负荷工作、指挥错误、操作错误等；

物的因素：设备、设施、工具、附件缺陷；

环境因素：地面湿滑、安全通道不畅通等；

管理因素：职业健康管理不完善，安全监护不落实等。

② 分类依据——导致事故的直接原因。

物理性：设备设施缺陷、防护缺陷、电能、机械能、噪声、辐射、高温等；

化学性：易燃易爆物质、有毒有害物质、腐蚀性物质；

生物性：致病微生物等；

心理、生理性：情绪激动、心理异常、超负荷工作、健康状况不佳等；

行为性：指挥错误、操作错误、监护错误等。

(4) 危险源辨识　识别危险源的存在即识别危险源的位置、状态、类别；确定其特性即确定危险源的能量类别、事故后果、发生的可能性、控制措施等。

危险源能量逸散类型和可能导致的后果，如表1-10。

表1-10　危险源能量逸散类型和可能导致的后果表

能量类型	逸散形式	可能后果
动能	机泵等动设备的转动	身体部位被卷入转动设备，受伤
势能	高处落物(重力势能)	人员砸伤或死亡
	管道设备破裂,压力释放(压力能)	设备损坏,人员伤亡

续表

能量类型	逸散形式	可能后果
电能	带电设备漏电	设备损坏,人员触电受伤
热能	蒸汽等高温流体泄漏 液氮等低温流体泄漏 设备表面高温/低温	人员烫伤、冻伤
化学能	有毒介质泄漏	人员中毒
	酸碱等腐蚀性物质泄漏	皮肤被腐蚀灼伤
放射能	设备探伤时被射线误照	辐射危害、致癌等
生物能	细菌、病毒的传播	致病、死亡

3. 化工企业风险识别工作流程

化工企业风险识别工作流程图如图 1-14。从工艺过程、设备设施、常规作业、非常规作业四个方面识别危险源,并将相关的事故案例暴露的危害、各类安全评价报告内列出的危害以及《生产过程危险和有害因素分类与代码》考虑在内,采用有针对性的危害辨识工具对每个危险源逐一开展危害辨识,重大危险源根据 GB 18218—2018《危险化学品重大危险源辨识》直接划分。

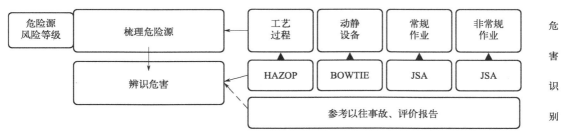

图 1-14 化工企业风险识别工作流程图
BOWTIE—蝴蝶结分析法;JSA—工作安全分析法

针对每个危害,根据风险矩阵评估其固有风险,从工程措施、管理措施、培训教育措施、个体防护措施、应急措施五个方面充分识别现有措施,对工艺过程危害,应按照工艺过程风险控制洋葱模型八个层次验证措施完整性。

二、重大危险源的辨识和分级

20 世纪 70 年代以来,预防重大工业事故引起国际社会的广泛重视。随之产生了"重大危害(major hazards)""重大危害设施(国内通常称为重大危险源)(major hazard installations)"等概念。

重大危险源指按照《危险化学品重大危险源辨识》(GB 18218)标准辨识确定,生产、储存、使用或者搬运危险化学品的数量等于或者超过临界量的单元(包括场所和设施)。

危险与可操作分析(HAZOP)基础认知

(1)HAZOP 概述 HAZOP 分析即危险与可操作性分析(hazard and operability study),是一种对规划或现有产品、过程、程序或体系的结构化及系统分析技术。该技术被广泛应用于识别人员、设备、环境及/或组织目标所面临的风险。分析团队应尽量提供解决方案,以消除风险。

① 专业术语。

a. 节点，在开展HAZOP分析时，通常将复杂工艺系统分解成若干"子系统"，每个子系统称作一个"节点"。

b. 偏离，指偏离所期望的设计意图。通常各种工艺参数，都有各自安全许可的操作范围，只要超出该范围，就视为"偏离设计意图"。

c. 可操作性，HAZOP分析包括两个方面，一是危险分析，二是可操作性分析。前者是为了安全的目的；后者则关心工艺系统是否能够实现正常操作，是否便于开展维护或维修，甚至是否会导致产品质量问题或影响收率。

d. 引导词，是一个简单的词或词组，用来限定或量化意图，并且联合参数以便得到偏离。如"没有""较多""较少"等。分析团队借助引导词与特定"参数"的相互搭配，识别异常的工况，即所谓"偏离"的情形。引导词的应用使得HAZOP分析的过程更具结构性和系统性。

e. 事故情景。在HAZOP分析过程中，借助引导词的帮助，设想工艺系统可能出现的各种偏离设计意图的情形及后续的影响。

f. 原因，是指导致偏离的事件或条件。

g. 后果，是指工艺系统偏离设计意图时所导致的结果。

h. 现有安全措施，是指当前设计、已经安装的设施或管理实践中已经存在的安全措施。

i. 建议措施，是指所提议的消除或控制危险的措施。

② 用途。

a. HAZOP技术最初被应用于化学工艺系统的风险评估中。目前该技术已拓展到其他类型的系统及复杂的操作中，包括机械及电子系统、程序、软件系统，甚至包括组织变更及法律合同设计及评审。

b. HAZOP过程可以处理由于设计、部件、计划程序和人为活动的缺陷所造成的各种形式的对设计意图的偏离。这种方法也广泛地用于软件设计评审中。当用于关键安全仪器控制及计算机系统时，该方法称作CHAZOP（控制危险及可操作性分析或计算机危险及可操作性分析）。

c. HAZOP分析通常在设计阶段开展，因为此时设计仍可进行调整。但是，随着设计的详细发展，可以对每个阶段用不同的导语分阶段进行。HAZOP分析也可以在操作阶段进行，但是该阶段的变更可能需要较大成本。

③ 优点及局限。

a. 优点：为系统、彻底地分析系统、过程或程序提供了有效的方法；涉及多专业团队，可处理复杂问题；形成了解决方案和风险应对行动方案；有机会对人为错误的原因及结果进行清晰的分析。

b. 局限：耗时，成本较高；对文件或系统/过程以及程序规范的要求较高；主要重视的是找到解决方案，而不是质疑基本假设；讨论可能会集中在设计细节上，而不是在更宽泛或外部问题上；受制于设计（草案）及设计意图，以及传递给团队的范围及目标；过程对设计人员的专业知识要求较高，专业人员在寻找设计问题的过程中很难保证完全客观。

(2) HAZOP分析程序　HAZOP分析程序主要包括前期资料的准备，HAZOP团队的组建以及具体的分析流程。

① 前期资料准备。

a. 工艺信息资料。设计基础信息：包括但不限于项目规模、上下游边界条件、产品和工艺技术路线以及设计采用的技术标准和规范等；工艺说明书、简要的工艺流程描述；

工艺物料平衡图（PFD）及数据表，最新版的管道及仪表流程图（PID），该工艺设计标准和规范清单；

联锁逻辑图或因果关系表，全厂总图；

设备布置图及危险区域划分图，化学品安全技术说明书（MSDS）；

反应危害评估的相关数据（包括反应矩阵、反应量热、绝热量热，以及物料、中间体的热稳定性等评估数据）；

设备选材备忘录、安全联锁及超压泄放设计备忘录；

设备数据表、管道数据表、压力容器数据表、泵等动设备的性能曲线、安全阀等压力泄放设施的设计依据和相关数据表。

工艺操作文件：操作、维修以及紧急响应程序，所有公用工程系统的条件及界区条件；

以往事故报告、变更文件、隐患台账等，国内外类似工艺装置的事故报告，操作团队目前比较关注的问题清单，包括泄漏或安全屏障缺陷等；

前阶段 PHA 分析及相关危害识别和风险评估报告；

风险评估矩阵。

b. 同类装置事故资料：

收集同类型装置过去发生的事故用于 HAZOP 分析；

事故调查报告；

工艺安全布告；

从其他工厂或行业学习相关事故的教训。

② HAZOP 团队构成：

HAZOP 主持人；

HAZOP 记录员；

项目负责人或车间主任；

工段长和班长；

工艺工程师、设备、仪表、电气、过程控制、过程安全、HSE 等专业人员；

技术开发、装置工艺优化和过程开发人员；

设计院、外购工艺包或成套工艺系统的专利商、大型设备供应商；

技术开发、过程开发、工艺、设备、仪表、电气、工艺控制等方面专家；

项目成员和操作人员；

翻译（如有需要）。

③ HAZOP 分析流程（如图 1-15）。

④ HAZOP 分析工作表。HAZOP 分析最主要的环节，是分析小组全体成员互动讨论的过程，在讨论中，需要及时将讨论结论记录在 HAZOP 分析工作表中。通常，每一个节点有一张自己独立的分析表格（如表 1-11）。

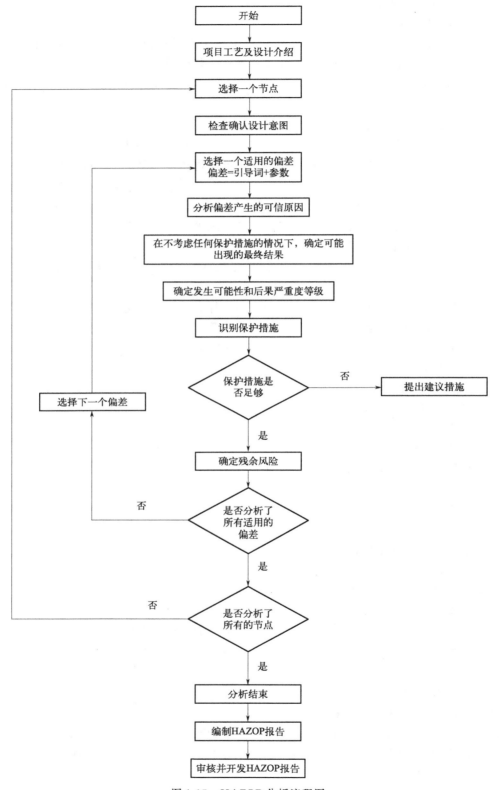

图 1-15　HAZOP 分析流程图

表 1-11 某化工企业 HAZOP 分析工作表

过程危害分析工作表 HAZOP Worksheet

图纸 Drawing NO.																
节点编号 Node NO.																
节点名称 Node																
分析时间 Time																
节点描述 About																

序号	Guideword/Deviation 引导词/偏差	Detail deviation 详细偏差	Causes 原因	Consequences 可能的后果	Category 类别	风险消减前			Safeguards 现有安全保障	风险消减后			Rec # 建议编号	Recommendations 建议措施			
						S	L	RR		S	L	RR			S	L	E

在这张表中，上部是项目节点的基本情况，包括图纸编号、节点编号、节点名称、分析时间、参与人员、节点描述等：

图纸编号是指本节点涉及的 PID 图纸编号；

节点编号是指本节点的编号；

节点名称是指本节点的名称；

分析时间是指本节点开展 HAZOP 分析的日期；

节点描述是指本节点所包含的主要工艺说明。

HAZOP 分析工作表的主体部分包含若干列，以上图为例，从左到右依次为序号、引导词/偏差、详细偏差、原因、可能的后果、类别、风险削减前、现有安全保障、风险削减后、建议编号、建议措施等：

序号是指引导词的顺序号；

偏差是指偏离所期望的设计意图；

详细偏差是指具体的偏差工况；

原因是指导致事故情景的直接原因；

可能的后果是指可能造成的事故后果；

类别是指从业人员、环保、财产等；

S 是指后果的严重程度；

L 是指后果的可能性；

RR 是事故的风险等级；

现有安全保障是指已经体现在设计中的安全措施；

建议措施编号是指建议措施的编号；

建议措施是指分析小组提出的建议意见；

E 是指事故通过建议措施削减后的风险等级。

任务执行

工作任务单 危险源及 HAZOP 基础认知				编号:1-2-3	
装置名称		姓名		班级	
考查知识点	危险源辨识 HAZOP 分析方法	学号		成绩	

根据化工企业风险识别工作流程,梳理装置沙盘的危险源。

1. 请以小组为单位,在聚丙烯装置沙盘上进行现场危险源辨识,并填写危险源辨识记录表。

<table>
<tr><td colspan="7" align="center">装置危险源辨识记录表</td></tr>
<tr><td>贴纸编号</td><td>位置</td><td>危险源</td><td>危险能量</td><td>可能导致的事故</td><td>防护措施/控制措施</td><td>备注</td></tr>
<tr><td>1</td><td></td><td></td><td></td><td></td><td></td><td></td></tr>
<tr><td>2</td><td></td><td></td><td></td><td></td><td></td><td></td></tr>
<tr><td>3</td><td></td><td></td><td></td><td></td><td></td><td></td></tr>
<tr><td>4</td><td></td><td></td><td></td><td></td><td></td><td></td></tr>
<tr><td>5</td><td></td><td></td><td></td><td></td><td></td><td></td></tr>
<tr><td>6</td><td></td><td></td><td></td><td></td><td></td><td></td></tr>
<tr><td>7</td><td></td><td></td><td></td><td></td><td></td><td></td></tr>
<tr><td>8</td><td></td><td></td><td></td><td></td><td></td><td></td></tr>
</table>

2. 下图为某装置的产品罐的流程简图。请以小组为单位,试分析造成产品罐压力高的原因(只分析氮气和排放火炬流量的影响)。

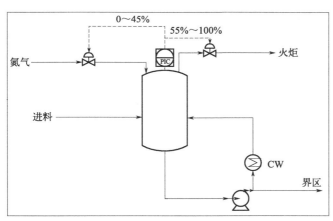

引导词/偏差	详细偏差	原因
压力高	产品罐罐顶压力高	

任务总结与评价

根据任务单的完成情况,分析自身对本任务知识掌握的不足,并在小组内进行分享。

任务四　职业卫生与防护

任务目标　① 了解职业卫生的基础知识，以及石化行业的职业危害因素；
② 了解常见防护用品的防护要点，并能够根据工作场景选取合适的个人防护用品。

任务描述　请你以新员工的身份学习职业卫生的基础知识，辨识石化行业生产过程中的危害因素，并根据工作场景选取合适的防护用品，有效预防职业病的发生。

教学模式　理实一体、任务驱动

教学资源　沙盘及工作任务单（1-2-4）

任务学习

一、职业危害与职业病

1. 职业卫生的概念

职业卫生是指人们在从事行业和工作活动中，保持符合健康、防止疾病所必需的状态以及达到这种状态所实施的行为和过程。职业病是指企业、事业单位和个体经济组织（统称用人单位）的劳动者在职业活动中因接触粉尘、放射性物质和其他有毒、有害等因素而引起的疾病。法定职业病是指国家规定并正式公布的职业病，是指用人单位的劳动者在职业活动中，因接触粉尘、放射性物质和其他有毒、有害物质等因素引起的疾病。

职业危害指劳动者在职业活动中，由于受不良的生产条件和工作环境的影响，给劳动者带来危险和伤害，其中包括事故和疾病等多种危害因素对人体的伤害。职业病危害因素包括：职业活动中存在的各种有害的化学、物理、生物因素以及在作业过程中产生的其他职业有害因素。

2. 职业病的特点

（1）病因明确　由职业病危害因素所致，这些人为因素被控制消除，即可防止疾病发生；

（2）病因可测　所接触的危害因素（病因）通常可以检测，过量接触造成职业病；

（3）群体性　接触相同职业病危害因素的工人经常集体发病；

（4）多无特效药　早发现，易恢复，晚发现，疗效差；

（5）职业病侵入身体的主要途径　有三类途径：呼吸道（最常见最危险的途径）；皮肤（有些毒物只要与皮肤接触，就能被吸收）；消化道（职业中毒的机会极少）。

M1-6　职业危害事故案例

二、石化行业工作环境危害因素

2013年国务院卫生行政部门会同劳动保障行政部门重新颁布的危害因素分类职业病目录有10类：粉尘类，放射性物质类，化学物质类，物理因素，生物因素，导致职业性皮肤病、眼病、耳鼻喉口腔疾病、肿瘤以及其他职业病危害因素。石油化工行业的生产工艺复杂，生产类型多样，自动化程度高，多为管道化、连续生产，生产厂房多为半敞开式框架结构，空气流通；有害因素种类多，少数装置工艺落后，存在不少隐患，职业危害因素仍能从多方面影响作业人群。

1. 生产过程中产生的危害因素

① 物理性危害因素。异常气象条件：如高温、高湿等；异常气压：如高压、低压等；噪声、振动等；非电离辐射：如紫外灯、红外灯、激光等；电离辐射：如 X 射线、γ 射线等。

② 化学性危害因素。有毒物质：如铅、汞、锰、苯、一氧化碳、硫化氢、有机磷农药等。

③ 生产性粉尘：如矽尘、石棉尘、煤尘、水泥尘、有机粉尘等。

④ 生物性危害因素：如附着于皮毛上的炭疽杆菌、甘蔗渣上的真菌、医务工作者可能接触到的生物性传染病源物。

2. 劳动过程中的有害因素

劳动组织和劳动作息安排上的不合理：如大检修或抢修期间，易发生劳动组织和制度的不合理，导致劳动者易于出现感情和劳动习惯的不适应。职业心理紧张：自动化程度高，仪表控制替代体力劳动和手工操作的同时，也带来了精神紧张的问题。生产定额不当、劳动强度过大，与劳动者生理状况不相适应。过度疲劳。个别器官或系统的过度疲劳，长期处于某种不良姿势或使用不合理的工具等。

3. 生产环境的有害因素

（1）自然环境因素　如炎热季节中的太阳辐射（室外露天作业）；油田企业夏季野外作业。

（2）厂房布置不合理　如有毒岗位与无毒岗位设在同一工作间内。

（3）环境污染　不合理生产过程导致环境污染，如氯气回收、精制、液化等岗位产生的氯气泄漏，有时造成周围环境的污染（如表 1-12）。

表 1-12　石化行业生产环境主要职业病危害因素

项目	装置/目标产物	存在的主要职业病危害因素
炼油	炼油生产装置包括常减压蒸馏及电脱盐、催化裂化、延迟焦化、减黏、氧化沥青、脱硫、硫黄回收、脱臭、气体分馏、叠合、制氢、加氢裂化、渣油轻质化、加氢精制、石蜡加氢、丙烷脱沥青等	化学因素：脂肪烃（主要是烷烃、烯烃，碳原子数在 10 以下）、硫化物（二氧化硫、硫化氢及硫醇）、一氧化碳和氮氧化物、氨（常减压、丙烷脱沥青）、二硫化碳（加氢裂化）、催化剂粉尘（催化裂化）、焦炭粉尘（延迟焦化）、滑石粉尘（氧化沥青）、硫黄粉（硫黄回收）。 物理因素：噪声、高温和振动
	催化重整	化学因素：苯、甲苯、二甲苯、环己烷、正己烷、丙烷、丁烷、三乙二醇醚 物理因素：高温
	电精制	汽油、煤油、氢氧化钠、硫酸、酸渣和碱渣
	烷基化	化学因素：液态烃、汽油、碳 4（丁烷、丁烯、异丁烯）、硫化氢、氢氟酸（或硫酸）、硫醇等 物理因素：噪声
化工原料	乙烯、丙烯	化学因素：甲烷、乙烷、丙烷、丁烷、乙烯、丙烯、丁烯、羰基镍、硫化氢 物理因素：高温
	丁二烯	化学因素：丁烯、丁烷、二甲基甲酰胺（DMF）或乙腈 物理因素：高温
	苯、甲苯	化学因素：裂解汽油、苯、甲苯、硫化氢 物理因素：高温

续表

项目	装置/目标产物	存在的主要职业病危害因素
化工原料	二甲苯、对二甲苯	碳八芳烃；二甲苯、对二甲苯、乙苯等
	丙烯腈	丙烯、氨、乙腈、氢氰酸、硫酸、丙烯腈
	乙苯、苯乙烯	乙苯、苯、二乙苯、甲苯、苯乙烯、盐酸、三氯化铝、2,4-二硝基苯酚(DNP)、叔丁基邻苯二酚(TBC)
合成树脂与塑料	低压聚乙烯、高压聚乙烯、聚丙烯	化学因素：乙烯、丙烯、乙烷、丙烷、有机粉尘 物理因素：噪声、高温
	高抗冲聚苯乙烯	苯乙烯、乙苯、顺丁橡胶粉尘
	聚氯乙烯	氯乙烯、聚乙烯醇、偶氮二异丁腈、聚氯乙烯粉尘
	聚氨酯泡沫塑料	甲苯二异氰酸酯(TDI)、多羟基聚醚多元醇、氨、三氯一氟甲烷(F-11)、二氯甲烷、锡催化剂
	ABS树脂	丁二烯、苯乙烯、丙烯腈、ABS粉尘

4. 职业危害的防护

职业病是由职业病危害因素引起的，其危害后果是远期的，多数是人为因素造成的。职业病难以治愈，但是可以预防，不采取有效措施，必将成为严重的社会问题。用人单位须建立健全职业病防治管理措施制度，进行技术革新和落后技术、工艺、设备、材料淘汰制度，制定职业病防治规章制度、操作规程、应急救援措施、设置职业危害因素告知牌，提供必要的培训让员工掌握个人防护用品正确的使用方法。

（1）警示标识与标志 在存在危险因素的地方，设置安全警示标志，是对劳动者知情权的保障，有利于提高劳动者的安全生产意识，防止和减少生产安全事故的发生。

（2）安全色及安全标志 安全警示标志一般由安全色、几何图形和图形符号构成，其目的是要引起人们对危险因素的注意，预防生产安全事故的发生。根据现行有关规定，我国目前使用的安全色主要有四种（如图1-16）：红色，表示禁止、停止，也代表防火；蓝色，表示指令或必须遵守的规定；黄色，表示警告、注意；绿色，表示安全状态、提示或通行。

图1-16 安全色及安全标志

M1-7 安全色及安全标志

而我国目前常用的安全警示标志，根据其含义，也可分为四大类：

① 禁止标志，即圆形内画斜杠，并用红色描画成较粗的圆环和斜杠，表示"禁止"或"不允许"的含义；我国规定的禁止标志共有40个，如：禁放易燃物、禁止吸烟、禁止通行、禁止烟火、禁止用水灭火、禁带火种、禁止转动、运转时禁止加油、禁止跨越、禁止乘车、禁止攀登等（如图1-17）。

图 1-17　禁止标志图

② 警告标志，即"△"，三角的背景用黄色，三角图形和三角内的图像均用黑色描绘，警告人们注意可能发生的各种危险；我国规定的警告标志共有 39 个，如：注意安全、当心触电、当心爆炸、当心火灾、当心腐蚀、当心中毒、当心机械伤人、当心伤手、当心吊物、当心扎脚、当心落物、当心坠落、当心车辆、当心弧光、当心冒顶、当心瓦斯、当心塌方、当心坑洞、当心电离辐射、当心裂变物质、当心激光、当心微波、当心滑跌等（如图 1-18）。

图 1-18　警告标志图

③ 指令标志，即"○"，在圆形内配上指令含义的蓝色，并用白色绘画必须履行的图形符号，构成"指令标志"，要求到这个地方的人必须遵守；指令标志共有 16 个，如：必须戴安全帽、必须穿防护鞋、必须系安全带、必须戴防护眼镜、必须戴防毒面具、必须戴护耳器、必须戴防护手套、必须穿防护服等（如图 1-19）。

图 1-19　指令标志图

④ 提示标志，以绿色为背景的长方几何图形，配以白色的文字和图形符号，并标明目

标的方向，即构成提示标志，如消防设备提示标志等（如图 1-20）。

图 1-20　提示标志图

生产经营单位应当在有较大危险因素的生产经营场所和有关设施、设备上，设置明显的安全警示标志。这里的"危险因素"主要是指能对人造成伤亡或者对物造成突发性损害的各种因素。同时，安全警示标志应当设置在作业场所或有关设施、设备的醒目位置，一目了然，让每一个在该场所从事生产经营活动的劳动者或者该设施、设备的使用者，都能够清楚地看到；不能设置在让劳动者很难找到的地方。这样，才能真正起到警示作用。

（3）危险因素告知卡　职业病危害因素告知卡简称职业病危害告知卡，是用来标明及告知工作场所中的现场工作人员，此处存在的职业病危害因素，并列明可能造成的健康危害、理化特性、应急处理、防护措施等。

职业病危害告知卡的制作没有特别的规定，但有统一的样式。图 1-21～图 1-23 为不同类型的职业病危害告知卡式样。

作业岗位可能对人体产生危害，请注意防护、确保健康		
粉尘 Dust	健康危害	理化特性
	粉尘能通过呼吸、吞咽、皮肤、眼睛或直接接触进入人体，其中呼吸系统为主要途径。长期接触或吸入高浓度的生产性粉尘，可引起尘肺、呼吸系统及皮肤肿瘤和局部刺激作用引发的病变等疾病	粉尘是指悬浮在空气中的固体微粒。在一定的温度、湿度和密度下，可能造成爆炸
注意防尘 注意防尘	应急处置	
	定期体检，早期诊断，早期治疗。发现身体状况异常时需要及时去医院查治	
	防护措施	
	采取湿式作业、密闭尘源、通风除尘，对除尘设施定期维护和检修，确保除尘设施运转正常，加强个体防护，接触粉尘从业人员穿戴工作服、工作帽，减少身体暴露部位，根据粉尘性质，佩戴多种防尘口罩，以防止粉尘从呼吸道进入，造成伤害	
火警：119　　急救：120		

图 1-21　职业病危害告知卡式样（粉尘类）

（4）个体防护　企业应组织生产、安全管理部门的人员以及其他相关人员，对企业进行全面的危险有害因素辨识，识别作业过程中的潜在危险、有害因素，确定进行各种作业危险和有害因素的存在，并为作业人员选择配备相应的劳动防护用品，且选用的劳动防护用品的防护性能与作业环境存在的风险相适应，能满足作业安全要求。个人防护作为劳动保护的最后一道防线，能够有效减少或消除危害，必须掌握个人防护的方法。减小或消除危害的方式如图 1-24。

（5）个人防护用品的分类　保护劳动者在生产过程中的人身安全与健康所必备的一种防御性装备，对于减少职业危害起着相当重要的作用。表 1-13 为个人防护用品的分类。

作业岗位可能对人体产生危害，请注意防护、确保健康		
高温	健康危害	
	高温作业是指炎热季节从事接触生产性热源的作业。当温度等于或高于本地区夏季室外通风设计计算温度2℃的作业属于高温作业。从事高温作业，可对人体产生不良影响，严重者可能中暑，甚至造成死亡	
注意防尘 	应急处置	
	将患者移至阴凉、通风处，同时抬高头部、解开衣服，用毛巾或冰块敷头部、腋窝等处，并及时送医院	
	防护措施	
	隔热、通风、个体防护、卫生保健和健康监护、合理的劳动休息	
火警：119　　急救：120		

图 1-22　职业病危害告知卡式样（物理因素类）

作业岗位可能对人体产生危害，请注意防护、确保健康		
二氧化氮	健康危害	理化特性
	易被湿润的黏膜表面吸收生成亚硫酸、硫酸。对眼及呼吸道黏膜有强烈的刺激作用。大量吸入可引起肺水肿、喉水肿、声带痉挛而窒息	常温下为中红色有刺激味的有毒气体，密度比空气大，易液化、易溶于水
当心中毒 	应急处置	
	皮肤接触：立即脱去污染的衣着，用大量流动清水冲洗。就医。眼睛接触：提起眼睑，用流动清水或生理盐水冲洗就医。吸入：迅速脱离现场至空气新鲜处。保持呼吸通畅	
	防护措施	
	工作场所空气中时间加权平均容许浓度(PC-TWA)不超过5mg/m³，短时间接触容许浓度(PC-STEL)不超过10mg/m³。IDLH浓度96mg/m³，属酸性气体，密闭、局部排风、除尘、呼吸防护。工作场所禁止饮食、吸烟	
火警：119　　急救：120		

图 1-23　职业病危害告知卡式样（化学物质类）

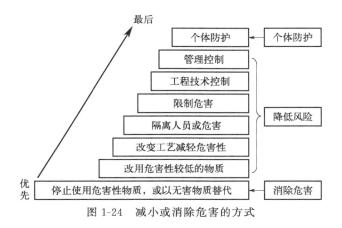

图 1-24　减小或消除危害的方式

表 1-13　个人防护用品的分类

防护部位	用品名称
头部防护用品	安全帽、工作帽
呼吸器官防护用品	空气呼吸器、防尘口罩、防毒面具
眼(面部)防护用品	防冲击护目镜、防喷溅面罩、焊接护目镜
听觉器官防护用品	耳塞、耳罩
手部防护用品	防油手套、耐酸碱手套、电绝缘手套、保护手指安全手套
躯干防护用品	防静电服、阻燃服(防火服)
足部防护用品	防静电鞋、保护足趾安全鞋
护肤用品	防晒霜、驱蚊剂
坠落及其他防护用品	安全带、生命绳、安全网；对讲机、四合一式气体检测仪

(6) 防护用品的选择与使用　企业有义务为员工配备必要的个人防护用品（表 1-14），根据不同的使用场所及工作岗位的不同配备防护用品，正确选择性能等符合要求的防护用品，绝不能选错或者将就使用。图 1-25 为防护用品的选用流程图。

M1-8　常用防护用品

表 1-14　常见的劳动防护用品及其防护性能

种类	名称	示意图	防护性能
头部防护	工作帽		防止头部擦伤、头发被绞碾
头部防护	安全帽		防御物体对头部造成冲击、刺穿、挤压等伤害
头部防护	披肩帽		防止头部、脸和脖子被散发在空气中的微粒污染
呼吸器官防护	防尘口罩		用于空气中含氧 19.5% 以上的粉尘作业环境，防止吸入一般性粉尘。防御颗粒物等危害呼吸系统或眼、面部

续表

种类	名称	示意图	防护性能
呼吸器官防护	过滤式防毒面具		利用净化部件吸附、吸收、催化或过滤等作用除去环境空气中有害物质后作为气源的防护用品
	长管式防毒面具		使佩戴者呼吸器官与周围空气隔绝,并通过长管得到清洁空气供呼吸的防护用品
	空气呼吸器		防止吸入对人体有害的毒气、烟雾、悬浮于空气中的有害污染物或在缺氧环境中使用
眼、面部防护	防冲击护目镜		防御铁屑、灰砂、碎石对眼部产生的伤害
	焊接面罩		防御有害弧光、熔融金属飞溅或粉尘等有害因素对眼睛、面部的伤害
听觉器官防护	耳塞		防止暴露在强噪声环境中的工作人员的听力受到损伤
	耳罩		适用于暴露在强噪声环境中的工作人员,以保护听觉、避免噪声过度刺激,在不适合戴耳塞时使用。一般在噪声大于100 dB(A)时使用

续表

种类	名称	示意图	防护性能
手部防护	普通防护手套		防御摩擦和脏污等普通伤害
	耐酸碱手套		接触酸(碱)时戴用,免受酸(碱)伤害
	绝缘手套		使作业人员的手部与带电物体绝缘,免受电流伤害
足部防护	防砸鞋		保护脚趾免受冲击或挤压伤害
	防水胶靴		防水、防滑和耐磨的胶鞋
身体防护	一般防护服		以织物为面料,采用缝制工艺制成,起一般性防护作用

续表

种类	名称	示意图	防护性能
身体防护	防静电服		能及时消除本身静电积聚危害,用于可能引发电击、火灾及爆炸的危险场所穿用
	阻燃防护服		用于作业人员从事有明火、散发火花、在熔融金属附近操作有辐射热和对流热的场合,在有易燃物质并有着火危险的场所穿用,在接触火焰及炙热物体后,一定时间内能阻止本身被点燃、阻止有焰燃烧和阴燃
	防酸碱服		用于从事酸碱作业人员穿用,具有防酸碱性能
高处作业防护	安全带		用于高处作业、攀登及悬吊作业,保护对象为体重及负重之和最大100kg的使用者,可以减小高处坠落时产生的冲击力,防止坠落者与地面或其他障碍物碰撞,有效控制整个坠落距离
	安全网		用来防止人、物坠落,或用来避免、减轻坠落物及物击伤害

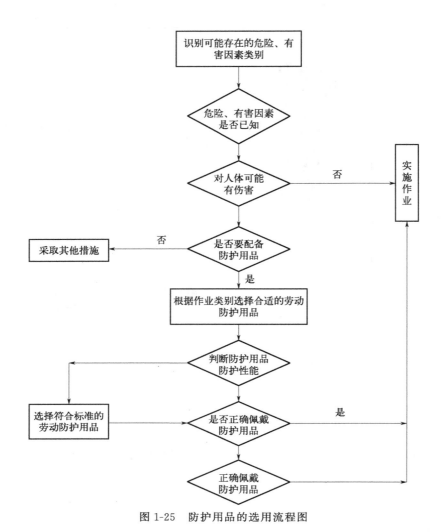

图 1-25　防护用品的选用流程图

任务执行 ◄

完成装置生产过程中的主要危险及有害因素分析,并根据装置沙盘进行安全防护用品的选择。

工作任务单 职业卫生与防护				编号:1-2-4	
装置名称		姓名		班级	
考查知识点	危害因素与防护	学号		成绩	

请按照安全防护用品的选用流程,根据工作场景选取正确的防护用品

1. 请在沙盘查找本装置的危险因素告知牌,并将乙苯、聚丙烯的危险因素告知牌补充完整。

有毒易燃物品 注意防护 保障健康		
乙苯	健康危害	理化特性
	应急处置	
	防护措施	
(请在此填写选取的防护用品名称)		
火警: 急救:		

有毒易燃物品 注意防护 保障健康		
聚丙烯	健康危害	理化特性
	应急处置	
	防护措施	
(请在此填写选取的防护用品名称)		
火警: 急救:		

2. 某员工需要在本装置进行作业,请你帮他选取合适的防护用品。

任务总结与评价 ◀━━━━━━━━━━━━━━━━━━━━━━━━━━━━━━━━━━━━

雾霾天气中的主要评价指标是什么？属于常见危险因素中的哪一类，主要会沉积在我们身体的什么部位，我们该选择何种防护（个体防护）措施呢？

任务五 班组应急处置

任务目标 了解应急管理的概念以及班组应急预案的基本内容，掌握操作人员火灾应急处置的原则和流程，并能够在桌面的沙盘上进行班组应急演练。

任务描述 以固定身份（小组模拟外操员、内操员和班长）进行沙盘演练，在学习班组应急演练的基础知识后，根据指定的应急演练流程，了解本装置的主要化学品的危险因素，选取相应的演练用品，在装置沙盘进行桌面演练（可小组间进行互评和互相监督）。

教学模式 理实一体、任务驱动

教学资源 沙盘及工作任务单（工作表单 1-2-5）

任务学习

炼化过程大多数具有高温、高压、易燃、易爆等严苛的环境，因此需要对每一个环节进行密切监督，将发生危险事故的概率控制在最低。无论是在消防演习中，还是在实际操作时，班组作为应急处理的第一消防梯队，对事态的控制起着至关重要的作用。炼化企业作为高危行业，处理应急事故是班组安全工作的一项重要内容。

一、处置应急情况的能力要求

及时扑救与及时报警：及时扑救初起火灾或堵塞毒物泄漏（学会使用灭火器、防毒设施），并及时报警（应急电话、报警人姓名、地点、时间、基本情况描述）（图 1-26 为应急处置情况图）；

正确处置：学会根据事故现场具体情况作出正确判断，关闭该关的电闸、水闸、气门或物料阀门等；

参与救援：学会遭受伤害时如何自救与互救；

组织疏散：及时告知或组织同事向安全的地方、上风方向撤离事故现场；

现场洗消：事故处理完成后帮助专业人员对事故现场进行清洗和消毒。

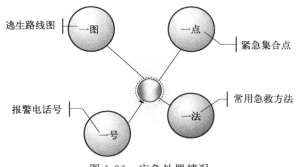

图 1-26 应急处置情况

二、班组应急处置

应急处置是一线岗位员工培训的重点，通过强化操作人员事故应急处置能力，把"一分钟应急"处置要求落实到岗位班组，明确岗位员工一分钟内"干什么、谁来干、怎么干"。确保遇突发事件能够在一分钟以内进行处置的能力得到提升，切实保障生产装置的安全平稳长周期运行。一般生产企业会根据不同事故类别，针对具体的场所、装置或设施制定应急处置措施，形成现场应急处置方案，如人身伤害事故、火灾、中毒（化学品和食物等）、化学品泄漏等，本小节以现场火灾爆炸应急处置为例进行介绍。

1. 处置的流程

处置的流程如图 1-27。

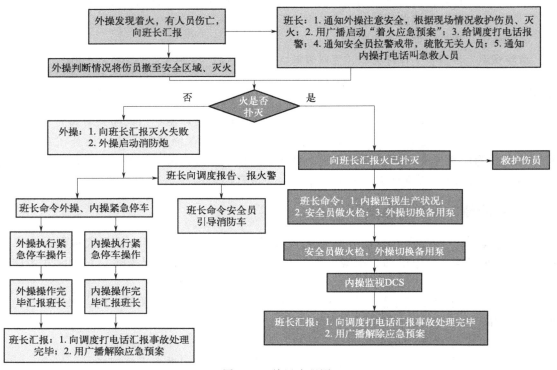

图 1-27 处置流程图

2. 应急处置方案

根据现场发生的事故类别及现场事故情况，明确事故报警、各项应急措施启动、应急救护人员的引导、事故扩大及同企业应急预案的衔接的程序。由事故现场发现人立即通知当班班长，进行救援的同时逐级上报，分别根据事故扩大情况启动相应的应急程序。

M1-9 事故应急救援预案

任务执行

在学习相关知识后,补充完整某装置泵的法兰泄漏着火应急预案,并在沙盘上根据此方案进行桌面演练。

工作任务单 应急与预防措施基础认知				编号:1-2-5	
装置名称		姓名		班级	
考查知识点	班组级应急处置流程	学号		成绩	

该装置泵法兰泄漏,物料流出后遇到高热、明火、静电火花等导致着火事故的发生,着火事故扩大蔓延会导致爆炸等恶性事件,造成人身伤害并污染环境。请班组在沙盘上演练完成本次灭火。

1. 人员分配及职责
班　长:
副班长(安全员):
内操员工:
外操员工:
2. 现场处置方案
事故的位置及事故风险描述:
事故处置方案梳理(补充完整):

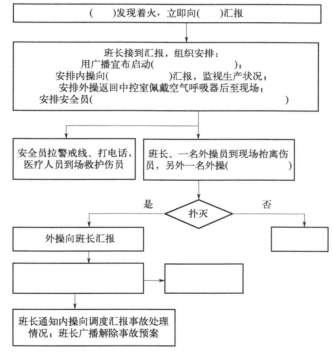

3. 按照处置方案,完成本次演练

任务总结与评价

在事故处置过程中你担任了什么角色?你觉得班组事故处置成功的关键因素有哪些?(从人和管理制度简要说明即可)

【项目综合评价】

姓名		学号		班级	
组别		组长及成员			

项目成绩　　　　　　　总成绩：_____

任务	任务一	任务二	任务三	任务四	任务五
成绩					

自我评价

维度	自我评价内容	评分（1~10）
知识	1. 了解 HSE 的相关法律法规和管理体系，掌握操作人员的 HSE 职责	
	2. 掌握三级安全教育的内容，理解安全培训和特种作业培训的重要性	
	3. 了解化工生产对环境影响	
	4. 掌握化工生产常见的火灾的类型、危险性及特点，掌握灭火器的使用方法	
	5. 了解危险源的概念及辨识方法，掌握化工企业危险源的辨识过程，熟悉 HAZOP 分析方法	
	6. 了解职业卫生的基础知识，以及石化行业的危害因素	
	7. 了解应急管理的概念以及应急预案的基本内容	
能力	1. 根据 HSE 的职责要求，能分析具体工作属于 HSE 的职责要求	
	2. 能够根据不同的火灾类型选择合适的灭火器	
	3. 根据危险源的辨识方法，能够辨识装置现场（沙盘）的危险源	
	4. 在了解常见的防护要点基础上，能够根据工作场景选取合适的个人防护用品	
	5. 能够根据演练流程在沙盘上进行泵的法兰处着火应急演练	
素质	1. 在执行任务过程中具备较强的沟通能力，严谨的工作态度	
	2. 遵守安全生产要求，在完成任务过程中，主动思考周边潜在危险因素，时刻牢记安全生产的意识	
	3. 面对生产事故时，服从班级指令，注重班组配合，具备团队合作意识和沉着冷静的心理素质	
	4. 主动思考学习过程的重难点，积极探索任务执行过程中的创新方法	
我的反思	我的收获	
	我遇到的问题	
	我最感兴趣的部分	
	其他	

项目三
交接班与巡检

【学习目标】

知识目标
① 掌握石油化工生产基本知识；
② 掌握化工装置交接班主要流程，了解交接班表格填写；
③ 掌握化工装置巡检基本流程，了解巡检方法和注意事项；
④ 了解信息化和智能化在巡检中的运用，了解前沿发展现状、趋势。

技能目标
① 能够应用所学知识选择适当资源和文献资料，完成活动并给出科学分析；
② 具备在化工及相关领域从事生产运行工作的能力。

素质目标
① 获得化工工程师基本训练，具有宽阔的视野；
② 培养工匠精神、培养爱岗敬业精神；
③ 具备良好的行为规范。

【项目导言】

炼化行业作为高危行业之一，交接班及巡检工作始终贯穿于日常工作之中，同时"交接班及巡检工作"的好坏关系到企业的安全生产。在学习之前，先看下面一个案例。

某化学公司双氧水车间两名操作员像往常一样，在完成交接班后一起到现场例行检查，当他们巡检完毕准备离开操作间时突然听到外面传来"呲呲"声，接着传来一声巨大的爆炸声，顿时车间内浓烟滚滚，情急之下，两名操作工从窗户跳下，经过雨棚落到地下。事发当时，有两名工艺设备安装公司人员正在车间内拆除脚手架，他们在逃离现场过程中，一人被大火烧死，一人被烧伤。该事故使整个车间所有设备厂房全部报废，直接经济损失 300 万元以上。

按照操作规程，车间氧化残液分离器在完成排液操作后，罐顶的放空阀必须打开。而事发时罐顶的放空阀是关闭的，造成残液罐内双氧水分解后产生的气体不能及时有效地排出，容器在极度超压下发生爆炸。爆炸产生的碎片击中旁边的氢化液气分离器，氧化塔下进料管及储槽管线，使氢化液罐内的氢气和氢化液发生爆炸燃烧，继而形成车间的大面积火灾。

调查组询问得知，交班操作员刘某交给接班操作员许某和张某之前，未按规定将氧化残液分离器罐顶的放空阀打开，而是准备交给接班后的人员处理，但又没有交代清楚。接过工作后，接班操作员许某和张某又想当然地认为刘某肯定已将氧化残液分离器罐顶的放空阀打开而没有进一步确认，最终导致了悲剧的发生。

【项目实施任务列表】

任务名称	总体要求	工作任务单	课时
任务一 化工装置交接班认知	以新员工的身份学习化工装置交接班制度、交接班记录,对于化工装置的交接班原则、内容形成基本认知	1-3-1-1 1-3-1-2	1
任务二 化工装置巡检认知	以新员工的身份学习化工装置巡检相关知识,对巡检路线的设计、巡检内容进行辨识,模拟进行现场巡检活动,加深对化工巡检的认知	1-3-2-1 1-3-2-2	1

任务一　化工装置交接班认知

任务目标　① 通过对交接班制度、交接班记录的学习,初步认识化工装置的交接班原则、内容;
② 通过交接班活动的模拟,能够进行简单的化工交接班。

任务描述　教师进行化工生产交接班介绍。教师清晰下发任务,要求学生以班组为单位,按照交接班的要求、完成表单填写。学生查找交接班制度、交接班记录本,以班组为单位梳理出化工生产交接班的内容、要求,学生代表展示。班组模拟交接班。课程复盘,学生代表分享。教师点评、给分。

教学模式　理实一体、任务驱动

教学资源　交接班制度、交接班记录本及工作任务单（1-3-1-1、 1-3-1-2）

任务学习

交接班指的是有些需要轮班的岗位,前一个值班的人与接下来值班的人之间对于工作情况、物品等的一个交接。

化工厂往往都是连续化生产的,连续化生产可以产生良好的效益,但也决定了化工人工作需要倒班。倒班一般以四班三倒,每班上 8 小时休息 24 小时为主。还有三班两倒,就是每班上 12 小时休息 24 小时,按每月四周计算。因为涉及倒班,所以对交接班就需要做出相应规定。

一、交接班的目的

交接班（图 1-28）是为了规范生产班组的交接班管理,确保所有信息、现场状态、生产状况等工作能准确地交接,保障生产安全稳定运行。

二、化工装置交接班制度

交接班工作是化工企业连续稳定生产的重要环节,交接班工作做好、做到位,才能确保生产环节顺利交接。但在日常工作及实际工作中,在交接班环节存在诸多问题,从而影响到生产,甚至因交接班工作不到位,危及企业的安全。因此就要对交接班制定相应的制度和规定。

M1-10　某公司交接班视频

1. 交接班制度

两个运行班组的一个正常衔接,是上一个班组全面详尽地向下一个班组交代与传达生产状况的一个很重要的环节。以下为某实际化工厂交接班制度。

图 1-28 交接班图

《班组交接班管理制度》

提前 20 分钟进入装置,由班长组织班前会,听取上班班长交代情况,布置本班具体工作并提出要求和注意事项。

操作人员进入装置后,按岗位巡检制要求进行认真、全面、仔细的检查,主操巡回检查后再去操作室检查,最后统一在外操室接班。发现问题,接班者及时向交班者提出,交班者应积极处理,如短时间内处理不完,可由交接双方班长请示值班人员协商决定。

接班班长确认各岗位已同意在交接班日记上接班签字后,方可在班长交接班日记上签字,接班同时交班班长下令本班离岗,离岗命令下达之前不得提前更衣。开好班后会,及时总结经验,听取教训。交接双方都要坚持提高标准、严要求,认真执行"十交五不接"的原则。

十交是:

交安全生产及任务完成情况。

交设备运行及缺陷情况。

交工艺指标执行情况。

交产品质量情况。

交仪表、计算机使用情况。

交事故处理情况。

交岗位卫生清洁情况。

交消防器材及工具。

交记录齐全准确情况。

交车间及调度指示。

五不接是:

设备润滑不好,设备缺陷情况不清不接。

操作波动,控制参数不在工艺指标范围内不处理好不接。

操作记录不完整不接。

岗位卫生情况不好，润滑油用具不清洗不接。

工具不全不接。

2. 交接班的规定

除了上面的厂级制定的交接班制度，在车间级还需要结合具体装置及人员安排制定交接班的具体规定，方便班组执行。以下为某实际化工厂交接班规定。

《班组交接班交接规定》

为提高交接班效率，避免交接班产生的矛盾，经车间主任会议研究决定，对交接班规定如下。

交接班时间为早：8：10；中：16：45；晚：0：45之前。

交接班讲评时间一般控制在3~5分钟。交接班讲评时间应以班组为主，车间讲评应简明扼要。

凡接班提出的问题，交班必须给予明确、充分、肯定的答复，杜绝不清不白的交班。

除开停工、事故处理及个别经值班人员同意等特殊情况外，不得带问题交接班。否则对交班班组的处罚自然发生，对接班班组视具体情况进行奖励。

凡交班内容与事实不符，特别是对外联系方面的，将加倍考核。

3. 交接班中的 HSE

HSE是当前国际石油、石油化工大公司普遍认可的管理模式，具有系统化、科学化、规范化、制度化等特点。在交接班中同样有 HSE 的制度。以下为某化工厂交接班 HSE 制度。

《交接班 HSE 制度》

必须穿戴劳动保护着装进入现场。

交接班应在各岗位职责范围内进行，交接人员必须做到本岗位负责的各种设备、物品齐全、状态良好，场地整洁卫生方可交接。

严格按照公司有关规章制度要求填写交接班记录，不得省略、涂改。所有生产运营、销售等基础资料填写必须真实、准确、清晰、完整，并在记录上签字。

交接班时，交接班人员应对本岗位负责的生产系统及设备一道巡回检查，逐点逐线进行交接，做到交接清晰、记录完整、责任明确。

交接班记录由资料室负责统一保存，保存期一年。

4. 交接班中的表格

各岗位必须按要求设置交接班记录本，为方便管理，交接班记录本的格式及纸张大小，由生产技术部统一规定和配置。各岗位的交接班记录本应放置在岗位较明显或固定的地方。

岗位交接班记录本应认真按要求填写，格式力求简洁，仿宋体书写、文字表达力求清楚、详尽，以免产生歧义，各交接班员工不得敷衍塞责，马马虎虎。

以下为某实际化工厂交接班记录表，同学们可通过扫描二维码查看。

三、如何做好交接班

交接班既然这么重要，那么在实际工作中如何将交接班做好？下面将以某个实际工厂的交接班工作流程、主要内容和注意事项等做简要介绍。

M1-11　某装置运行经理交接班日志

1. 交班

图 1-29 为交班流程图。

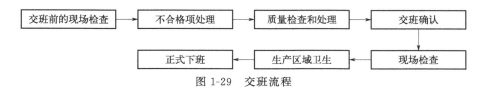

图 1-29　交班流程

在交班前 30 分钟交班班长会对车间的生产线进行巡视，一经发现问题，及时调试，遇到自己处理不了的立即通知上级或维修人员，做到无故障交接。

若交班班长休息，同班人员跟随接班班长逐条交接。交班操作工待接班操作工进入岗位后，与接班操作工进行现场面对面的交接，交代当班生产线整体运行情况。接班班组对于场地遗留问题进行确认，要求当班处理，特殊情况上报车间管理人员确定是否滞留。

交班检查内容主要有，所管辖生产线的计划完成情况；生产区域卫生、车间公用工具及班组工具、设备完整性的检查；工艺表单及生产工艺的检查；产品质量状况、设备运行状况、上游原材料数量；下游产品数量及质量；生产日报表填写是否正确，交接班记录表填写是否详细。

交班班长在交接班完成后，在交接班记录表中对于交接班存在问题签字确认。操作记录表必须记录清晰、完整，并要求操作人员按照工艺记录表的填写要求详细记录当班所负责生产线的问题、调试时间与维修人员。

交班需要注意，操作工下班整点时需对产品订单数量进行记录，主动与接班人员进行生产稳定情况的交接；四不交：现场不干净不交班，接班人员未到岗不交班，质量问题未处理完不交班，接班人员未确认不交班；因交班人员未对接班人员交接清楚而造成的事故，由交班人员负责；交班过程中有疑义应及时通知上级领导。

2. 接班

图 1-30 为接班流程。

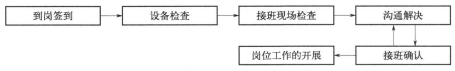

图 1-30　接班流程

班长不在时，被帮带人员提前 20 分钟到岗，对于车间的整体生产情况进行了解，与交班班长沟通上一班生产运行情况以及生产安排，依据当日生产安排确定当日人员任务安排情况；被帮带人员跟随生产交班班长一同对装置进行交接；提前 15 分钟进行接班列队，安排生产任务，交代注意事项；对交班班组整个现场进行检查，有遗留问题要求交班班组整改处理。若其拒绝处理，向车间管理人员报告。

班长在时，提前 15 分钟到岗，对整个现场进行检查；进入工作岗位后，检查交接班记录表，核对生产线各参数是否正常工作；与交班班长确认生产线运行情况，询问原因；对责任生产线的现场卫生进行检查（包括机器内部卫生、地面卫生、设备卫生等）。与交班班长的沟通内容包括上一班的生产稳定情况及处理方法；产品质量及设备隐患；现场检查后不合格项的沟通。若其拒绝处理，报到车间管理人员处理。生产确认无误后在交接班记录表上签字确认。

记录填写时，若班长不在时，帮带人员在交接班结束后在交接班记录表中签字确认；操作记录表必须记录清晰、完整，并要求操作人员按照操作记录表的填写要求详细记录当班所负责装置的问题与调试合格时间。

接班需要注意，操作工提前 15 分钟到指定地点参加交接班例会；五不接：设备润滑不好，设备缺陷情况不清不接；操作波动，控制参数不在工艺指标范围内不处理好不接；操作记录不完整不接；岗位卫生情况不好，润滑油用具不清洗不接；工具不全不接；交接班有疑义应及时通知上级。接班确认后一切质量问题及现场事故由接班人员负责。

任务执行

根据教材内容与教师讲解完成工作任务单。

工作任务单1　化工装置交接班制度认知（编号：1-3-1-1）；

工作任务单2　化工装置交接班流程认知（编号：1-3-1-2）。

要求：时间在30min，成绩在90分以上。

工作任务单1　化工装置交接班制度认知		编号：1-3-1-1
考查内容：交接班规章制度		
姓名：	学号：	成绩：

交接班目的

将交接班制度补充完整
交接内容——十交五不接

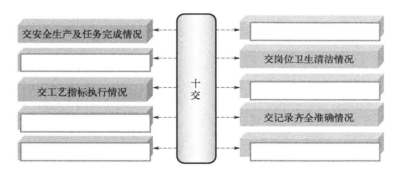

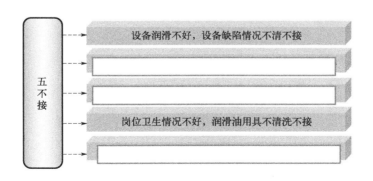

工作任务单2　化工装置交接班流程认知		编号：1-3-1-2
考查内容：交接班流程		
姓名：	学号：	成绩：

续表

| 工作任务单2　化工装置交接班流程认知 | 编号：1-3-1-2 |

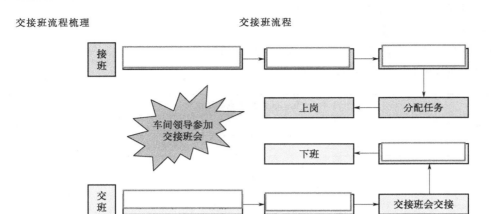

任务总结与评价

简要说明本次任务的收获与感悟。

任务二　化工装置巡检认知

任务目标　① 通过对巡检路线的设计、巡检内容辨识，对于现场巡检形成直观认识；
② 通过模拟现场巡检活动，进一步加深对于化工巡检的认知。
任务描述　教师进行化工生产巡检介绍。
教师清晰下发任务，以班组为单位，完成现场巡检的相关任务。
请你查找巡检点标识，并在设备布置图上标识清楚。以班组为单位设计现场的巡检路线、梳理巡检内容，并选出代表进行展示。
课程复盘，学生代表分享。教师点评、给分。
教学模式　理实一体、任务驱动
教学资源　沙盘、巡检点标识、巡检记录表、设备布置图及工作任务单（1-3-2-1、1-3-2-2）

任务学习

一、化工装置巡检概述

化工装置巡检能及时发现设备的异常情况，避免系统停车和事故的发生。而实际生产中，因行业和工艺的差别而有所不同，但总的要求应该是：能发现生产现场的异常情况，并能简单处理。这就包括设备、管道、仪表、控制点等。目的就是为了保证生产安全稳定运行。

化工设备与岗位布局方式决定了必须进行巡回检查。化工设备往往是设备连着设备，一个岗位集中管理和控制相邻的十几台甚至几十台设备。化工生产具备连续性大生产的特点，除开停车或检修中需要操作人员到设备现场对设备进行操作外，正常生产中，操作人员的大部分工作时间是通过岗位控制台对设备运行情况进行监测与调节。控制室的监控参数不能完全反映设备状况（如设备局部的泄漏、振动等），这就要求通过巡回检查来弥补监控上的不足。

巡检的术语与定义如下：

科学巡检：以提高人的素质和强化"三基"建设为基础，提高巡检质量为核心，采用创新管理理念和科学管理方法，借助高科技巡检监控工具，及时发现和消除生产安全隐患，确保生产装置安全、稳定、长周期运行。

常规巡检点：影响装置正常生产运行的设备或部位。

关键巡检点：影响装置安全运行的重要设备或部位。

特护巡检点：随时会出现非正常工况，对安全生产产生重大影响的重要设备或部位。

二、化工装置巡回检查制度

化工介质的高危害性、生产的连续性对设备的可靠性提出了更高要求。要保证设备运行可靠，必须随时了解设备状态，对设备异常及时发现并做出调节或修理，防止设备状况的进一步恶化，要实现这一点也必须进行巡回检查。

建立生产装置的巡回检查制度，并完善和建立相应的记录。同时也要求巡检人员必须"四懂三会"：懂原理、懂构造、懂用途、懂性能，会操作、会维护、会排除故障。要做到不容易，首先必须经过系统的理论培训，然后要有比较丰富的现场经验。对于系统关联性、工艺指标变动的敏感性、设备的运行状况等的熟悉和掌握是一个渐进的过程，这对以后的巡检工作至关重要。

最主要的还是对生产工艺熟悉，对生产设备了解，经常深入现场观察设备的使用以及运行情况。熟悉操作规程，具体设备具体对待。重点在于巡检要仔细，多动手勤动脑，积累经验。在装置的巡回检查中，先要保护好自己，劳保用品要戴好，与中控多联系，特别是发现重大泄漏点或有毒等物质泄漏时。

三、如何做好巡检

1. 巡检方法

在巡检过程中，巡检人员应做到"五到位"，即"听、摸、查、看、闻"；管道、设备、阀门、法兰的跑、冒、滴、漏等问题在巡检过程中发现后要有相应的解决办法，并做好记录；巡检人员在设备巡检过程中，严格按照安全规程，用高度的责任感和"望、闻、问、切"的巡检方法，可以及时发现、并消除事故隐患。

任何事故的发生，都有一个从量变到质变的过程，都要经历从设备正常、事故隐患出现再到事故发生这三个阶段。出现事故隐患的渐变过程，是一个量变的集聚过程，在这个过程中，设备的量变都由具体特征表现出来。

M1-12 巡检

例如高压管道爆裂，必定有一个泄漏、变形的过程，表现是漏气、外形改变、振动，同时发出异常声响，气慢慢地越漏越大，响声越来越响，管壁变薄、鼓包，这是个量变的过程，此时如果巡检人员视而不见，不以为意，或发现、处理不及时，管道就会爆破，事故就可能发生。

用"望、闻、问、切"办法来进行巡检，就可以及时发现量变过程中出现的这些必然反映出来的特征，在设备事故发生质变前进行处理，积极预防质变，防止事故的发生。

望，就要做到眼勤。

在巡检设备时，巡检人员要眼观八路，充分利用自己的眼睛，从设备的外观发现跑、冒、滴、漏，通过设备甚至零部件的位置、颜色的变化，发现设备是否处在正常状态。防止事故苗头在你眼皮底下跑掉。

闻，要做到耳、鼻勤。

巡检人员要耳听四方，充分利用自己的鼻子和耳朵，发现设备的气味变化，声音是否异常，从而找出异常状态下的设备，进行针对性的处理。

问，要做到嘴勤。

巡检人员要多问，其一是多问自己几个为什么，问也是个用脑的过程，不用脑就会视而不见。其二是在交接班过程中，对前班工作和未能完成的工作，要问清楚，要进行详细的了解，做到心中有数；交班的人员要交代清楚每个细节，防止事故出现在交接班的间隔中。

切，要做到手勤。

巡检人员对设备只要能用手或通过专门的巡检工具接触的，就应通过手或专用工具来感觉设备运行中的温度变化、震动情况；在操作设备前，要空手模拟操作动作与程序。手勤切忌乱摸乱碰，引起误操作。

"望、闻、问、切"巡检四法，是通过巡检人员的眼、鼻、耳、嘴、手的功能，对运行设备的形状、位置、颜色、气味、声音、温度、震动等一系列方面，进行全方位监控，从上述各方面的变化，发现异常现象，做出正确判断。"望、闻、问、切"四法，是一个系统判断的方法，不应相互隔断，时常是综合使用。巡检人员只要充分做到五勤，调动人的感官功能，合理利用"望、闻、问、切"的巡检四法，就可以发现事故前的设备量变，及时处理，保证设备的安全运行。

2. 设备巡检重点

化工厂设备巡检重点是：发现危及安全的苗头及隐患，并及时处理和报告。这里的"安全"包括三个方面，即人身安全、设备安全、产品安全。

① 关键设备重点巡检。一般的"跑""冒""滴""漏"问题，检查设备的基本仪表参数是否正常，如：压力，温度，流量，振动，油位等。重要设备的连接部分检查：如减速机的联轴器，以及减速机的声音，润滑油的位置和润滑油的老化情况，减速机的底脚等，有无违规操作情况。设备交接班情况了解，采取一看、二听、三触摸等检查手段。一看：看其运行状况及相关指示仪表的状态显示（压力、温度、油位等）；二听：听其运转噪声，是否有异常的声响；三触摸：感觉设备运转的振动情况是否异常，可结合相关的测量仪器等（测振仪）的检查。

② 有设备缺陷的设备重点巡检。设备发生缺陷，岗位操作和维护人员能排除的应立即排除，并在日志中详细记录。岗位操作人员无力排除的设备缺陷要详细记录并逐级上报，同时精心操作，加强观察，注意缺陷发展。未能及时排除的设备缺陷，必须在每天生产调度会上研究决定如何处理。在安排处理每项缺陷前，必须有相应的措施，明确专人负责，防止缺陷扩大。

③ 带病运行但未处理的设备重点巡检。通过一定的手段，使各级维护与管理人员能牢牢掌握住设备的运行情况，依据设备运行的状况制订相应措施。

④ 需要检修的设备重点巡检。发现异常噪声或振动，尤其注意热设备：以听或触摸的方式，发觉噪声和振动的差异，并报告。

3. 巡检误区

加强巡检，及时发现隐患，消除事故于萌芽状态是保证长周期稳定运行的关键，这就要求巡检人员必须保证巡检质量。而在巡检过程中常常有许多误区。

重视动设备、重要设备的巡检，忽视静设备、次要设备的巡检。平常巡检中，常常只关心运转设备的工况，而忽视静设备，特别是高处和偏远地方的静设备。这是因为主观上认为只要动设备运行正常，重要设备不出故障，装置就无大碍。这样，就会使静设备、高处设备、次要设备的小隐患不能被及时发现处理，导致隐患的危险性扩大。

对已存在的无法在线处理的漏点和隐患，产生麻痹心理，熟视无睹。在装置运行中，有许多漏点和隐患无法在线处理，但对装置运行又不存在太大威胁，这些隐患在巡检人员的控制范围之内。对这些长期存在的隐患时间一久常会产生麻痹心理，反而减少了对其重视程度。

重视巡检形式，忽视巡检质量。要做到有效巡检，必须要用心，要做到眼到、耳到、手到、鼻到、心到，也就是要看、听、摸、闻、想。一次细心全面的巡检，胜过无数次走马观花的巡检。巡检时巡检人员必须了解装置当时的工况，才能有所对照及时发现差异，发现问题。

4. 巡检注意事项

装置中存在着各种各样的隐患，在危险区域巡检时，必须有自我保护的心理准备和能力。这就要求巡检人员巡检时，按要求着装、戴好安全帽，佩戴需用的保护仪器（如对讲机、防护眼镜、四合一报警仪等）。掌握装置的安全状态，如果发现安全隐患及时汇报，能自己处理则自己处理并做好记录，自己处理不了的及时上报。确定必检路线，必须执行双人制，同时注意风向，不要在蒸汽云中行走，注意高空悬置的物件，巡检时注意在沟渠格筛板上行走，避免踩在油类物质或化学喷溅物上，不要随意进入限制区域，不要在管道上行走。危险区域必须两人一组，前后成列，按规定正确佩戴防护用品，这样遇到突发事故时就能从容应对，保障人身安全。

M1-13　设备巡检

四、巡检中信息化与智能化的应用

员工岗位巡检是化工企业强化现场安全管理的有效手段。通过员工认真细致检查，可以及时发现设备泄漏、参数异常波动等事故隐患，将隐患消灭在萌芽状态。因此，化工企业要将安全管理工作的重心放在现场，特别是组织员工采用智能巡检系统进行高效巡检，及时发现和处理各类事故隐患，降低安全风险。图 1-31 为日常巡检的仪器。

过去日常巡检工作主要通过借助简单的测量仪器测量填表方式进行，易造成巡检时提前抄表、延后抄表、多抄表、抄假表等造假应付现象，使巡检质量得不到保证。

图 1-31　日常巡检的仪器

现在化工厂设备巡检管理系统是借助近距离通信协议（NFC）、无线通信（或 GPRS 网络）等技术，针对化工企业厂区内设备的巡检开发的一套管理系统。化工厂设备巡检管理系统是基于移动手持终端和管理平台，利用 GPRS 无线传输技术，实现的一个实时化、可视化的管理平台，不仅能确保巡检人员到位，还能方便巡检人员的巡检和提交设备运行参数，隐患故障现场采集、实时上报处理，减少人为错误的概率，自动巡检任务的生成和高效的数据分析统计功能，自动比对设备运行参数是否正常，超标设备自动报警提示，派发维修工单，能有效提高巡检班组的管理效率和管理人员处理缺陷的效率，将设备隐患故障消除在萌芽状态，保障巡检质量和设备的安全生产运行。

图 1-32 为自动巡检设备与传统点检仪的对比。

随着物联网快速的发展，传统的巡检模式会变更为智能巡检机器人，可以代替人工实现远程例行巡检（如图 1-33 为某石油化工公司智能巡检机器人）。在事故和特殊情况下，可以实现专项巡检和定制巡检任务，实现远程在线监控，在减少人工的同时大大提高运维水平和频率，改变传统运维方式，实现智能运维。可在无轨导航和轨迹导航之间自由切换，定制携带摄像头，定制多个检测传感器，智能巡检机器人通过测温热像仪，采用视觉识别技术，可自主完成巡检任务，并在本地存储大容量视频内容，无缝同步云存储，智能检测分析。

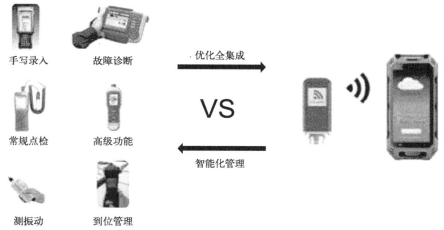

图 1-32　自动巡检设备与传统点检仪的对比

图 1-33　某石油化工公司智能巡检机器人

M1-14　防爆巡检机器人简介

任务执行

根据教材内容与教师讲解完成工作任务单。
工作任务单1　化工装置巡检基础认知（编号：1-3-2-1）
工作任务单2　化工装置巡检流程认知（编号：1-3-2-2）
要求：时间在30min，成绩在90分以上。

工作任务单1　化工装置巡检基础认知	编号：1-3-2-1

考查内容：化工装置巡检基础知识

姓名：	学号：	成绩：

巡检目的_____

巡检方法：

望	观察设备是否跑、冒、滴、漏
闻	
问	
切	

关键设备重点巡检方法：

一看	
二听	
三触摸	

工作任务单2　化工装置巡检流程认知	编号：1-3-2-2

考查内容：化工装置巡检流程与内容

姓名：	学号：	成绩：

观看巡检视频，总结视频中工人巡检的主要流程和主要工作内容。以班组为单位，合作完成。
限时：15分钟
要求：完成后由教师随机选择班组人员分享。

任务总结与评价

简要说明本次任务的收获与感悟。

【项目综合评价】

姓名		学号		班级	
组别		组长及成员			
		项目成绩		总成绩：	
任务	任务一		任务二		
成绩					

自我评价		
维度	自我评价内容	评分(1~10)
知识	1. 掌握石油化工生产基本知识	
	2. 掌握化工装置交接班主要流程，了解交接班表格填写	
	3. 掌握化工装置巡检基本流程，了解巡检方法和注意事项	
	4. 了解信息化和智能化在巡检中的运用，了解前沿发展现状、趋势	
能力	1. 能够应用所学知识选择适当资源和文献资料，完成活动并给出科学分析	
	2. 具备在化工及相关领域从事生产运行工作的能力	
素质	1. 获得化工工程师基本训练，具有宽阔的视野	
	2. 培养工匠精神	
	3. 具备良好的行为规范	
我的反思	我的收获	
	我遇到的问题	
	我最感兴趣的部分	
	其他	

模块二
苯乙烯装置生产操作

项目一
装置生产运行知识

【学习目标】

知识目标

① 了解苯乙烯的物理及化学性质、苯乙烯的用途；了解苯乙烯生产过程的安全和环保知识；

② 理解苯乙烯的工业生产方法及原理；理解乙苯催化脱氢生产苯乙烯的催化剂使用；

③ 掌握乙苯催化脱氢生产苯乙烯的基本原理；理解生产中典型设备的结构特点及作用；

④ 掌握苯乙烯生产过程中的影响因素及工艺流程的组织；

⑤ 掌握苯乙烯装置开、停车步骤和生产过程中的影响因素如：温度、压力、原料配比等工艺参数的控制方法；掌握苯乙烯生产中的常见故障现象及原因。

技能目标

① 能根据脱氢反应特点的分析，正确选择脱氢反应器，能根据粗产品组成设计精制分离方案；

② 能分析脱氢过程中各工艺参数对生产的影响，并进行正确的操作与控制；

③ 能识读和绘制生产工艺流程图；能按照生产中岗位操作规程与规范，利用模拟装置和仿真软件正确对生产过程进行操作与控制；

④ 能发现生产过程中的安全和环保问题，会使用安全和环保设施；能发现脱氢操作过程中的异常情况，并对其进行分析和正确的处理；能初步制定脱氢过程的开车和停车操作程序。

素质目标

① 培养化工生产过程中的"绿色化工、生态保护、和谐发展和责任关怀"的核心思想；

② 培养爱岗敬业、科学严谨、工作责任心、团队协作和责任担当、良好的质量意识、安全意识、社会责任感等职业综合素质；

③ 培养精益求精的"工匠精神"，事故防范、救助及应急处理意识等；

④ 培养归纳总结、表达、沟通交流能力、分析问题和解决问题的能力。

【项目导言】

在本项目教学任务中，通过任务单布置学习任务，以掌握乙苯脱氢的基本原理、主要设备及工艺流程；能识读和绘制生产工艺流程图；能按照生产中岗位操作规程与规范，正确对生产过程进行操作与控制；能发现生产操作过程中的异常情况，并对其进行分析和正确的处理；能初步制定开车和停车操作方案。

【项目实施任务列表】

在本项目教学任务中，通过任务单布置学习任务，分组查找相关文献资料、网络资源，获得苯乙烯生产相关基本知识。本项目实施过程中采用吉林工业职业技术学院和北京东方仿真软件技术有限公司联合开发的"DCS控制苯乙烯生产装置"和配套的仿真软件为载体,通过生产装置和仿真软件的操作模拟苯乙烯生产实际过程,训练苯乙烯生产运行过程中的操作控制能力,达到化工生产中"内外操"岗位工作能力要求和职业综合素质培养的目的。

本项目按照任务安排列表进行。在项目实施过程中,需要注意以下内容:

① 实训过程中现场模型装置设备和管线较多,不要踩踏台面和地面连线,现场学习时注意保护设备和管线不受损坏,保障智能模型正常使用;

② 实训装置现场主要设备附有流水灯、泵、空冷器等带电装置,在现场查找管线和工艺流程时,注意用电安全,防止意外事故发生;

③ 实训场所禁止烟火,不允许在电脑上连接任何移动存储等设备,以保证操作正常运行;

④ 严格按照装置操作规程和注意事项进行操作,掌握生产现场操作的应急事故演练流程,一旦发生着火、爆炸、中毒等安全事故,要熟悉现场逃离、救护等安全措施。

任务名称	总体要求	工作任务单	建议课时
任务一 苯乙烯产业认知	通过该任务,了解苯乙烯性质及用途、苯乙烯危险性及防护、苯乙烯生产方法及生产原理	2-1-1	1
任务二 乙苯脱氢反应工段认知	通过该任务,了解乙苯脱氢反应工段的工艺原理,掌握乙苯脱氢反应工段的工艺流程,熟知关键参数与控制方案	2-1-2	1
任务三 脱氢液分离工段认知	通过该任务,了解脱氢液分离工段的工艺原理,掌握脱氢液分离工段的工艺流程,熟知关键参数与控制方案	2-1-3	1
任务四 尾气压缩及吸收工段认知	通过该任务,了解尾气压缩及吸收工段的工艺原理,掌握尾气压缩及吸收工段的工艺流程,熟知关键参数与控制方案	2-1-4	1
任务五 苯乙烯分离工段认知	通过该任务,了解苯乙烯分离工段的工艺原理,掌握苯乙烯分离工段的工艺流程,熟知关键参数与控制方案	2-1-5	1

任务一 苯乙烯产业认知

任务目标 ① 了解苯乙烯性质及用途,苯乙烯危险性及防护;
② 掌握苯乙烯生产方法,及乙苯脱氢法生产苯乙烯原理,影响因素及生产条件。

任务描述 请你以操作人员的身份进入苯乙烯生产装置,了解苯乙烯生产装置、产品苯乙烯的性质及用途,苯乙烯有哪些危险,发生危险如何进行防护。掌握苯乙烯生产方法,重点掌握本装置生产苯乙烯的原理、影响因素及操作条件。

教学模式 理实一体、任务驱动

教学资源 沙盘、仿真软件及工作任务单(2-1-1)

任务学习

苯乙烯(styrene)是苯取代乙烯的一个氢原子形成的有机化合物,分子式为C_8H_8,乙烯基的电子与苯环共轭，不溶于水，溶于乙醇、乙醚中，暴露于空气中逐渐发生聚合及氧化。工业上是合成树脂、离子交换树脂及合成橡胶等的重要单体。

苯乙烯作为大宗基础化工原料，其下游产品广泛用于建筑、家用电器和汽车工业。最重要的用途是作为合成橡胶和塑料的单体，用来生产丁苯橡胶、聚苯乙烯、泡沫聚苯乙烯；也用于与其他单体共聚制造多种不同用途的工程塑料。如与丙烯腈、丁二烯共聚制得 ABS 树脂，广泛用于各种家用电器及工业上；与丙烯腈共聚制得的 SAN 是耐冲击、色泽光亮的树脂；与丁二烯共聚所制得的 SBS 是一种热塑性橡胶，广泛用作聚氯乙烯、聚丙烯的改性剂等。此外，苯乙烯还可用于制药、染料、农药以及选矿等行业。

一、国内市场现状

1. 产能

苯乙烯作为大宗基础化工原料，其下游产品与人民的生活息息相关，下游行业的快速发展，促使中国苯乙烯行业高速发展。

我国苯乙烯生产企业分布在华东、华北、华南和东北地区，其中，华东地区产能占比达到 43%，是国内第一大主产区。我国苯乙烯消费领域同样主要集中在华东区域（江苏、浙江等地），华东消费占比 60% 左右，华南消费占比 19% 左右。

国内苯乙烯贸易流以进口货源与部分国产货源向华东区域聚集为核心，同时伴随着华东与华南地区的货源流动。至此可以看出，华东区域同时是国内乙烯的主要生产地、主要进口地、主要消费地以及物流集散地。由此，苯乙烯期货也以华东（江浙沪）为基准交割地。

2019 年中国苯乙烯产量达 794.33 万吨，较 2018 年增加了 33.5 万吨，2020 年苯乙烯产量稳中有升，为 858.84 万吨。

我国苯乙烯主要生产企业见表 2-1。

表 2-1 我国苯乙烯主要生产企业

企业	省份	产能/万吨
浙江石油化工有限公司	浙江	120
恒力石化(大连)炼化有限公司	辽宁	72
中海壳牌石油化工有限公司	广东	70
上海赛科石油化工有限责任公司	上海	67
中国石油化工股份有限公司镇海炼化分公司	浙江	66
天津大沽化工股份有限公司	天津	50
青岛海湾化学有限公司	山东	50
中国石油天然气股份有限公司吉林石化分公司	吉林	46
山东玉皇化工有限公司	山东	45
江苏利士德化工有限公司	江苏	42
中国石油天然气股份有限公司独山子石化分公司	新疆	32
新浦化学(泰兴)有限公司	江苏	32
新阳科技集团有限公司	江苏	30
中海石油宁波大榭石化有限公司	浙江	28
安徽昊源化工集团有限公司	安徽	26

2. 市场需求

近几年，虽然国际市场苯乙烯产能有所富裕，但国内苯乙烯产量仍远远低于需求，产量、消费量均增长明显，中国是世界最大的苯乙烯消费国，苯乙烯生产不能满足市场需求，需大量进口。2019年中国苯乙烯需求量达1113.19万吨，较2018年增了61.1万吨，2020年中国苯乙烯需求量为1139.18万吨。

3. 消费结构

我国苯乙烯主要用于生产聚苯乙烯（PS）、ABS树脂、苯乙烯-丙烯腈（SAN）、不饱和聚酯树脂、丁苯橡胶、丁苯胶乳以及苯乙烯系热塑性弹性体等。其中，PS为苯乙烯最主要的下游产品，约占苯乙烯消费量的50%。

苯乙烯系列树脂的产量在世界五大合成材料的产量中仅次于聚乙烯和聚氯乙烯而名列第三位。苯乙烯的均聚物——聚苯乙烯（PS）是五大通用热塑性合成树脂之一，广泛用于注塑制品、挤出制品及泡沫制品三大领域。近年来需求发展增长旺盛。苯乙烯、丁二烯和丙烯腈共聚而成的ABS树脂是用量最大的大宗热塑性工程塑料，是苯乙烯系列树脂中发展与变化最大的品种，在电子电器、仪器仪表、汽车制造、家电、玩具、建材等领域得到了广泛应用。此外，苯乙烯还可用于制药、染料、农药以及选矿等行业。中国已经成为世界ABS最大的产地和消费市场之一。

二、苯乙烯的性质

苯乙烯的化学结构式如下：

$$\text{C}_6\text{H}_5\text{—CH}=\text{CH}_2 \quad \text{或者} \quad \text{C}_6\text{H}_5\text{—CH}=\text{CH}_2$$

苯乙烯又名乙烯基苯，系无色至黄色的油状液体。在常温下为无色透明液体，有辛辣气味，易燃，难溶于水，易溶于甲醇、乙醇、乙醚、二硫化碳等有机溶剂中，对皮肤有刺激性，毒性中等，在空气中的最大允许浓度是100mL/m^3。苯乙烯在高温下容易裂解和燃烧，生成苯、甲苯、甲烷、乙烷、碳、一氧化碳、二氧化碳和氢气等。苯乙烯蒸气与空气能形成爆炸混合物，其爆炸范围为1.1%～6.01%。

三、苯乙烯生产方法

苯乙烯的合成方法有许多种，不同原料用不同方法来生产苯乙烯。工业上主要是利用乙苯脱氢方法生产苯乙烯。

1. 乙苯催化脱氢生产苯乙烯

该方法是以苯和乙烯为原料，通过苯烷基化反应生成乙苯，然后乙苯再催化脱氢生成苯乙烯。这是工业上最早采用的生产方法，通过近年来的研究发展，使其在催化剂性能、反应器结构和工艺操作条件等方面都有了很大的改进。其反应方程式如下：

$$\text{C}_6\text{H}_6 + \text{C}_2\text{H}_4 \longrightarrow \text{C}_6\text{H}_5\text{—C}_2\text{H}_5$$

$$\text{C}_6\text{H}_5\text{—CH}_2\text{—CH}_3 \rightleftharpoons \text{C}_6\text{H}_5\text{—CH}=\text{CH}_2 + \text{H}_2$$

2. 乙苯氧化脱氢生产苯乙烯

乙苯在氧化剂存在下，发生氧化脱氢转化为苯乙烯。以氧为氧化剂时反应方程式如下：

$$\text{C}_6\text{H}_5\text{—C}_2\text{H}_5 + \frac{1}{2}\text{O}_2 \longrightarrow \text{C}_6\text{H}_5\text{—CH}=\text{CH}_2 + \text{H}_2\text{O}$$

3. 哈康法生产苯乙烯（共氧化法）

该法是以乙苯和丙烯为原料联产苯乙烯和环氧丙烷。可分为三步进行：

（1）乙苯氧化生成过氧化氢乙苯。

$$\text{C}_6\text{H}_5\text{C}_2\text{H}_5 + \text{O}_2 \xrightarrow{403\text{K}, 300\sim500\text{kPa}} \text{C}_6\text{H}_5\text{CH(OOH)CH}_3$$

（2）在催化剂存在下，过氧化氢乙苯与丙烯发生环氧化生成 α-苯乙醇和环氧丙烷。

$$\text{CH}_2=\text{CH}-\text{CH}_3 + \text{C}_6\text{H}_5\text{CH(OOH)CH}_3 \xrightarrow[363\sim383\text{K}, 2\sim4\text{MPa}]{\text{环烷酸钼}} \text{C}_6\text{H}_5\text{CH(OH)CH}_3 + \text{CH}_3\text{CH}-\text{CH}_2 \backslash \text{O} /$$

（3）α-苯乙醇催化脱水转化为苯乙烯。

$$\text{C}_6\text{H}_5\text{CH(OH)CH}_3 \xrightarrow[523\sim553\text{k}]{\text{ThO}_2} \text{C}_6\text{H}_5\text{CH}=\text{CH}_2 + \text{H}_2\text{O}$$

乙苯共氧化法可同时得到两种重要的化工产品，其生产成本低，污染少，但其工艺复杂，副产物多，流程较长，单位能耗较高。

4. 乙烯和苯直接合成苯乙烯

$$\text{CH}_2=\text{CH}_2 + \text{C}_6\text{H}_6 + \frac{1}{2}\text{O}_2 \longrightarrow \text{C}_6\text{H}_5\text{CH}=\text{CH}_2 + \text{H}_2\text{O}$$

工业生产苯乙烯的方法除传统乙苯脱氢的方法外，出现了乙苯和丙烯共氧化联产苯乙烯和环氧丙烷工艺、乙苯气相脱氢工艺等新的工业生产路线，同时积极探索以甲苯和裂解汽油等生产苯乙烯的新原料路线。迄今工业上乙苯直接脱氢法生产的苯乙烯占世界总生产能力的90%，仍然是目前生产苯乙烯的主要方法，其次为乙苯和丙烯的共氧化法。

任务执行

请你按照工作任务单要求，利用学习通软件平台，通过互联网、图书馆查找相关资料，完成任务单中任务（工作任务单 2-1-1）

要求：时间在 30min，成绩在 90 分以上。

工作任务单　苯乙烯产业认知		编号：2-1-1
考查内容：苯乙烯生产方法、乙苯脱氢法生产苯乙烯原理，影响因素及生产条件		
姓名：	学号：	成绩：

1. 列出苯乙烯的生产方法。

2. 乙苯脱氢法生产苯乙烯原理，影响因素及生产条件。

任务总结与评价

通过本次任务的学习，以操作人员的身份进入苯乙烯生产装置，了解了苯乙烯生产装置、产品苯乙烯的性质及用途，苯乙烯有哪些危险，发生危险如何进行自我防护。掌握了苯乙烯生产方法，特别是本装置生产苯乙烯的原理、影响因素及操作条件。真正地感受到进入化工厂，我们应该先了解哪些基本知识，这样既有利于我们快速地认识学习装置、设备，同时可以保护我们自己的安全，在发生危险时如何进行自救。

任务二　乙苯脱氢反应工段认知

任务目标　① 了解乙苯脱氢反应工段的工艺原理、典型设备和关键参数，能够正确分析乙苯脱氢反应工段各参数的影响因素；
② 掌握乙苯脱氢反应工段的工艺流程，能够绘制PFD流程图。
任务描述　请你以操作人员的身份进入苯乙烯生产装置乙苯脱氢反应工段，了解乙苯脱氢反应工段的工艺原理，掌握工艺流程，熟知关键参数与控制方案。
教学模式　理实一体、任务驱动
教学资源　沙盘、仿真软件及工作任务单（2-1-2）

任务学习

一、工艺原理

1. 主、副反应

主反应：

$$\text{C}_6\text{H}_5\text{-CH}_2\text{-CH}_3 \xrightarrow{\text{催化剂}} \text{C}_6\text{H}_5\text{-CH=CH}_2 + \text{H}_2 \quad \Delta H_{298}^{\ominus} = 117.6 \text{kJ/mol}$$

在主反应发生的同时，还伴随发生一些副反应，如裂解反应和加氢裂解反应：

$$\text{C}_6\text{H}_5\text{-CH}_2\text{-CH}_3 + \text{H}_2 \longrightarrow \text{C}_6\text{H}_5\text{-CH}_3 + \text{CH}_4$$

$$\text{C}_6\text{H}_5\text{-CH}_2\text{-CH}_3 \longrightarrow \text{C}_6\text{H}_6 + \text{C}_2\text{H}_4$$

$$\text{C}_6\text{H}_5\text{-CH}_2\text{-CH}_3 + \text{H}_2 \longrightarrow \text{C}_6\text{H}_6 + \text{C}_2\text{H}_6$$

在水蒸气存在下，还可发生水蒸气的转化反应。

$$\text{C}_6\text{H}_5\text{-CH}_2\text{-CH}_3 + 2\text{H}_2\text{O} \longrightarrow \text{C}_6\text{H}_5\text{-CH}_3 + 2\text{CO}_2 + 3\text{H}_2$$

高温下生成碳

$$\text{C}_6\text{H}_5\text{-CH}_2\text{-CH}_3 \longrightarrow 8\text{C} + 5\text{H}_2$$

此外，产物苯乙烯还可能发生聚合，生成聚苯乙烯和二苯乙烯衍生物等。

2. 催化剂

在苯乙烯工业生产上，常用的脱氢催化剂主要有两类：一类是以氧化铁为主体的催化剂，如 $Fe_2O_3\text{-}Cr_2O_3\text{-}KOH$ 或 $Fe_2O_3\text{-}Cr_2O_3\text{-}K_2CO_3$ 等，另一类是以氧化锌为主体的催化剂，如 $ZnO\text{-}Al_2O_3\text{-}CaO$，$ZnO\text{-}Al_2O_3\text{-}CaO\text{-}KOH\text{-}Cr_2O_3$ 或 $ZnO\text{-}Al_2O_3\text{-}CaO\text{-}K_2SO_4$ 等。这两类催化剂均为多组分固体催化剂，其中氧化铁和氧化锌分别为主催化剂，钙和钾的化合物为助催化剂，氧化铝是稀释剂，氧化铬是稳定剂（可提高催化剂的热稳定性）。

这两类催化剂的特点是都能自行再生，即在反应过程中，若因副反应生成的焦炭覆盖于催化剂表面时，会使其活性下降。但在水蒸气存在下，催化剂中的氢氧化钾能促进反应 $C + H_2O \longrightarrow CO + H_2$ 的进行，从而使焦炭除去。有效地延长了催化剂的使用周期，一般使用一年以上才需再生，而且再生时，只需停止通入原料乙苯，单独通入水蒸气就可完成再生操作。

目前，各国多采用氧化铁系催化剂。我国采用氧化铁系催化剂组成为：Fe_2O_3(80%)，$K_2Cr_2O_7$(11.4%)，K_2CO_3(6.2%)，CaO(2.40%)。若采用温度 550~580℃时，转化率为 38%~40%，收率可达 90%~92%，催化剂寿命可达两年以上。

由于乙苯脱氢的反应必须在高温下进行，而且反应产物中存在大量氢气和水蒸气，因此乙苯脱氢反应的催化剂应满足下列条件：

① 有良好的活性和选择性，能加快脱氢主反应的速度，而又能抑制聚合、裂解等副反应的进行；

② 高温条件下有良好的热稳定性，通常金属氧化物比金属具有更高的热稳定性；

③ 有良好的化学稳定性，以免金属氧化物被氢气还原为金属，同时在大量水蒸气的存在下，不致被破坏结构，能保持一定的强度；

④ 不易在催化剂表面结焦，且结焦后易于再生。

3. 影响脱氢反应的因素

(1) 反应温度　在其他反应条件不变时，脱氢反应速率正比于反应混合物组成距离平衡组成的远近。当反应混合物组成接近平衡组成时，则反应很慢，并最终停止，而副反应则继续进行。适当调整反应参数可使平衡移动或改变平衡式中的相应组成。

因为脱氢反应是吸热反应，所以反应混合物的温度随反应进行而降低。反应速率一方面由于接近平衡状态而下降，另一方面温度下降亦导致反应速率下降。温度下降也会导致平衡常数降低。这样随反应混合物在通过床层过程中冷下来，反应速率就受到抑制。在正常设计中，认为 80% 的温降发生在催化剂床层的第一个 1/3 处是比较合适的。基于这样的考虑，入口温度应很高，但高温使副反应及生成苯、甲苯的脱烷基反应速率的增长高于催化脱氢反应速率的增加。因此为了得到好的选择性，入口温度必须有一个上限。另外，高温会迫使设备材料的选取由普通的不锈钢变为较为昂贵的合金。

(2) 催化剂用量　催化剂用量对于最优操作的影响也很重要。催化剂太少不利于反应充分进行；而催化剂太多又会使乙苯在催化剂床层中停留时间太长，副反应产物增加。

(3) 反应压力　由于脱氢反应是产物体积增加的气相反应，故平衡常数受压力的影响。高压将使平衡向左移动，不利于脱氢反应；低压有利于乙苯脱氢，且不存在选择性降低的问题。

(4) 稀释蒸汽　稀释蒸汽可降低乙苯、苯乙烯、氢气的分压，其效果与降低总压一样，稀释蒸汽还有其他重要作用。首先，蒸汽为反应混合物提供热量。如果乙苯脱氢反应温降越小，那么在同一入口温度下乙苯转化程度就越高。第二，少量的水蒸气使催化剂处于氧化状态，从而保持高活性，水的用量随使用的催化剂而定。第三，水蒸气抑制了高沸物在催化剂表面沉积成焦炭。如果这些焦炭在催化剂表面沉积过多，就会降低催化剂的活性。但过多地使用稀释蒸汽，则会相应增加生产蒸汽系统的费用。

(5) 反应级数　根据以上分析，在温度、压力、稀释蒸汽一定范围内，单级反应器的乙苯单程转化率限制在 40%~50% 之内。如果把反应出料加热到一段入口温度左右，则反应混合物远离平衡，再加热的混合物将在二段催化剂床层中进一步转化为苯乙烯，直至达到新的平衡，乙苯的总转化率可达到 60%~75%。这种再加热和增加级数的工艺经常被采用，但每增加一段，转化率增加并不明显，甚至还会带来选择性的下降，到目前为止，采用二段以上段数并不经济。

(6) 催化剂种类　商业上有许多种乙苯脱氢催化剂可被采用，一般来说，这些催化剂可分为两种类型，即高活性低选择性或高选择性低活性，也有一两种能适中的催化剂。在不影响催化剂活性的前提下，催化剂类型亦随最小稀释蒸汽量而异。

脱氢催化剂被水浸湿时会受损害，因此反应系统在装填催化剂之前必须经过干燥处理。装填期间，应避免催化剂被雨水淋湿。装填之后，应特别注意避免反应器内蒸汽冷凝，在开车、正常操作、停车时应防止液态水进入反应器。

4. 操作条件

影响乙苯脱氢反应的因素主要有温度、压力、水蒸气用量、原料纯度等。

(1) 反应温度　乙苯脱氢是强吸热反应，升温对脱氢反应有利。但是，由于烃类物质在高温下不稳定，容易发生许多副反应，甚至分解成炭黑和氢气，所以脱氢适宜在较低温度下进行。然而，低温时不仅反应速率很慢，而且平衡产率也很低。所以脱氢反应温度的确定不仅要考虑获取最大的产率，还要考虑提高反应速率与减少副反应。在高温下，要使乙苯脱氢反应占优势，除应选择具有良好选择性的催化剂，同时还必须注意反应温度下催化剂的活性。例如，采用以氧化铁为主的催化剂，其适宜的反应温度为600～660℃。

(2) 反应压力　乙苯脱氢反应是体积增大的反应，降低压力对反应有利，其平衡转化率随反应压力的降低而升高。反应温度、压力对乙苯脱氢平衡转化率的影响如表2-2所示。

表2-2　温度和压力对乙苯脱氢平衡转化率的影响

温度(0.1MPa)/℃	温度(0.01MPa)/℃	转化率/%	温度(0.1MPa)/℃	温度(0.01MPa)/℃	转化率/%
565	450	30	645	530	60
585	475	40	675	560	70
620	500	50			

由表2-2可看出，达到同样的转化率，如果压力降低，也可以采用较低的温度，或者说，在同样温度下，采用较低的压力，则转化率有较大的提高。所以生产中通常采用减压操作。

为了保证乙苯脱氢反应在高温减压下安全操作，在工业生产中常采用加入水蒸气稀释剂的方法降低反应产物的分压，从而达到减压操作的目的。

(3) 水蒸气用量　水蒸气作为稀释剂，还能供给脱氢反应所需部分热量，也可使反应产物尤其是氢气的流速加快，迅速脱离催化剂表面，有利于反应向生成物方向进行。水蒸气可抑制并消除催化剂表面上的积焦，保证催化剂的活性。水蒸气添加量对乙苯转化率的影响如表2-3所示。

表2-3　水蒸气用量对乙苯脱氢转化率的影响

反应温度/K	转化率		
	$0(n_{水蒸气}:n_{乙苯})$	$16(n_{水蒸气}:n_{乙苯})$	$18(n_{水蒸气}:n_{乙苯})$
853	0.35	0.76	0.77
873	0.41	0.82	0.83
893	0.48	0.86	0.87
913	0.55	0.90	0.90

注：$n_{水蒸气}$ 和 $n_{乙苯}$ 分别为水蒸气和乙苯的物质的量。

由表 2-3 可知，乙苯转化率随水蒸气用量加大而提高。当水蒸气用量增加到一定程度时，如水蒸气与乙苯之比等于 16 时，再增加水蒸气用量，乙苯转化率提高不显著。在工业生产中，乙苯与水蒸气之比一般为 1：（1.2～2.6）（质量）。

（4）原料纯度要求　为了减少副反应发生，保证生产正常进行，要求原料乙苯中二乙苯的含量<0.04%。因为二乙苯脱氢后生成的二乙烯基苯容易在分离与精制过程中生成聚合物，堵塞设备和管道，影响生产。另外，要求原料中乙炔<10×10^{-6}（体积）、硫（以 H_2S 计）<2×10^{-6}（体积）、氯（以 HCl 计）≤2×10^{-6}（质量）、水≤10×10^{-6}（体积），以免对催化剂的活性和寿命产生不利的影响。

二、乙苯脱氢反应工段工艺流程

来自 0.3MPa 蒸汽管网的蒸汽经主蒸汽分液罐（V301）分液后进入蒸汽过热炉（F301）对流段预热后进入辐射段 A 室进行过热，进入第二脱氢反应器（R302）顶部的中间换热器，出来降温蒸汽再进入蒸汽过热炉（F301）辐射段 B 室，再次加热后进入第一脱氢反应器（R301）底部的混合器。

来自罐区乙苯罐的新鲜乙苯与来自苯乙烯精制部分乙苯回收塔釜液泵 P413 的循环乙苯混合后，按照最低共沸组成控制流量分二路进入乙苯蒸发器（E304）。来自 0.3MPa 蒸汽管网的蒸汽分成四路，三路进乙苯蒸发器（E304），一路进乙苯蒸发器（E304）的乙苯进料线，按照最低共沸组成控制流量进入乙苯蒸发器（E304）。乙苯蒸发器（E304）用 0.3MPa 蒸汽作为热源，蒸发温度 83℃。从乙苯蒸发器（E304）出来的乙苯/水蒸气混合物经过换热器（E301）换热到 500℃左右后进入第一脱氢反应器（R301）底部的混合器处同来自蒸汽过热炉（F301）B 室的过热主蒸汽混合，这股乙苯/水蒸气物流在第一脱氢反应器（R301）底部的混合器处同来自蒸汽过热炉室的过热到 818℃的过热蒸汽混合，温度达到 615℃左右后进入第一反应器（R301）催化剂床层，乙苯在负压绝热条件下发生脱氢反应。

由于乙苯脱氢反应为吸热反应，R301 流出物温度降至 553℃左右。经历了第一阶段脱氢反应的物流继而进入位于 R302 顶部的中间再热器管程，同壳程来自蒸汽过热炉（F301）A 室的 818℃的过热蒸汽换热，管程的反应物料升高到 617℃，进入 R302 的催化剂床层，实现第二阶段负压绝热脱氢反应。

乙苯经历了分别在 R301，R302 中完成的两个阶段绝热脱氢反应后，温度为 568℃的反应产物从 R302 排出，首先进入乙苯过热器 E301 管程，同壳程进料乙苯/水蒸气换热后进入低压废热锅炉 E303 的管程，加热壳程的蒸汽凝液，在壳程产生 350kPa 蒸汽，反应产物自身急剧下降至 160℃，自 E303 流出的温度已降至 120℃的反应产物仍呈气态，被导入下游的工艺凝液处理及尾气处理系统做进一步加工。

由低压废热锅炉（E303）出来的脱氢产物压力为 0.036MPa（绝压），同尾气处理系统解吸塔（T303）塔顶排出的气流汇合，进入急冷器（X301），在此喷入温度为 45℃左右的急冷水，同气流发生直接接触换热，使反应产物急骤冷却。脱氢产物从急冷器（X301）流出后进入主冷凝器（E305）的管程，被冷却到 57℃（呈气、液两相），并实现气液分离，未冷凝的气体同来自汽提塔冷凝器（E307）壳程的不凝气汇合后进入后冷器（E306）的壳程，由后冷器（E306）出来的脱氢尾气温度为 38℃，进入压缩机吸入罐（V307）。主冷凝器（E305）和后冷器（E306）冷凝下来的液体进入油水分离器（V305）。（如图 2-1 乙苯脱氢反应工段工艺流程图）

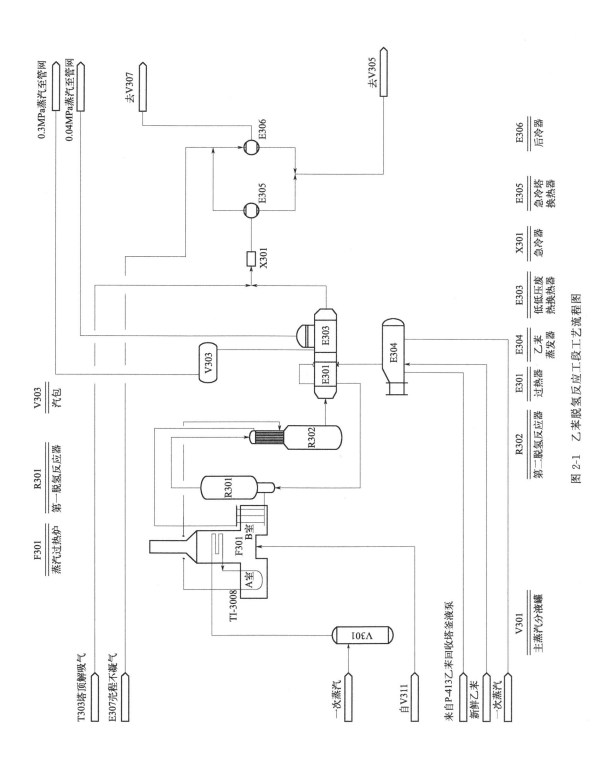

图 2-1 乙苯脱氢反应工段工艺流程图

三、乙苯脱氢反应工段主要设备

1. 蒸汽过热炉 F301

蒸汽过热炉是乙苯脱氢反应的重要设备，通过提供过热蒸汽的方式，给第一反应器、第二反应器提供反应需要的热量，低压蒸汽通过分液罐后进入蒸汽过热炉的对流段加热，再进入辐射段（A）进一步加热，加热到工艺需要的温度后进入第二反应器，由第二反应器返回的蒸汽再进入辐射段（B）再一次加热，加热到所需的温度后进入第一反应器。

蒸汽过热炉采用双辐射炉膛共用一个对流室的立式方箱炉，炉管位于炉膛中央，炉管两侧布置燃烧器，炉管为双面辐射传热，炉膛长 6m，宽 4.47m，高 10m。烟囱位于对流段顶上，采用烟囱自然排烟形式，烟囱长 35m，顶标高 60m，烟囱直径 1.4/2m，采用烟囱挡板调节炉膛负压。

2. 脱氢反应器（R301、R302）

常见的脱氢反应器有以下两类：

（1）外加热式列管反应器　这种反应器类似于管壳式换热器，管内装催化剂，管间走载热体。为了保证气流均匀地通过每根管子，催化剂床层阻力必须相同，因此，均匀地装填催化剂十分重要。管间载热体可为冷却水、沸腾水、加压水、高沸点有机溶剂、熔盐、熔融金属等。载热体选择主要考虑的是床层内要维持的温度。对于放热反应，载热体温度应较催化剂床层温度略低，以便移出反应热，但两者的温度差不能太大，以免造成靠近管壁的催化剂过冷、过热。载热体在管间的循环方式可为多种，以达到均匀传热的目的。

外加热式列管反应器的优点是反应器纵向温度较均匀，易于控制，不需要高温过热蒸汽。蒸汽耗量低，能量消耗少。其缺点在于需要特殊合金钢（如铜锰合金），结构较复杂，检修不方便。

（2）绝热式反应器　这种反应器不与外界进行任何热量交换，对于一个放热反应，反应过程中所放出的热量，完全用来加热系统内的气体。对于乙苯脱氢吸热反应，反应过程中所需要的热量依靠过热水蒸气供给，而反应器外部不另行加热。因此随着反应的进行，温度会逐渐下降，温度变化的情况主要取决于反应吸收的热量。原料转化率越高，一般来说吸收的热量越多，由于温度的这种变化，使反应器的纵向温度自气体进口处到出口处逐渐降低。当乙苯转化率为 37% 时，出口气体温度将比进口温度低 333K 左右，为了保证靠近出口部分的催化剂有良好的工作条件，气体出口温度不允许低于 843K，这样就要求气体进口温度在 903K 以上。又为防止高温预热时乙苯蒸气过热所引起的分解损失，必须将乙苯和水蒸气分别过热，然后混合进入反应器，绝热式反应器为直接传热，使沿设备横向截面的温度比管式反应器均匀。

绝热式反应器的优点是结构比较简单，反应空间利用率高，不需耐热金属材料，只要耐火砖即可，检修方便，基建投资低。其缺点是温度波动大，操作不平稳，消耗大量的高温（约 983K）蒸汽并需用水蒸气过热设备。

脱氢反应器是苯乙烯装置的关键设备，操作温度高、系统压力低、物料易燃易爆，因此设置了高温联锁及空气泄漏安全保护系统。水比是另一个重要控制点。水比过大，蒸汽量消耗大，生产成本上升；水比过小，催化剂表面易积炭，降低催化剂性能。

反应压力的控制：二段床层的出口压力是一个主要控制指标，应保持尽量低，以使乙苯脱氢反应有较好的苯乙烯反应选择性。该压力通过调节下游尾气压缩机的吸入口压力来控制，压缩机转速提高，则系统压力降低；反之压力升高。

反应器入口温度的控制：第一脱氢反应器入口温度是由蒸汽过热炉 B 室蒸汽出口温度与乙苯蒸发器出来的乙苯/水蒸气混合物经过换热器出口温度相混合产生，其温度由两者决定，其中蒸汽温度起主要作用，通过调整蒸汽温度来控制反应器入口温度达到要求值。

水比的控制：乙苯脱氢反应的水比主要与使用的脱氢催化剂有关，目前普遍使用的催化剂，可以在水比 1.2～1.5（质量比）下稳定运行。水比过小，催化剂表面易结焦，降低催化剂性能；水比过大，蒸汽量消耗大。根据一段反应器及二段反应器出口水比的分析数据，通过调整蒸汽（或进料乙苯）加入量，使水比保持在合适状态。

本装置的脱氢反应器采用国内开发设计的轴径向反应器，它的中心具有一个圆锥体，作为气流分布器，在内圆筒和外圆筒之间是呈环柱形的催化剂床层，内圆筒和外圆筒采用多孔金属板结构，使催化剂既不会漏出，又能让气体通过催化剂床层，另外环形催化剂床层顶部不用钢板封死，使部分反应物料可通过顶端环形截面流进（或流出）催化剂床层，从而提高了反应器容积利用率和催化剂利用率。

轴径向反应器的特点是气流分布均匀，压降小，热应力小；为减少负压操作可能产生的泄漏，该反应器不采用法兰连接，而是直接通过工艺管道焊接，保证了反应器在负压下平稳地操作和安全生产。

3. 乙苯蒸发器（E304）

乙苯蒸发器普遍采用共沸蒸发流程，通过在进料乙苯中加入一定比例的水蒸气（或冷凝水）来降低蒸发温度。

乙苯进料温度的控制与一次蒸汽配比量、加热蒸汽量、系统压力均有关联，影响较大的是一次蒸汽（配汽）加入比例，一般控制在乙苯进料量的 0.3%～0.5%（质量分数）。

乙苯蒸发器液位的控制依靠加热蒸汽量控制，另外与系统压力也有一定关系，压力低更有利于蒸发。乙苯蒸发器下游是乙苯过热器，对蒸发物中液体的夹带比较敏感，因此应严格控制其液位在要求范围内（一般不超过 40%）。在乙苯蒸发器上安装了高液位报警及联锁仪表，在液位超过高限时切断乙苯进料，防止液体夹带到乙苯过热器中，影响设备的安全运行。

四、关键参数指标

乙苯脱氢反应岗位负责乙苯原料经乙苯脱氢反应、反应产物冷凝、尾气吸收及凝液汽提等系统的平稳运行，产出合格脱氢液，保证脱氢尾气在蒸汽过热炉燃烧正常，工艺凝液质量合格；关键参数指标见表 2-4。

表 2-4　关键参数指标表

序号	项目	单位	控制目标	控制范围
1	R301 入口温度	℃	590	575～640
2	R302 入口温度	℃	595	580～645
3	F301A 出口温度	℃	740	≤840
4	F301B 出口温度	℃	680	≤840

任务执行

苯乙烯生产装置乙苯脱氢反应工段的现场（沙盘）查找流程（工作任务单2-1-2）、主要设备学习。

要求：时间30min，成绩在90分以上。

工作任务单　乙苯脱氢反应工段认知		编号:2-1-2
考查内容:乙苯脱氢反应工段工艺流程		
姓名：	学号：	成绩：

1. 根据沙盘描述工艺流程。

2. 画出乙苯脱氢反应工段工艺流程图。

任务总结与评价

通过本次任务的学习，以操作人员的身份进入苯乙烯生产装置乙苯脱氢反应工段，查找工艺流程，并能熟练叙述工艺流程，能够根据沙盘列出主要设备。锻炼我们对工艺流程的认读，提高自主学习和表达问题等能力。

任务三　脱氢液分离工段认知

任务目标　① 了解脱氢液分离工段的工艺原理、典型设备和关键参数，能够正确分析脱氢液分离工段各参数的影响因素；
② 掌握脱氢液分离工段的工艺流程，能够绘制 PFD 流程图。
任务描述　请你以操作人员的身份进入苯乙烯生产装置脱氢液分离工段，了解脱氢液分离工段的工艺原理，掌握工艺流程，熟知关键参数与控制方案。
教学模式　理实一体、任务驱动
教学资源　沙盘、仿真软件及工作任务单（2-1-3）

任务学习 ◀

一、工艺原理

汽提是一个物理过程，它采用一个气体介质破坏原气液两相平衡而建立一种新的气液平衡状态，使溶液中的某一组分由于分压降低而解析出来，从而达到分离物质的目的。

二、工艺流程

进入油水分离器（V305）的液体温度 51℃，分层后上层油相为脱氢液，脱氢液溢流入油水分离器（V305）的油相收集室，由脱氢液泵（P301）送往苯乙烯分离部分的粗苯乙烯塔（T401）或罐区的脱氢液罐（D509）。下层水相为含油工艺凝液，由冷凝泵（P302）输送，进入聚结器（V312），进一步实现油/水分离。所得油相工艺凝液由聚结器顶部溢出，返回油水分离器（V305），所得水相工艺凝液由聚结器（V312）底部排出，进入汽提塔冷凝器（E307），经汽水混合器（X302）进入汽提塔（T301）。汽提塔用 0.04MPa 蒸汽汽提，塔顶压力 0.042MPa（绝压），温度 68℃，塔顶蒸汽经汽提塔冷凝器（E307）冷凝后回到油水分离器（V305）。汽提塔釜的干净工艺凝液温度 80℃，由汽提塔釜液泵（P303）经工艺水处理器（V306）进一步吸附处理，处理合格的工艺凝液大部分作为锅炉给水送至蒸汽凝液罐（V316），一小部分送入循环水厂，在正压生产时，工艺凝液应停止回用，改去污水。（如图 2-2 脱氢液分离工段工艺流程图）

三、脱氢液分离工段主要设备

1. 油水分离器（V305）

水室界面控制是脱氢液/水分离效果的关键，界面过高则容易使脱氢液中夹带水分；反之则水中夹带有机物，增加冷凝液处理难度。水室界面主要通过向下游输送的水量来控制，另外在下游设置的有机物聚结器液面控制对其也有影响。一般界面控制在 70% 左右，可以保证合适的分离时间，达到需要的分离效果。

2. 汽提塔（T301）

汽提是用来回收被吸收的溶质、并使吸收剂与溶质分离获得再生的单元操作。同时在某些情况下，汽提还用于去除液体中的轻组分，如炼油工业中常以蒸气为汽提剂将油品种的轻组分脱除。所以汽提可以与吸收联合使用，也可以单独使用。

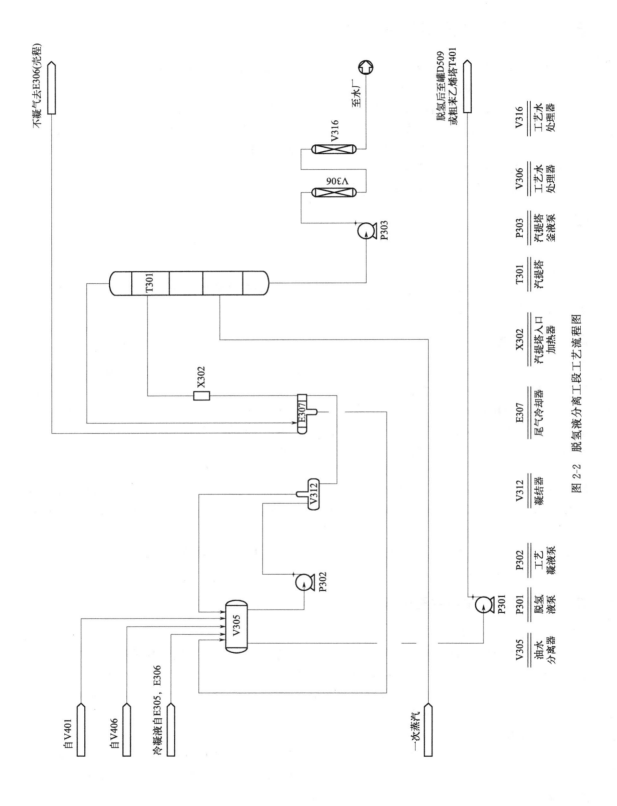

图 2-2 脱氢液分离工段工艺流程图

汽提塔的形式可以为板式塔或填料塔。无论何种形式的塔，原料都从塔顶部入塔、底部离塔；解吸剂从塔底部入塔，与液体原料在塔内逆流接触，并于塔顶和被提馏组分一起离塔。与吸收塔相反的是，汽提塔浓端在塔顶，稀端在塔底，在汽提塔内液相中溶质的平衡分压大于气相中溶质的分压，汽提过程中，需将溶质分子相变为气体，故为吸热过程，所以汽提剂温度一般等于或大于原料温度，否则将降低汽提效果。

任务执行 ◀

苯乙烯生产装置脱氢液分离工段的现场（沙盘）查找流程（工作任务单 2-1-3）、主要设备学习。

要求：时间 30min，成绩在 90 分以上。

工作任务单　脱氢液分离工段认知		编号：2-1-3
考查内容：脱氢液分离工段工艺流程		
姓名：	学号：	成绩：

1. 叙述脱氢液分离工段的工艺流程。

2. 绘制脱氢液分离工段工艺流程图。

3. 扫描下方二维码，学习汽提塔结构与原理，并写出汽提塔的主要结构及工作原理。

M2-1　汽提塔

任务总结与评价 ◀

通过本次任务的学习，以操作人员的身份进入苯乙烯生产装置脱氢液分离工段，查找工艺流程，并能熟练叙述工艺流程，能够根据沙盘列出主要设备。锻炼我们对工艺流程的认知，提高自主学习和表达问题等能力。

任务四　尾气压缩及吸收工段认知

任务目标　① 了解尾气压缩及吸收工段的工艺原理、典型设备和关键参数，能够正确分析尾气压缩及吸收工段各参数的影响因素；
② 掌握尾气压缩及吸收工段的工艺流程，能够绘制 PFD 流程图。
任务描述　请你以操作人员的身份进入苯乙烯生产装置尾气压缩及吸收工段，了解尾气压缩及吸收工段的工艺原理，掌握工艺流程，熟知关键参数与控制方案。
教学模式　理实一体、任务驱动
教学资源　沙盘、仿真软件及工作任务单（2-1-4）

任务学习

一、工艺原理

利用混合气体中各组分在液体中溶解度差异，使某些易溶组分进入液相形成溶液，不溶或难溶组分仍留在气相，从而实现混合气体分离的吸收分离操作。

二、工艺流程

脱氢尾气温度为 38℃，进入压缩机吸入罐（V307），由尾气压缩机（C301）升压至 0.063MPa 进入压缩机排出罐（V310）切除水分，不凝气经尾气冷却器（E310）冷却后进入吸收塔（T302）下部，吸收塔（T302）顶用来自吸收剂冷却器（E311）的贫油洗涤，洗涤后的脱氢尾气至尾气密封罐（V311）作为蒸汽过热炉（F301）的燃料。吸收塔（T302）釜液由吸收塔塔釜泵（P305）输送经吸收剂换热器（E312A/B/C）换热及吸收剂加热器（E313）加热后进入解吸塔（T303）上部，在解吸塔（T303）底部通入 0.04MPa 蒸汽。解吸塔釜液经过汽提解析后变为贫油，由解吸塔塔釜泵（P306）输送经吸收剂换热器（E312A/B/C）回收热量和吸收剂冷却器（E311）冷却后进入吸收塔（T302）上部。解吸塔顶气体去主冷凝器（E305）。

由于 C301 排出的粗氢气中含有相当数量的水，这些水会在 T302 塔釜沉积下来，故在 T302 塔釜下端设有沉降区，沉积下来的水排往油水分离器（V305）。（如图 2-3 尾气压缩及吸收工段工艺流程图）

三、尾气压缩及吸收工段主要设备

1. 尾气压缩机

尾气压缩机压缩的介质是本装置脱氢反应产生的尾气（主要是氢气），它的成分复杂，容易结焦，本机采用无油喷水双螺杆单级压缩机，由蒸汽透平驱动，工艺气系统由吸气、压缩、排气系统及旁路系统组成，各系统配备相应的安全保护控制系统。尾气压缩机设置有完善的安全联锁保护系统，防止工艺及设备参数异常而损坏压缩机。在压缩机出口尾气管线上有三台氧分析及联锁系统，以监测系统的空气泄漏。

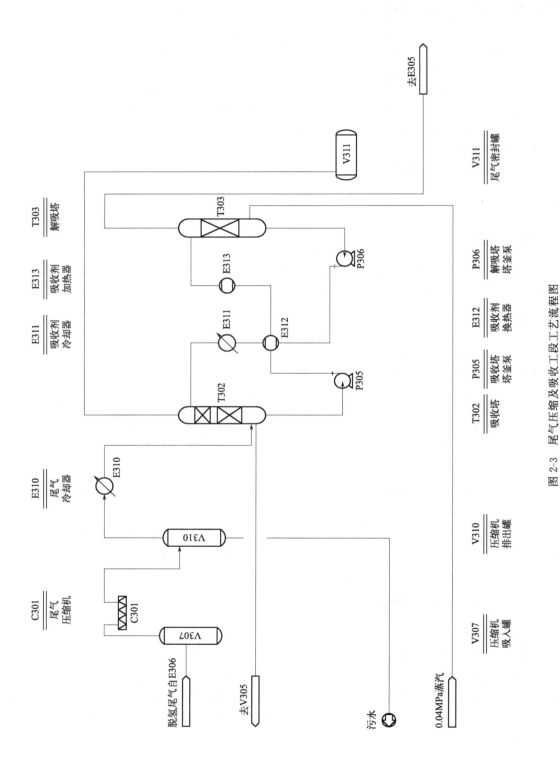

图 2-3 尾气压缩及吸收工段工艺流程图

螺杆压缩机具有两个旋转转子（阳转子与阴转子）水平且平行地配置在气缸体内，支于进排气座的轴承上。在阴、阳螺杆转子上的排气端外侧装有止推轴承，承受由吸入和排出压力差而产生的轴向推力。在吸入侧和排出侧的轴承与螺杆转子之间设有轴封装置，在轴封装置靠近螺杆转子端充入氮气以防止轴承的润滑油漏入气缸和气缸内气体向外泄漏。

阴、阳螺杆转子在吸气端外侧均设置有同步齿轮，同步齿轮的速比与螺杆转子的速比相等。阴、阳螺杆转子靠轴承支撑和同步齿轮厚薄片的调整来保证阴、阳转子之间，转子外缘与气缸体之间以及转子端面与气缸端面之间均保持极小的间隙，工作时互不接触，不会摩擦也不需要润滑。为了获得转子之间的间隙最小值，减小热膨胀对间隙的影响，气缸内腔喷入适量的二乙苯，以控制因压缩而升高的排气温度，使原本绝热过程基本趋于等温压缩过程，并有效地提高容积效率和绝热效率，从而减少功耗及降低噪声。

2. 吸收塔

吸收塔是实现吸收操作的设备。按气液相接触形态分为三类。第一类是气体以气泡形态分散在液相中的板式塔、鼓泡吸收塔、搅拌鼓泡吸收塔；第二类是液体以液滴状分散在气相中的喷射器、文氏管、喷雾塔；第三类为液体以膜状运动与气相进行接触的填料吸收塔和降膜吸收塔。塔内气液两相的流动方式可以逆流也可并流。通常采用逆流操作，吸收剂以塔顶加入自上而下流动，与从下向上流动的气体接触，吸收了吸收质的液体从塔底排出，净化后的气体从塔顶排出。

3. 解吸塔

解吸塔是用气体或者蒸汽（气相）将溶剂（液相）中的部分溶质进行分离的设备。在气液两相系统中，当溶质组分的气相分压低于其溶液中该组分的气液平衡分压时，就会发生溶质组分从液相到气相的传质，这一过程叫作解吸或蒸出。例如被吸收的气体从吸收液中释放出来的过程。

四、关键参数指标

尾气压缩及吸收工段关键参数指标见表 2-5。

表 2-5　尾气压缩及吸收工段关键参数指标

序号	项目	单位	控制目标	控制范围
1	尾气压缩机入口压力	kPa（绝压）	28～30	20～40
2	尾气压缩机出口压力	kPa（绝压）	50	30～60
3	吸收塔 T302 液位	%	50	40～60
4	解收塔 T303 液位	%	65	53～77

任务执行

苯乙烯生产装置尾气压缩及吸收工段的现场（沙盘）查找流程（工作任务单2-1-4）、主要设备学习。

要求：时间30min，成绩在90分以上。

工作任务单 尾气压缩及吸收工段认知		编号：2-1-4
考查内容：尾气压缩及吸收工段工艺流程		
姓名：	学号：	成绩：

1. 根据沙盘描述工艺流程。

2. 尾气压缩及吸收工段工艺流程图。

3. 扫描下方二维码，学习填料塔结构与原理，并写出填料塔的主要结构及工作原理。

M2-2 填料塔　　　M2-3 填料塔　　　M2-4 填料塔　　　M2-5 填料塔
整体浏览　　　　外观展示　　　　结构展示　　　　原理展示

任务总结与评价

通过本次任务的学习，以操作人员的身份进入苯乙烯生产装置尾气压缩及吸收工段，查找工艺流程，并能熟练叙述工艺流程，能够根据沙盘列出主要设备。锻炼我们对工艺流程的认读，提高自主学习和表达问题等能力。

任务五 苯乙烯分离工段认知

任务目标 ① 了解苯乙烯分离工段的工艺原理、典型设备和关键参数,能够正确分析苯乙烯分离工段各参数的影响因素;
② 掌握苯乙烯分离工段的工艺流程,能够绘制 PFD 流程图。
任务描述 请你以操作人员的身份进入苯乙烯生产装置苯乙烯分离工段,了解苯乙烯分离工段的工艺原理,掌握工艺流程,熟知关键参数与控制方案。
教学模式 理实一体、任务驱动
教学资源 沙盘、仿真软件及工作任务单(2-1-5)

任务学习

一、工艺原理

蒸馏是分离液体混合物的典型单元操作。它是利用液体混合物中各组分沸点和蒸气压(即相对挥发度)的不同,在精馏塔内,轻组分不断汽化上升而提浓,重组分不断冷凝下降而提浓,相互间不断进行传热传质。在塔顶得到纯度较高的轻组分产物,在塔底得到纯度较高的重组分产物。它是实现分离目的的一种最基本、最重要的手段。

二、工艺流程

脱氢液与循环焦油及由输送泵(P412)送来的新鲜 DNBP 溶液混合后进入粗苯乙烯塔(T401)中上部。粗苯乙烯塔(T401)塔顶压力为 12kPa(绝压),顶温控制在 70℃。塔顶汽相经粗塔冷凝器(E402)冷凝,冷凝液进入粗塔回流罐(V401),不凝气经粗塔尾冷器(E403)冷却后经真空泵(C403)抽真空。粗塔回流罐(V401)中的液体经沉降分离,少量水间歇排往油水分离器(V305),油相经粗塔回流泵(P402)分两路输送,一部分回到粗苯乙烯塔(T401)塔上部作为塔顶回流,另一部分送往乙苯回收塔(T402)第 32 塔板。粗塔再沸器(E401)用 0.3MPa 蒸汽为热源,釜温 85℃。釜液由粗塔釜液泵(P401)送往精苯乙烯塔(T403)中部。

乙苯回收塔(T402)顶压力为 0.056MPa,塔顶温度 114℃。塔顶气体进入乙苯回收塔冷凝器(E408)冷凝,冷凝下来的液体进入乙苯回收塔回流罐(V406)沉降分离,水相在下部间歇排往油水分离器(V305),油相由乙苯回收塔回流泵(P404)分两路输送,一部分回到乙苯回收塔(T402)上部作为塔顶回流,另一部分送往苯/甲苯塔(T404)。乙苯回收塔再沸器(E406)用 1.0MPa 蒸汽为热源,釜温 160℃,釜液为循环乙苯,由乙苯回收塔釜液泵(P413)送往脱氢部分乙苯蒸发器(E304)。

来自乙苯回收塔回流泵的物流进入苯/甲苯塔(T404)中部。其釜液(温度约 148℃的甲苯)经苯/甲苯塔釜液泵增压送至甲苯冷却器(E416)的壳程,冷却至 40℃左右后甲苯被送至罐区。(T404)塔顶温度约 110℃的馏出物进入苯/甲苯塔冷凝器(E417)的壳程,同管程的冷却水换热而被冷凝。所获温度为 40℃左右的凝液排至苯/甲苯塔回流罐(V410),实现气液分离。分离出的不凝性气体排到火炬系统烧掉,而分离下来的凝液(苯)则经苯/甲苯塔回流泵(P406)增压,然后分成二股,其中一股作为回流液返回至(T404)塔顶;

另一股经冷却后作为苯被送至罐区。

精苯乙烯塔（T403）顶压 6~12kPa（绝压），塔顶温度控制在 62~80℃。塔顶气体进入精塔冷凝器（E410）冷凝，冷凝下来的液体进入精塔回流罐（V408），不凝气经精塔盐冷器（E411）冷却后经精塔真空泵 C410 抽真空。精塔回流罐（V408）中的液体由精塔回流泵（P408）分两路输送，一路回到精苯乙烯塔（T403）上部作为塔顶回流；另一路作为苯乙烯产品，冷却到 8℃ 后送至苯乙烯储罐。精塔再沸器（E409）用 0.3MPa 蒸汽为热源，釜温 82℃，釜液由精塔釜液泵（P407）抽出后，一路返回再沸器（E409），提供再沸器的循环动力；另一路经焦油加热器（E414）加热后送往闪蒸罐（V409）。闪蒸罐（V409）的闪蒸温度为 115℃ 左右，罐顶的挥发性组分返回到精苯乙烯塔（T403）下部，残液作为苯乙烯焦油经焦油泵（P409）抽出，排往中间罐区残油/焦油储罐。（如图 2-4 苯乙烯分离工段工艺流程图）

三、关键参数指标

苯乙烯分离工段关键参数指标见表 2-6。

表 2-6 苯乙烯分离工段关键参数指标

序号	项目	单位	控制目标	控制范围
1	粗苯乙烯 T401 塔顶压力	kPa(绝压)	12	10~15
2	粗苯乙烯 T401 塔顶温度	℃	89	83~95
3	粗苯乙烯 T401 塔底温度	℃	108	100~116
4	精苯乙烯塔 T403 塔顶压力	kPa(绝压)	6	5~15
5	乙苯回收塔顶 T402 压力	kPa(绝压)	56	46~66

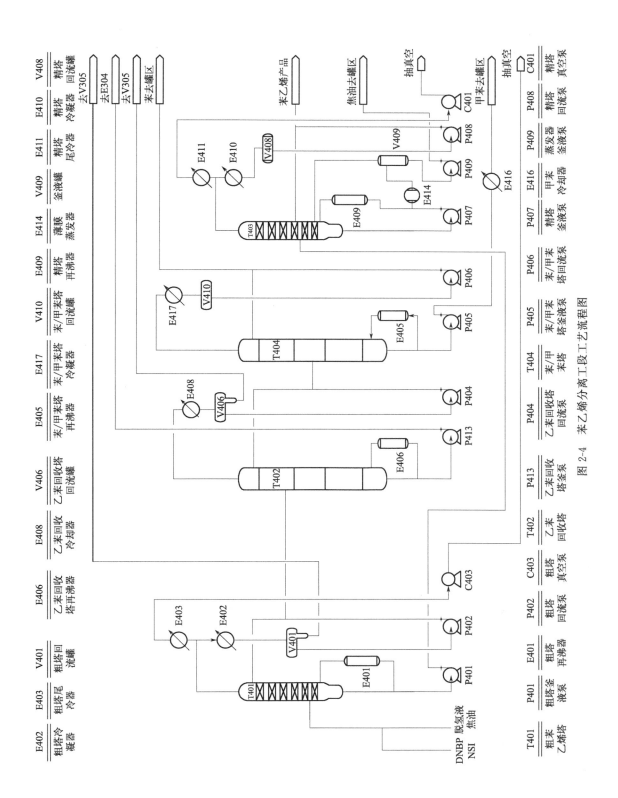

图 2-4 苯乙烯分离工段工艺流程图

任务执行

在苯乙烯生产装置中苯乙烯分离工段的现场（沙盘）查找流程（工作任务单 2-1-5）和主要设备进行学习。

要求：时间 30min，成绩在 90 分以上。

工作任务单　苯乙烯分离工段认知		编号：2-1-5
考查内容：苯乙烯分离工段工艺流程		
姓名：	学号：	成绩：

1. 根据沙盘描述工艺流程。

2. 画出苯乙烯分离工段工艺流程图。

3. 扫描下方二维码，学习分馏塔的结构与原理，并写出精馏的主要结构及工作原理。

M2-6　分馏塔
整体浏览

M2-7　分馏塔
外观展示

M2-8　分馏塔
结构展示

M2-9　分馏塔
原理展示

任务总结与评价

通过本次任务的学习，以操作人员的身份进入苯乙烯生产装置苯乙烯分离工段，查找工艺流程，并能熟练叙述工艺流程，能够根据沙盘列出主要设备。锻炼我们对工艺流程的认读，提高自主学习和表达问题等能力。

【项目综合评价】

通过项目一学习，对项目学习情况进行综合性评价，从而了解内容的掌握情况，进而合理安排、改善教学方式方法及内容，提高课堂教学效果，以便我们能更好地接受和学习。

姓名		学号		班级	
组别		组长		成员	
项目名称					

维度	评价内容	自评	互评	师评	得分
知识	了解苯乙烯的性质，掌握苯乙烯反应类型、原料和产品特点(5分)				
	掌握乙苯脱氢反应工段工艺流程，了解主要设备的结构及作用(5分)				
	掌握脱氢液分离工段和尾气压缩及吸收工段工艺流程，了解气液分离的基本原理、主要设备(5分)				
	掌握苯乙烯分离工段工艺流程，了解系统中各个设备的主要作用(5分)				
能力	能够正确分析苯乙烯生产系统中各个工艺参数的影响因素(20分)				
	能正确识图，绘制工艺流程原理图，能叙述流程并找出对应的管路，能够说出设备的特点及作用(30分)				
素质	通过学习，了解应用化工生产技术专业的发展现状和趋势，具有初步的应用化工生产工艺技术改造与技术革新的能力(10分)				
	结合工厂实际情况给讲述工艺流程，了解应用化工生产技术专业的发展现状和趋势，增强岗位责任意识及创业意识(10分)				
	通过叙述工艺流程，培养良好的语言组织、语言表达能力(10分)				
我的反思	我的收获				
	我遇到的问题				
	我最感兴趣的部分				

项目二
装置正常生产与调节

【学习目标】

知识目标
① 了解苯乙烯装置在生产过程中的主要参数和控制方法;
② 掌握苯乙烯装置稳定生产的典型操作;
③ 知道 DCS 集散控制系统的含义;
④ 了解复杂控制系统的原理;
⑤ 掌握复杂控制系统的概念。

能力目标
① 熟悉工艺原理和工艺流程;
② 能按照生产中岗位操作规程与规范,利用模拟装置和仿真软件正确对生产过程进行操作与控制;
③ 掌握仪表的操控方法;
④ 能够正确分析苯乙烯生产系统中各个工艺参数的影响因素;
⑤ 掌握各个工艺参数的调节方法。

素质目标
① 通过学习,了解化工行业的发展现状和趋势,具有初步的技术改造与技术革新的能力;
② 通过仿真软件的学习,了解企业岗位典型工作任务,培养爱岗敬业、科学严谨、工作责任心、团队协作和责任担当、良好的质量意识、安全意识、社会责任感等职业综合素质;
③ 培养精益求精的"工匠精神";
④ 通过分析影响工艺参数的因素,培养良好的归纳总结、表达、沟通交流能力、分析问题和解决问题能力。

【项目导言】

随着工业的发展,传统的生产过程控制技术已经难以适应现代工业在效率、稳定性等各方面的要求,计算机控制技术在化工行业的应用越来越广泛,其中 DCS 系统是应用最为广泛的操作系统。苯乙烯装置的仿真软件,完全按照工厂实际 DCS 操作画面设计,通过仿真软件的练习即可掌握 DCS 操作技巧。

在实际化工生产中,由于生产工艺越来越复杂、产品要求越来越高,维持操作参数的稳定愈发重要。维持操作参数稳定的意义在于:

1. 降低能耗

节约资源是我国的基本国策,也是化工企业科学发展、提高经济效益的根本要求。所以在保证产品质量和产量的前提下,尽可能地减少能源消耗量,是化工企业生产工作的关键所在。化工生产降低能耗、提高能源利用率的主要方式为科学的管理制度、先进的节能设备以及操作参数的控制,其中对操作参数的控制是最重要的方式。

2. 保护环境

现代化工的发展,无形之中增加了环境的污染,工业三废对环境的影响尤为明显。因此,化工企业应该严格控制操作参数,减少污染物的排放。

3. 安全生产

严格控制操作参数稳定,能够防患于未然,对安全、稳定生产至关重要。

因此,控制操作参数是保证安全生产、提升产品质量的重要前提。维持生产稳定,必须对影响生产的参数变化进行准确判断,对操作参数的调整必须准确,并且要保证每一次的调整幅度要小,防止系统的波动。

化工装置的主要操作参数包括温度、压力、液位、流量等,这些参数能够影响化工过程的运行状态:

(1) 温度　正确地控制操作温度是保证产品质量和安全生产的重要举措。如果不控制温度,温度过高可能引起反应失控发生冲料或爆炸;也可能引起反应物料分解燃烧、爆炸;或由于低沸点液体和液化烃介质急剧汽化,造成超压爆炸。温度过低,则会导致反应停止或不充分,影响产量;也可能导致精馏塔组分变化,导致产品质量不合格;甚至可能导致某些物料冻结,造成管路堵塞或破裂,致使易燃物料泄漏引起燃烧、爆炸。

(2) 压力　在化工生产中,有许多反应需要在一定压力下进行,而超压是造成火灾爆炸事故的重要原因之一。加压会扩大化工物质爆炸极限范围;超过设备的设计压力,还会导致设备变形、渗漏、破裂和爆炸。

(3) 液位　在化工生产中需要控制设备液位,反应釜、精馏塔、罐等都需要将液位控制在标准范围内,液位过高或过低都会对生产操作产生较大影响,影响产品质量,一旦液位排空,将会导致设备采出泵空转,损坏设备,造成事故。

(4) 流量　在化工生产中,流量和温度、压力、液位等参数密切相关,流量发生大幅度波动,会导致其他参数的异常。比如设备的进料流量和采出流量变化会对设备液位产生明显的影响;换热器蒸汽流量变化会对温度产生较大影响;对于部分设备,氮气流量和排放火炬流量的变化会对压力产生显著影响。

结合化工装置的主要操作参数和苯乙烯装置高频次的生产调节操作,选取降低工艺凝液汽提塔温度、提高粗苯乙烯塔回流量以及降低精苯乙烯塔塔顶压力三个操作工况作为本项目的任务。

【项目实施任务列表】

任务名称	总体要求	工作任务单	课时
任务一 维持工艺凝液汽提塔塔顶温度稳定	以内操人员的身份进入乙苯脱氢工段中控室,负责工艺凝液汽提塔的操作。在苯乙烯装置降低负荷的生产指令下,需要操作人员完成降低工艺凝液汽提塔塔顶温度的操作任务,保证工艺凝液汽提塔稳定运行	2-2-1	2

续表

任务名称	总体要求	工作任务单	课时
任务二 提高粗苯乙烯塔回流量	以内操人员的身份进入苯乙烯精馏工段中控室，负责粗苯乙烯塔的操作。当上游乙苯脱氢工段发生波动，导致粗苯乙烯塔进料温度升高，需要操作人员完成提高粗苯乙烯塔回流量的操作任务，保证粗苯乙烯塔稳定运行	2-2-2	1
任务三 降低精苯乙烯塔塔顶压力	以内操人员的身份进入苯乙烯精馏工段中控室，负责精苯乙烯塔的操作。当不合格苯乙烯返回精苯乙烯塔回炼时，精苯乙烯塔进料流量增加，塔顶不凝气增多，导致精苯乙烯塔塔顶压力升高，需要操作人员完成降低精苯乙烯塔塔顶压力的操作任务，保证精苯乙烯塔稳定运行	2-2-3	1

任务一　维持汽提塔塔顶温度稳定

任务目标　①了解工艺凝液汽提塔的主要参数及控制方法；
②能够按照操作规程与规范，利用仿真软件完成维持汽提塔塔顶温度的操作。
任务要求　请你以内操的身份进入乙苯脱氢工段中控室，负责工艺凝液汽提塔的操作。在苯乙烯装置降低负荷的生产指令下，需要操作人员完成降低工艺凝液汽提塔塔顶温度的操作任务，保证工艺凝液汽提塔稳定运行。
教学模式　理实一体、任务驱动
教学资源　仿真软件、工作任务单（2-2-1）

任务学习

当苯乙烯装置生产负荷降低时，随着反应进料量的减少，产生的工艺凝液量也随之降低，导致汽提塔温度逐渐升高，影响汽提塔的正常操作，因此，需要操作人员进行对应操作，维持汽提塔稳定运行。

一、汽提塔概述

汽提塔（T301）是苯乙烯装置乙苯脱氢工段的组成部分之一，是用汽提的方式，将脱氢液油水分离后水相中夹带的少量芳烃进行回收，避免苯乙烯损失。

汽提塔（T301）的进料为脱氢液经油水分离器后的水相；塔釜采出物料送至工艺水处理器处理；塔顶气相（烃-水蒸气）经冷凝后，冷凝液返回至油水分离器D305，不凝气送至后冷器E306。

二、汽提塔系统关键参数的控制方案

汽提塔（T301）在正常工况下，工艺凝液进料量（FIC3091）为33144kg/h，进料温度（TIC3092）为72℃，汽提蒸汽流量（FIC3092）为2257kg/h，液位（LIC3092）为50%，塔顶温度（TI3094）为77℃。

1. 汽提塔（T301）塔釜液位LIC3092控制方案

汽提塔（T301）塔釜液位控制主要是通过物料平衡实现，即汽提塔的进料和采出平衡，当一个量出现变化时，势必会导致汽提塔液位发生变化。汽提塔液位控制为单回路控制，塔釜液位正常是通过控制塔釜采出调节阀LV3092开度来实现的。当塔釜液位升高时，液位控制器LIC3092的输出增加，液位调节阀LV3092的开度增大，通过提高汽提塔塔釜采出量降低塔釜液位；当塔釜液位降低时，液位控制器LIC3092的输出降低，液位调节阀LV3092的开度减小，通过降低汽提塔塔釜采出量增加塔釜液位。

2. 汽提塔（T301）进料温度TIC3092控制方案

汽提塔（T301）进料温度主要是通过调节热源来实现的，即调节进料混合蒸汽的流量。汽提塔（T301）进料温度控制为单回路控制，进料温度正常是通过控制进料加热蒸汽调节阀TV3092开度来实现的。当进料温度升高时，温度控制器TIC3092输出降低，调节阀TV3092的开度减小，通过减少进料加热蒸汽量降低进料温度；当进料温度降低时，温度控制器TIC3092输出增加，调节阀TV3092的开度增大，通过增加进料加热蒸汽量提高进料

温度。

3. 汽提塔（T301）进料流量 FIC3091 和汽提蒸汽流量 FIC3092 比例控制方案

汽提塔（T301）进料流量 FIC3091 和汽提蒸汽流量 FIC3092 比例控制的设置目的，是为了根据汽提塔的进料量调节汽提蒸汽流量。当工艺凝液进料量 FIC3091 增加，若不按比例增加汽提蒸汽流量 FIC3092，会导致工艺凝液中的苯乙烯损失；若工艺凝液进料量 FIC3091 降低，若不按比例减少汽提蒸汽流量 FIC3092，会导致蒸汽能耗增加，油水分离系统负荷增大。

（1）汽提塔（T301）进料流量控制方案　汽提塔（T301）进料流量受油水分离器 D305 的液位影响，油水分离器液位串级控制汽提塔进料流量。当油水分离器液位升高时，液位控制器 LIC3082 输出增加，液位控制器 LIC3082 输出值作为汽提塔进料流量控制器 FIC3091 的设定值，即汽提塔进料流量控制器 FIC3091 的设定值增加，进料调节阀 FV3091 的开度增大，汽提塔的进料流量增加；当油水分离器液位降低时，液位控制器 LIC3082 输出减少，汽提塔进料流量控制器 FIC3091 的设定值降低，进料调节阀 FV3091 的开度减小，汽提塔的进料流量降低。

（2）比例控制方案　汽提塔（T301）进料流量 FIC3091 的测量值与汽提蒸汽流量 FIC3092 的测量值在比例控制器 FFC3092 中进行比例计算，所得比例与比例控制器 FFC3092 的设定值进行比较，输出值作为汽提蒸汽流量控制器 FIC3092 的设定值，控制汽提蒸汽流量调节阀 FV3092 的开度。当汽提塔进料流量增加时，比例控制器 FFC3092 的输出增加，汽提蒸汽流量控制器 FIC3092 设定值增加，汽提蒸汽流量调节阀开度增大，汽提蒸汽流量增加；当汽提塔进料流量降低时，比例控制器 FFC3092 的输出降低，汽提蒸汽流量控制器 FIC3092 设定值减少，汽提蒸汽流量调节阀开度减小，汽提蒸汽流量降低。

4. 汽提塔（T301）塔顶温度 TI3094 控制方案

汽提塔（T301）塔顶温度未设置直接控制方案，但是进料流量 FIC3091 和汽提蒸汽流量 FIC3092 以及进料温度 TIC3092 会直接影响汽提塔塔顶温度。

当汽提塔（T301）进料流量 FIC3091 增加时，若未及时调整提高汽提蒸汽流量 FIC3092，将会导致汽提塔塔顶温度 TI3094 降低，造成苯乙烯损失；当汽提塔（T301）进料流量 FIC3091 降低时，若未及时调整降低汽提蒸汽流量 FIC3092，将会导致汽提塔塔顶温度 TI3094 升高，造成蒸汽能耗增加，油水分离系统负荷增大。

当汽提塔（T301）进料温度 TI3092 升高时，直接导致汽提塔（T301）塔顶温度 TI3094 升高。

任务执行

工作任务单	维持汽提塔塔顶温度稳定			编号:2-2-1	
装置名称	苯乙烯装置	姓名		班级	
考查知识点	汽提塔汽提蒸汽流量调节,汽提塔进料流量及进料温度调节	学号		成绩	

根据生产指令,苯乙烯装置需要降低生产负荷,操作人员需根据生产指令维持汽提塔 T301 稳定运行,保证汽提塔塔顶温度在正常范围。

任务总结与评价

根据操作评分,分析自身对本任务知识掌握的不足,并在小组内进行分享。

任务二　提高粗苯乙烯塔回流量

任务目标　① 了解粗苯乙烯塔的主要参数及控制方法；
② 能够按照操作规程与规范，利用仿真软件完成粗苯乙烯塔回流量调节的操作。

任务要求　请你以内操的身份进入苯乙烯精馏工段中控室，负责粗苯乙烯塔的操作。随着粗苯乙烯塔进料温度升高，引起粗苯乙烯塔温度升高，引起重组分上移，可能导致塔顶苯乙烯含量增多，影响苯乙烯产品产量。因此，需对粗苯乙烯塔塔顶温度进行调节，通过调整塔顶回流量来控制塔顶温度，在操作上要遵循严格的操作过程，调节幅度要小，防止系统出现波动。保证粗苯乙烯塔稳定运行。

教学模式　理实一体、任务驱动
教学资源　工作任务单（2-2-2）、仿真软件

任务学习

粗苯乙烯塔（T401）塔顶产物主要是乙苯、苯、甲苯和非芳烃，为回收其中的乙苯，需要经过乙苯回收塔将乙苯、苯和甲苯分离，如果苯乙烯含量高，一旦进入乙苯回收塔（T402）以后，在高温的作用下，苯乙烯就会产生聚合物，堵塞设备和管线，影响生产，所以粗苯乙烯塔（T401）塔顶苯乙烯含量要控制在一定范围内。

粗苯乙烯塔的塔顶温度是通过调节塔顶回流量控制的。当进料和回流量都达到正常负荷时，控制塔顶温度为89℃。影响塔顶温度的主要因素有：进料量、进料温度、塔顶回流量、塔底温度、塔底液位、回流温度、塔压力。当塔顶温度升高时，可以提高粗苯乙烯塔塔顶回流量，降低塔顶温度，控制粗苯乙烯塔温度在正常范围，控制粗苯乙烯塔压力在正常范围。

当上游工段发生波动导致脱氢液温度上升，粗苯乙烯塔（T401）进料温度升高，引起粗苯乙烯塔温度升高，使塔内重组分上移，导致塔顶苯乙烯含量增多，造成苯乙烯损失；同时，塔顶苯乙烯进入乙苯回收塔（T402）后，会随回收乙苯返回脱氢反应器，在反应器入口换热器被加热时发生聚合堵塞设备和管线，同时也降低脱氢反应的转化率，引起产品损失。因此，需要严格控制粗苯乙烯塔塔顶温度，防止苯乙烯损失。

一、粗苯乙烯塔（T401）概述

粗苯乙烯塔（T401）是苯乙烯装置苯乙烯精馏工段的组成部分之一，粗苯乙烯塔（T401）用于脱氢反应后的脱氢液进料的预分离，塔顶主要是乙苯、苯、甲苯和其他轻组分，塔顶物料送至乙苯回收塔（T402），将乙苯、苯和甲苯分离，回收乙苯；较重的苯乙烯和焦油重质物从塔釜分出后进入精苯乙烯塔C403继续分离苯乙烯和焦油。

在苯乙烯精馏工段中粗苯乙烯塔（T401）的控制尤为重要。塔顶需要关注苯乙烯组分的含量不能过高，塔釜需要关注乙苯的含量不能过高，避免苯乙烯最终产品质量的不合格；

同时塔釜还应注意阻聚剂的含量变化，避免塔釜及后续分离过程中苯乙烯的聚合。

二、粗苯乙烯塔（T401）系统关键参数的控制方案

粗苯乙烯塔（T401）在正常工况下，进料流量 FIC4001 控制在 21740kg/h，塔顶温度 TI4002 控制在 89.1℃，塔釜温度 TI4010 控制在 108.7℃，塔釜液位 LIC4001 控制在 50%，塔顶压力 PIC4001 控制在 23kPa（绝压）。

1. 粗苯乙烯塔（T401）塔顶压力 PIC4001 控制方案

粗苯乙烯塔的塔压控制是通过调节 PA41 真空泵返回线阀门开度实现的。粗苯乙烯塔（T401）的塔顶气相经过塔顶冷凝器 E402、后冷器 E419 和尾冷器 E403 冷却后，不凝气进入真空系统入口，真空泵抽取塔顶不凝气后，出口分为两路，一路作为尾气进入尾气密封罐 D404；另一路经过返回线压力调节阀 PV4001 循环回真空泵入口，此路用于调节真空泵抽取不凝气的流量。

粗苯乙烯塔（T401）塔顶压力控制为单回路控制。当粗苯乙烯塔（T401）塔顶压力升高时，塔顶压力控制器 PIC4001 输出值减小，返回线压力调节阀 PV4001 开度减小，通过减少尾气循环量，增加真空泵抽取塔顶不凝气的量，降低塔顶压力。当（T401）塔顶压力降低时，塔顶压力控制器 PIC4001 输出值增大，返回线压力调节阀 PV4001 开度增大，通过增加尾气循环量，降低真空泵抽取塔顶不凝气的量，提高塔顶压力。

2. 粗苯乙烯塔（T401）塔釜液位 LIC4001 控制方案

粗苯乙烯塔（T401）塔釜液位控制主要是通过物料平衡实现，塔釜液位 LIC4001 主要与进料流量、回流流量、塔釜采出流量和再沸器蒸汽流量有关。粗苯乙烯塔釜液位控制为串级控制，塔釜液位控制器 LIC4001 串级控制塔釜采出流量 FIC4002。

当塔釜液位升高时，液位控制器 LIC4001 输出值增大，液位控制器 LIC4001 输出值作为塔釜采出流量控制器 FIC4002 的设定值，塔釜采出流量控制器 FIC4002 的设定值增加，采出流量调节阀 FV4002 开度增大，通过增加粗苯乙烯塔塔釜采出流量降低塔釜液位。当塔釜液位降低时，液位控制器 LIC4001 输出值减小，流量控制器 FIC4002 设定值减小，塔釜采出调节阀 FV4002 开度减小，通过减少塔釜采出流量，提高塔釜液位。

3. 粗苯乙烯塔回流罐 D401 液位 LIC4011 控制方案

回流罐 D401 的液位控制是通过调节回流流量 FIC4011 实现的。当回流罐液位升高时，液位控制器 LIC4011 输出值增大，控制回流流量控制器 FIC4011 设定值增大，回流流量调节阀 FV4011 开度增大，通过增加回流流量降低回流罐液位。当回流罐液位降低时，液位控制器 LIC4011 输出值减小，控制 FIC4011 流量设定值减小，回流流量调节阀 FV4011 开度减小，通过减少回流流量，提高回流罐液位。

4. 粗苯乙烯塔回流比 FIC4011/FIC4012 的控制方案

回流比即回流流量 FIC4011 与采出流量 FIC4012 的比值。回流比的大小决定了塔顶采出品的组分分离效果，当回流比过小时，塔顶的重组分含量上升，采出品不合格；当回流比过大时，采出品的纯度虽然有所提高，但是塔釜轻组分含量又增多且造成了不必要的蒸汽热负荷浪费，所以回流比的调节对精馏分离有重要的意义。粗苯乙烯塔回流罐两路出料的总流量由塔的整体热负荷决定，即塔的加热蒸汽流量决定，蒸汽流量的调节应根据粗苯乙烯塔的进料流量 FIC4001 按正比关系调节。当进料流量 FIC4001 增加时，蒸汽流量 FIC4002 相应正比提高，此时塔内的上升汽量增加，回流罐液位开始上涨，回流罐按照回流比控制在 9.1

左右增大 FIC4011 及 FIC4012 流量，使回流罐液位降回正常水平，直至 FIC4011 及 FIC4012 的流量稳定，流量投用自动控制，完成回流比的控制。另外要提的是在精馏塔要提高生产能力时，进料流量改变。若进料温度高或加热蒸汽比进料提高得快也会造成塔的热负荷过大，塔顶温度升高，此时降低加热蒸汽对工况的稳定存在一定滞后，可以通过提高回流来稳定塔顶温度，维持精馏系统的稳定。

5. 粗苯乙烯塔（T401）塔顶温度 TI4002 控制方案

粗苯乙烯塔（T401）塔顶温度无直接控制，但是受到塔釜再沸器 E401 蒸汽流量 FIC4003 和回流流量 FIC4011 的直接影响，再沸器蒸汽流量与塔顶温度成正比，回流流量与塔顶温度成反比。通常情况下，操作人员通过调节回流流量控制塔顶温度。

任务执行

工作任务单　提高粗苯乙烯塔回流量				编号:2-2-2
装置名称	苯乙烯装置	姓名		班级	
考查知识点	粗苯乙烯塔回流量的调节	学号		成绩	

随着粗苯乙烯塔进料温度升高,导致粗苯乙烯塔热负荷过大,引起粗苯乙烯塔顶温度升高,操作人员需根据生产指令,提高回流 FIC4011 回流量,维持粗苯乙烯塔稳定运行,保证粗苯乙烯塔塔顶温度在正常范围。

任务总结与评价

根据操作评分,分析自身对本任务知识掌握的不足,并在小组内进行分享。

任务三 降低精苯乙烯塔塔顶压力

任务目标 ① 了解精苯乙烯塔的主要参数及控制方法；
② 能够按照操作规程与规范，利用仿真软件完成降低精苯乙烯塔塔顶压力的操作。

任务要求 请你以内操的身份进入苯乙烯精馏工段中控室，负责精苯乙烯塔的操作。当不合格苯乙烯返回精苯乙烯塔回炼时，精苯乙烯塔进料流量增加，塔顶不凝气增多，导致精苯乙烯塔塔顶压力升高，需要操作人员完成降低精苯乙烯塔塔顶压力的操作任务，保证精苯乙烯塔稳定运行。

教学模式 理实一体、任务驱动

教学资源 工作任务单（2-2-3）、仿真软件

任务学习

当不合格苯乙烯返回至精苯乙烯塔回炼时，随着精苯乙烯塔进料的增加，精苯乙烯塔上升气量增多，塔压逐渐升高，影响精苯乙烯的正常操作。因此，需要操作人员进行对应操作，维持精苯乙烯塔稳定运行。影响塔顶压力的主要因素：塔顶压力、回流量、回流温度、粗苯乙烯塔底物料杂质含量。为保证塔顶压力合格，必须严格控制粗苯乙烯塔塔底物料纯度，稳定精苯乙烯塔顶温和底温，保证阻聚剂的正常注入。

一、精苯乙烯塔（T403）概述

精苯乙烯塔（T403）是苯乙烯装置苯乙烯精馏工段的组成部分之一，通过精馏对粗苯乙烯物料和不合格苯乙烯产品进行提纯，其进料正常为粗苯乙烯塔（T401）的塔釜物料，精苯乙烯塔（T403）塔釜采出物料送至薄膜蒸发器E414，塔顶苯乙烯产品经过冷器E412冷却后送至罐区，不凝气送至真空系统。

精苯乙烯（T403）塔内有高浓度苯乙烯物料，为避免聚合，还应注意必须保证阻聚剂的正常注入。

二、精苯乙烯塔（T403）关键参数的控制方案

精苯乙烯塔（T403）在正常工况下，进料量（FIC4002）为12740kg/h，进料温度为108℃（近似于粗苯乙烯塔塔釜温度），回流罐液位（LIC4111）为50%，塔釜液位（LIC4081）为50%。

为保证塔顶塔釜分离要求，控制塔顶压力（PIC4082）为12kPa（绝压），塔顶温度（TI4082）为79℃，塔釜温度（TI4083）为100℃。

1. 精苯乙烯塔（T403）塔顶压力 PIC4082 控制方案

精苯乙烯塔的塔压 PIC4082 控制为单回路控制。精苯乙烯塔的塔顶气相经过塔冷凝器 E410、尾冷器 E411 冷却后，剩余的不凝气进入真空系统入口，通过调节真空泵返回线调节阀 PV4082 开度，控制真空泵 PA43 抽取塔的不凝气的流量实现塔顶压力调节。

当（T403）塔顶压力升高时，压力控制器 PIC4082 输出值减小，返回线调节阀 PV4082 开度减小，通过降低尾气循环量，提高抽取塔顶不凝气量，降低塔顶压力；当（T403）塔

顶压力降低时，压力控制器 PIC4082 输出值增大，返回线调节阀 PV4082 开度增大，通过增大尾气循环量，降低抽取塔顶不凝气量，提高塔顶压力。

2. 精苯乙烯塔（T403）塔釜液位 LIC4081 控制方案

精苯乙烯塔（T403）塔釜液位控制 LIC4081 为串级控制，精苯乙烯塔（T403）塔釜液位控制是通过调节再沸器凝液罐 D407 的液位实现的。再沸器 E409 控制为浸没式控制，即凝液罐 D407 的液位直接影响换热面积，通常凝液罐液位与再沸器中凝液液位一致。再沸器加热热量主要是来自蒸汽液化的潜热，当凝液罐液位升高时，再沸器中凝液液位也相应升高，换热面积减少，塔釜温度降低，导致塔釜液位升高；同理，当凝液罐液位降低时，塔釜液位也相应降低。因此，当塔釜液位升高时，塔釜液位控制器 LIC4081 输出值降低，塔釜液位控制器的输出值作为凝液罐液位控制器的设定值，控制凝液罐液位控制器 LIC4082 设定值降低，凝液采出调节阀 LV4082 开度增加，通过提高塔釜温度，降低塔釜液位；当塔釜液位降低时，液位控制器 LIC4081 输出值增加，控制凝液罐 D407 液位控制器 LIC4082 设定值增加，凝液采出调节阀 LV4082 开度减小，D407 液位上升，通过降低塔釜温度，提高塔釜液位。

3. 精苯乙烯塔回流罐 D408 液位 LIC4111 控制方案

精苯乙烯塔回流罐 D408 液位控制 LIC4111 为单回路控制。与粗苯乙烯塔的回流罐液位控制略有不同，精苯乙烯塔的回流液位控制通过调节至罐区的苯乙烯产品采出流量实现的，一般的，塔顶分馏物为最终产品或关键控制指标产品的精馏塔均会采用这种控制方法。这种控制的好处在于在塔的工艺参数略有波动时，回流仍然稳定，保持较高的回流比水平可以保证塔顶产品的最高纯度要求。

当回流罐液位升高时，回流罐液位控制器 LIC4111 输出值增大，控制苯乙烯外采至罐区调节阀 LV4111 开度增大，通过增加至罐区的苯乙烯采出量，降低回流罐液位。当回流罐液位降低时，回流罐液位控制器 LIC4111 输出值减小，控制苯乙烯外采至罐区调节阀 LV4111 开度减小，通过降低至罐区的苯乙烯采出量，提高回流罐液位。

任务执行

	工作任务单　降低精苯乙烯塔塔顶压力			编号:2-2-3	
装置名称	苯乙烯装置	姓名		班级	
考查知识点	精苯乙烯塔塔顶压力调节	学号		成绩	

　　当不合格苯乙烯返回至精苯乙烯塔回炼时,随着精苯乙烯塔进料的增加,导致精苯乙烯塔塔顶不凝气增多,塔压逐渐升高,影响精苯乙烯的正常操作,因此,需要操作人员进行对应操作,维持精苯乙烯塔稳定运行。

任务总结与评价

　　根据操作评分,分析自身对本任务知识掌握的不足,并在小组内进行分享。

【 项目综合评价 】

姓名		学号		班级		
组别		组长		成员		
项目名称						
维度	评价内容		自评	互评	师评	得分
知识	了解苯乙烯装置在生产过程中的主要参数和控制方法(5分)					
	掌握苯乙烯装置稳定生产的典型操作(5分)					
	知道 DCS 集散控制系统的含义(5分)					
	了解复杂控制系统的原理(5分)					
	掌握复杂控制系统的概念(5分)					
能力	熟悉工艺原理和工艺流程(5分)					
	能按照生产中岗位操作规程与规范,利用模拟装置和仿真软件正确对生产过程进行操作与控制(5分)					
	掌握仪表的操控方法(5分)					
	能够正确分析苯乙烯生产系统中各个工艺参数的影响因素(10分)					
	掌握各个工艺参数的调节方法(10分)					
素质	通过学习,了解化工行业的发展现状和趋势,具有初步的技术改造与技术革新的能力(10分)					
	通过仿真软件的学习,了解企业岗位典型工作任务,培养爱岗敬业、科学严谨、工作责任心、团队协作和责任担当、良好的质量意识、安全意识、社会责任感等职业综合素质(10分)					
	培养精益求精的"工匠精神"(10分)					
	通过分析影响工艺参数的因素,培养良好的归纳总结、表达、沟通交流能力、分析问题和解决问题能力(10分)					
我的反思	我的收获					
	我遇到的问题					
	我最感兴趣的部分					
	其他					

项目三
苯乙烯装置开车操作

【学习目标】

知识目标

① 掌握苯乙烯生产过程中的影响因素及工艺流程的组织;
② 掌握苯乙烯开车操作步骤和开车过程中的影响因素;
③ 能掌握苯乙烯开车操作中各岗位的职责。

能力目标

① 能根据苯乙烯反应特点的分析,正确选择反应设备;
② 能按照开车过程岗位操作规程与规范,正确对开车过程进行操作与控制;
③ 能发现开车操作过程中的异常情况,并对其进行分析和正确的处理;
④ 能初步制定开车操作程序;
⑤ 能够熟练操作苯乙烯仿真软件,并能对实际操作中出现的问题正确进行分析,并能够解决操作过程中的问题;
⑥ 能发现开车过程中的安全和环保问题,能正确使用安全和环保设施。

素质目标

① 通过生产中乙苯、乙烯、苯乙烯等物料性质、生产过程的尾气处理、安全和环保问题分析等,培养化工生产过程中的"绿色化工、生态保护、和谐发展和责任关怀"的核心思想;
② 通过仿真操作中严格的岗位规程及规范要求,工艺参数的严格标准要求,生产操作过程中工艺参数对生产安全及产品质量的影响,培养良好的质量意识、安全意识、规范意识、标准意识,提高工作责任心,塑造严谨求实、精益求精的"工匠精神";
③ 通过对交互式仿真软件的操作练习,培养良好的动手能力、团队协作能力、沟通能力、具体问题具体分析能力,培养职业发展学习的能力。

【项目导言】

本项目实施过程中采用北京东方仿真软件技术有限公司开发的"苯乙烯生产工艺仿真软件"为载体,通过仿真开车操作模拟苯乙烯生产实际过程,训练我们在苯乙烯生产运行过程中的操作控制能力,达到化工生产中岗位操作能力要求和职业综合素质培养的目的。

本规程适用于以乙烯、苯为原料,以乙苯脱氢为生产方法的苯乙烯装置的开车操作,主要用于操作人员的培训学习与操作指导。

模块二　苯乙烯装置生产操作

【项目实施任务列表】

任务名称	总体要求	工作任务单	建议课时
任务一 乙苯脱氢工段开车操作	能掌握乙苯脱氢生产苯乙烯的基本原理、主要设备和工艺流程，熟悉乙苯脱氢工段开车操作步骤，完成乙苯脱氢工段开车操作任务	2-3-1	4
任务二 苯乙烯精制工段开车操作	能掌握苯乙烯精制的基本原理、主要设备和工艺流程，熟悉苯乙烯精制工段开车操作步骤，完成苯乙烯精制工段开车操作任务	2-3-2	4

任务一　乙苯脱氢工段开车操作

任务目标　① 了解乙苯脱氢反应的特点，理解反应热效应对反应过程的影响；
② 掌握乙苯脱氢工段开车操作的步骤，能熟练进行仿真开车操作。
任务描述　请你以操作人员的身份进入乙苯脱氢工段仿真操作环境，根据开车步骤完成乙苯脱氢仿真开车操作。
教学模式　理实一体、任务驱动
教学资源　仿真软件及工作任务单（2-3-1）

任务学习

一、乙苯脱氢工艺流程

1. 脱氢反应部分

来自乙苯单元的新鲜原料乙苯与循环乙苯汇合，再与来自乙苯单元的配气蒸汽同时进入乙苯蒸发器 E304 壳程，并被管程蒸气间接加热后蒸发，获得温度约 96.3℃ 的乙苯-水蒸气混合物，然后进入乙苯过热器 E301 壳程，被管程的刚从第二脱氢反应器流出的温度为 568℃ 左右的反应气加热到 500℃ 左右（图 2-5～图 2-7）。

这股乙苯-水蒸气物流在第一脱氢反应器 R301 底部的混合器处同来自蒸汽过热炉室的过热到 818℃ 的过热蒸汽混合，温度达到 615℃ 左右后进入 R301 催化剂床层，乙苯在负压绝热条件下发生脱氢反应（见图 2-8）。

由于乙苯脱氢反应为吸热反应，R301 流出物温度降至 553℃ 左右。经历了第一阶段脱氢反应的物流继而进入位于 R302 顶部的中间再热器管程，同壳程来自蒸汽过热炉 F301A 室的 818℃ 的过热蒸汽换热，管程的反应物料升温到 617℃，进入 R302 的催化剂床层，实现第二阶段负压绝热脱氢反应。

乙苯经历了分别在 R301、R302 中完成的两个阶段绝热脱氢反应后，温度为 568℃ 的反应产物从 R302 排出，首先进入乙苯过热器 E301 管程，同壳程进料乙苯-水蒸气换热后，进入低压废热锅炉 E302 的管程，加热壳程的蒸汽凝液，在壳程产生 350kPa 蒸汽，反应产物自身温度急剧下降至 160℃，并进入低低压废热锅炉 E303 的管程。自 E303 流出的温度已降至120℃的反应产物仍呈气态，被导入下游的工艺凝液处理及尾气处理系统做进一步加工。

2. 脱氢液分离部分

来自脱氢反应系统的反应产物进入该系统后，同尾气处理系统解吸塔塔顶排出的气流汇成的物流经冷却后，进入急冷器S301，与在此喷入的急冷水（工艺凝液或软化水）发生直接接触换热，反应产物气流被急骤冷却到66℃左右（仍呈气态），进入空冷器A301被冷却到55℃（呈气、液两相），并实现气液分离。空冷器冷却后的气体同来自汽提塔冷凝器壳程的气态物流汇合并导入后冷器E306壳程，被管程的冷却水进一步冷却到38℃左右，可冷凝组分被进一步冷凝下来，未冷凝的尾气进入压缩机吸入罐（D307），后送至尾气压缩和回收系统（图2-9）。

空冷器A301排出的凝液与后冷器E306排出的凝液汇合，并集合其他物流，进入温度约为52℃的油水分离器D305实现脱氢液同水的分离。用脱氢液泵P301自油水分离器D305的油相收集室抽出脱氢液，送入脱氢液罐后进入下一工段（C401）（图2-10）。

用工艺凝液泵P302自D305的沉降室底部抽出水层的工艺冷凝水，进入聚结器D312，进一步实现油/水分离。所得油相由聚结器顶部溢出返回D305；所得水相工艺凝液自聚结器底部排出，经工艺凝液过滤器SR301，进入后续工段进一步处理。

3. 尾气压缩及回收部分

从尾气压缩机吸入罐D407来的尾气被压缩机K01抽吸，经压缩升压，排出的气液两相物流经尾气冷却器E307冷却后进入压缩机排出罐D301，实现气液分离。D301罐底收集的工艺凝液受液面控制而排放到工艺处理系统的油水分离器D305中进行处理。

压缩机排出罐D301罐顶排出的气体除一部分回流到压缩机进口管线（由压缩机进口压力控制流量）外，其余进入吸收塔C302下部。来自解吸塔C303塔底并经吸收剂换热器E312和吸收剂冷却器E311冷却到38℃的吸收剂贫液从它的顶部向下喷淋，将进料物流中夹带的芳烃物质加以吸收，未被吸收的脱氢尾气送至尾气增压机吸入罐进一步处理。C302底部收集的吸收了芳烃物质的吸收液则在液面控制下被吸收塔釜液泵P305抽吸出来。这股物流先后流经吸收剂换热器E312和吸收剂加热器E313，被加热到110℃左右，从上部进入解吸塔C303。解析塔底部通入蒸汽，把吸收剂中吸收的芳烃解吸出来，所得芳烃和水蒸气混合气体从C303塔顶排出，同来自脱氢反应系统的反应产物汇合后进入急冷器S301处理。

C303底部得到经解吸的温度约为103℃的吸收剂，被解吸塔釜液泵P306抽吸出来，经换热器降温后循环到吸收塔C302塔顶，再次喷淋下来吸收尾气中的芳烃物质（图2-11）。

C303底部得到经解吸的温度约为103℃的吸收剂，它被解吸塔釜液泵P306抽吸出来，并先后经吸收剂换热器E312和吸收剂冷却器E311被冷却到38℃左右，然后循环到吸收塔C302塔顶，再次喷淋下来吸收尾气中的芳烃物质。

补充的新鲜吸收剂从吸收剂换热器E312前加入。在解吸塔釜液泵（P306）的出口管线上接上支线，用来将废吸收剂排至罐区焦油贮罐；C302塔底有一条排液管线通向工艺凝液处理系统的D305，它在正常操作时无流量。

二、乙苯脱氢工段的主要设备

乙苯脱氢的化学反应是强吸热反应，因此工艺过程的基本要求是要连续向反应系统供给大量热量，并保证化学反应在高温条件下进行。根据供给热能方式的不同，乙苯脱氢的反应设备按反应器型式的不同分为列管式等温反应器和绝热式反应器两种。乙苯脱氢工段的主要设备列表如表2-7所示。

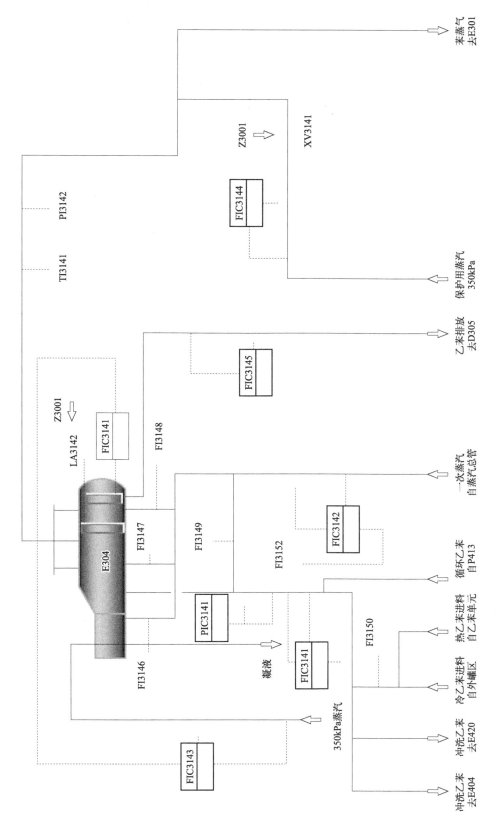

图 2-5 乙苯蒸发系统仿真操作画面

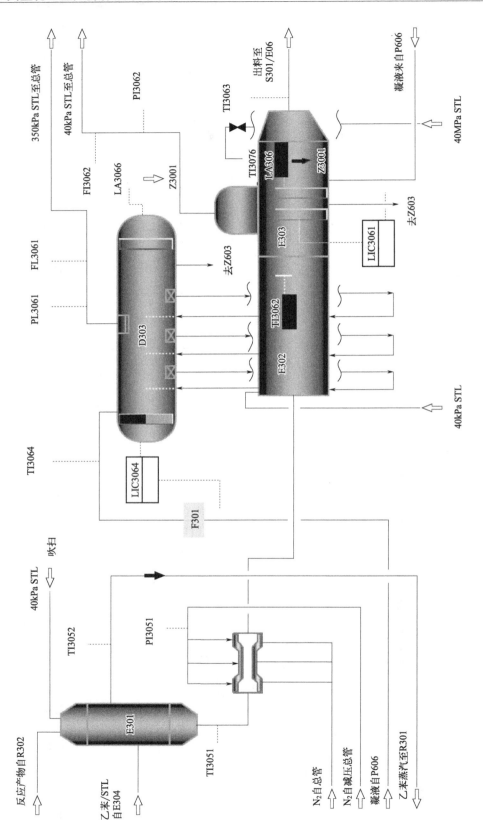

图 2-6 原料与产物换热系统仿真操作画面

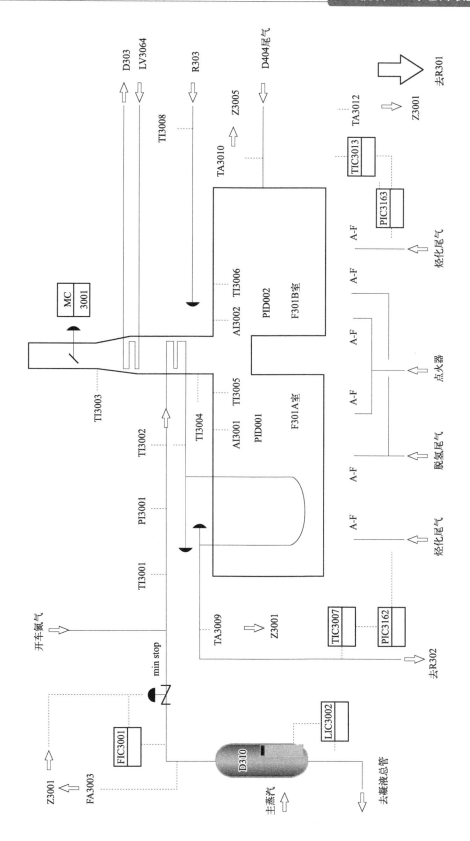

图 2-7 蒸汽过热系统仿真操作画面

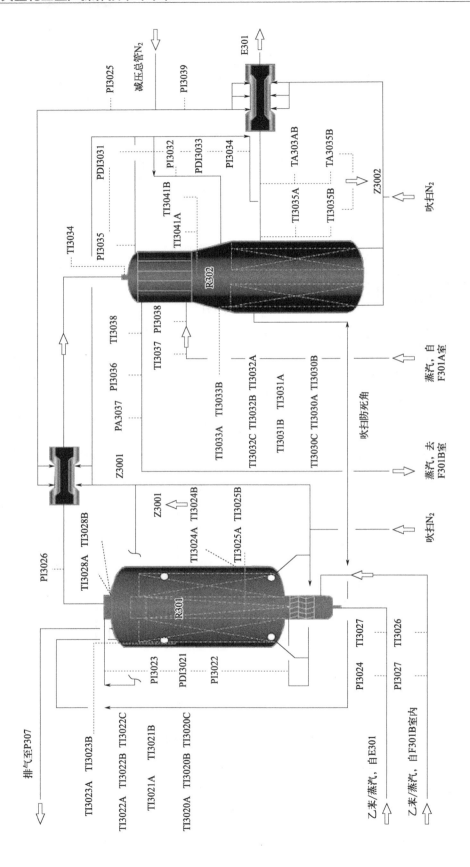

图 2-8 脱氢反应器仿真操作画面

模块二　苯乙烯装置生产操作

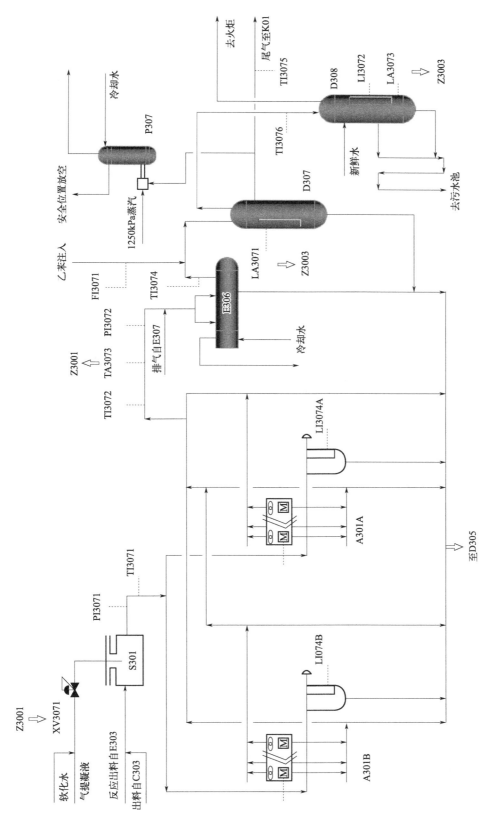

图 2-9　反应产物冷凝系统仿真操作画面

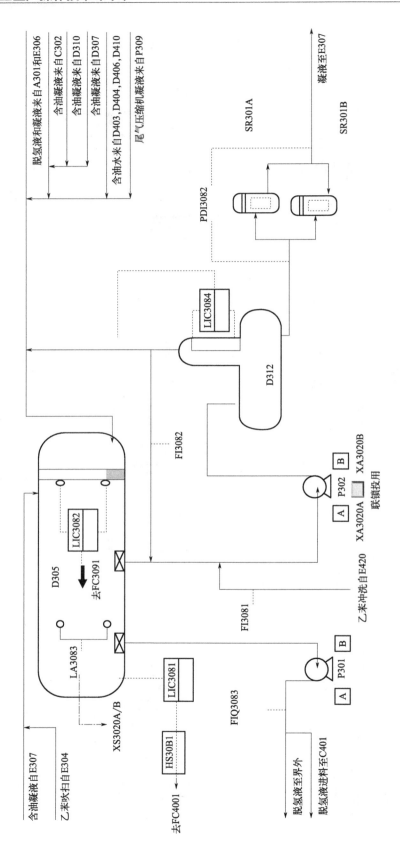

图 2-10 脱氢液分离系统仿真操作界面

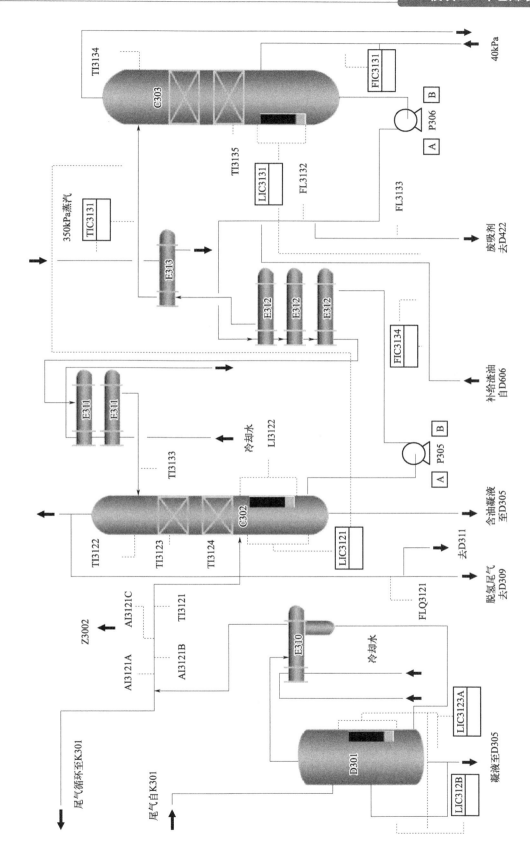

图 2-11 尾气回收系统仿真操作界面

表 2-7 乙苯脱氢工段的主要设备列表

序号	设备编号	设备名称
1	R301	第一脱氢反应器
2	R302	第二脱氢反应器
3	F301	蒸汽过热炉
4	A301	空(主)冷器
5	C301	汽提塔
6	C302	吸收塔
7	C303	解析塔
8	D303	汽包
9	D305	油水分离器
10	D306	反冲洗水罐
11	D307	压缩机吸入罐
12	D308	水封罐
13	D309	尾气增压机吸入罐
14	D310	压缩机排出罐
15	D311	尾气密封罐
16	D312	凝结器
17	E301	乙苯过热器
18	E302	低压废热锅炉
19	E303	低低压废热锅炉
20	E304	乙苯蒸发器
21	E306	后冷器
22	E307	汽提塔冷凝器
23	E310	尾气冷却器
24	E311	吸收剂冷却器
25	E312	吸收剂换热器
26	E313	吸收剂加热器
27	K301	尾气压缩机
28	K302	尾气增压机
29	S301	急冷器

三、乙苯脱氢工段开车操作步骤

1. 建立系统水循环

（1）打通软化水至低压凝液罐流程，建立低压凝液罐液位，现场投用 P606 泵，向汽包、低压废热换热器补水，建立液位。

（2）打开软化水现场补水阀，D305 建立液位，液位控制在 50%。

（3）现场启动工艺凝液泵（P302A/B），向 C301 进料，建立 C301 液位后停止，并关闭工艺凝液泵出口阀门。

（4）投用主冷器，后冷器，尾气冷却器 E310。

2. 引入燃料气

燃料气系统气密、氮气置换完毕后，关闭各火嘴手阀，并加装盲板。系统维持微正压，将燃料气系统氮气扫线、蒸汽扫线阀门关闭并盲板隔离，准备引燃料气进装置。

3. 氮气循环升温

（1）确认改好氮气循环升温流程，仅保留压缩机入口阀门关闭：过热炉（F301A）的对流段和辐射段→级间换热器壳程→过热炉（F301B）的辐射段→第一脱氢反应器（R301）→

第二反应器（R302）→过热器（E301）管程→低压废热换热器（E302）→低低压废热换热器（E303）→急冷器（S301）→空冷器（A301）→后冷器（E306）→压缩机吸入罐（D307）→尾气压缩机（K301）→压缩机排出口缓冲罐（D310）→尾气冷凝器（E310）→尾气密封罐（D311），经开车管线返回蒸汽过热炉入口。

（2）关闭脱氢尾气火嘴前导淋阀，关闭 D311 下游至蒸汽过热炉管线上手阀（DN300）。打开压缩机压控阀，开大压缩机入口阀门处氮气阀门，向系统通入氮气。

在氮气升温流程准备阶段，F301 即可点火升温。

4．反应器蒸汽升温

（1）当反应器床层出口温度在 250℃ 以上（床层所有温度在 250℃ 以上），准备启动蒸汽来完成反应器的加热。

（2）打开从尾气回收系统 D310 到 D305 排液管线上的阀门。

（3）现场打开 FV3001 下游手阀，手动调整 FC3001，使得初期投入蒸汽量为 7.6t/h，而后以约 2000kg/h 的速率增加主蒸汽投入量。

（4）当 E301 出口温度超过 200℃ 时，逐步关闭 D303 的放空阀。

（5）当 E301 出口温度超过 250℃ 时，启动一次蒸汽系统，保持 E301 的出口温度为（314±20）℃。

（6）当 E303 出口温度（TI3063）大于 120℃ 时，投用急冷器 S301。

（7）置 FC3001 于自动，继续调整主蒸汽流量，最终 FT3001 达到 18930kg/h。

5．脱氢反应器投料

（1）向 E304 送乙苯

① 改好新鲜乙苯进入 E304 流程，打开 PV3141，置 FC-3141 手动，慢慢将乙苯送入蒸发器（E304）。

② 初期乙苯投入量约 6000kg/h，手动调整管程加热蒸汽量（FC-3143），逐渐建立乙苯蒸发器液位，并使之稳定于 60%。

③ 逐步增加乙苯流量至 50% 负荷（10500kg/h）。

④ 当乙苯蒸发器操作稳定后，各进料控制阀投自动。

（2）当乙苯/水蒸气进入反应系统后，即发生脱氢反应，生成苯乙烯和 H_2。

当 D305 油相一侧液位出现时，投用脱氢液泵，置 LC3081 于自动控制，设定 50%。

6．尾气系统开车

（1）投用 P305、P306，建立吸收剂循环。

（2）投用 E311、E312、E313。解吸塔进料温度调节器 TC-3131 投自动，设定值为 110℃。

（3）用水把压缩机排出罐（D310）充注到最小液位，液位调节器 LC3123 投自动，设定 50%。

（4）手动打开尾气增压机吸入罐压力控制阀 PV3174。

（5）打开 K301 吸入口阀，设定进口压力 0.107MPa（绝压）。启动尾气压缩机。

（6）将 D309 液位升至 20%。当 D309 出现液位上升时，投用 P309，液位调节器（LV3171）投自动，设定为 30%。

（7）改好脱氢尾气去界外流程，按尾气增压机操作法投用 K302，吸入罐压力调节器（PIC3174）设定为 0.045MPa（表压）。

任务执行

在完成任务学习后,操作人员已具备乙苯脱氢工段开车操作的基本能力,根据装置生产计划,现需要按照操作规程完成乙苯脱氢工段开车操作(工作任务单2-3-1)。要求在30min内完成,且成绩在85分以上。

工作任务单 乙苯脱氢工段开车				编号:2-3-1	
装置名称	苯乙烯装置	姓名		班级	
考查知识点	乙苯脱氢工段开车	学号		成绩	

按要求完成乙苯脱氢工段开车。

任务总结与评价

熟悉乙苯脱氢工段开车操作的基本流程,能够熟练完成乙苯脱氢工段开车仿真操作。

任务二 苯乙烯精制工段开车操作

任务目标　① 了解苯乙烯精制的生产工艺；
② 熟悉苯乙烯精制工段的主要设备，掌握几个精馏塔的操作和控制方法；
③ 熟悉苯乙烯精制工段开车操作步骤，能熟练进行苯乙烯精制工段开车操作。

任务描述　请你以操作人员的身份进入苯乙烯精制工段仿真操作环境，完成苯乙烯精制工段开车操作。

教学模式　理实一体、任务驱动

教学资源　仿真软件及工作任务单（2-3-2）

任务学习

一、苯乙烯精制的工艺流程

1. 粗苯乙烯塔系统

脱氢液与来自薄膜蒸发器釜液泵 P400A/B 的循环焦油和来自 NSI（阻聚剂）进料泵 P411 的 NSI 溶液经混合器 M401 混合，并通过过滤器后进入粗苯乙烯塔 C401 中上部。精馏阻聚剂由泵 P418 输送到粗苯乙烯塔 C401 上部。

C401 是一座在负压条件下操作的分馏塔，脱氢液在塔中脱除沸点比苯乙烯低的乙苯、甲苯及更轻的组分。这些比苯乙烯轻的组分从塔顶馏出，先后进入粗塔冷凝器 E402 壳程和粗塔后冷器 E419 壳程，得到的温度为 74℃ 左右的凝液排至粗塔回流罐 D401，再经过排水和真空分离后，一部分经回流泵 P402 引出返回 C401 顶作为回流液，另一部分排向乙苯回收塔 C402 做进一步加工（图 2-12）。

粗苯乙烯塔塔底的温度约为 108℃ 的釜液（苯乙烯和沸点比苯乙烯高的组分）被粗塔釜液泵 P401 抽吸出来，排向苯乙烯精制系统做进一步加工处理。

2. 乙苯回收系统

来自上游粗苯乙烯系统的粗塔回流泵 P402 的物流进入本系统的乙苯回收塔 C402 中部。塔釜液（温度约 162℃ 的热乙苯及部分二甲苯）经乙苯回收塔釜液泵 P413 加压送至脱氢反应系统同原料乙苯汇合后进入乙苯蒸发器，成为脱氢反应器的进料。C402 塔顶馏出物进入乙苯回收塔冷凝器 E408 的壳程，同管程的冷却水换热而被冷却冷凝。所获温度为 90℃ 左右的凝液排至乙苯回收塔回流罐 D406，实现气液分离。分离出的不凝性气体排到火炬系统烧掉；而分离下来的凝液（苯和甲苯）则经乙苯回收塔回流泵 P404 增压，然后分成两股：其中一股作为回流液返回至 C402 塔顶；另一股物流送至苯/甲苯分离系统（图 2-13）。

3. 苯/甲苯系统

来自乙苯回收塔回流泵 P404 的物流进入苯/甲苯塔 C404 中部。其釜液（温度约 148℃ 的甲苯）经苯/甲苯塔釜液泵 P405 增压后，送至甲苯冷却器 E-416 的壳程，冷却至 40℃ 左右后，作为甲苯副产品送至界外。C404 塔顶温度约 110℃ 的馏出物进入苯/甲苯塔冷凝器 E417 的壳程，同管程的冷却水换热而被冷凝。所获温度为 40℃ 左右的凝液排至苯/甲苯塔回流罐 D410，实现气液分离。分离出的不凝性气体排到火炬系统烧掉，而分离下来的凝液（苯）则经苯/甲苯塔回流泵 P406 增压后作为回流液返回至 C404 塔顶（图 2-14）。

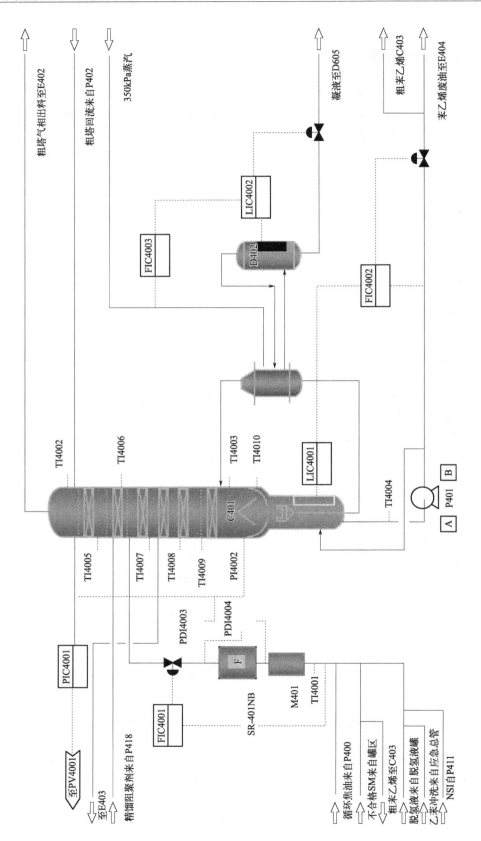

图 2-12 粗苯乙烯系统仿真操作画面

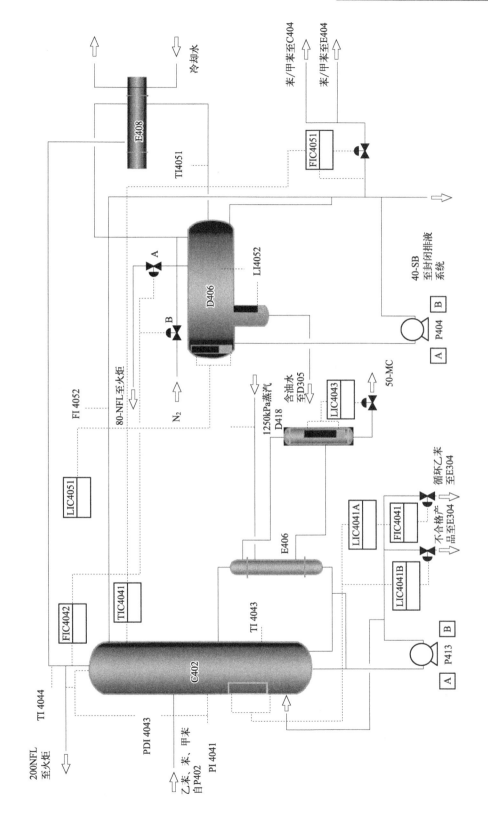

图 2-13 乙苯回收系统仿真操作画面（NFL 为常压火炬排放）

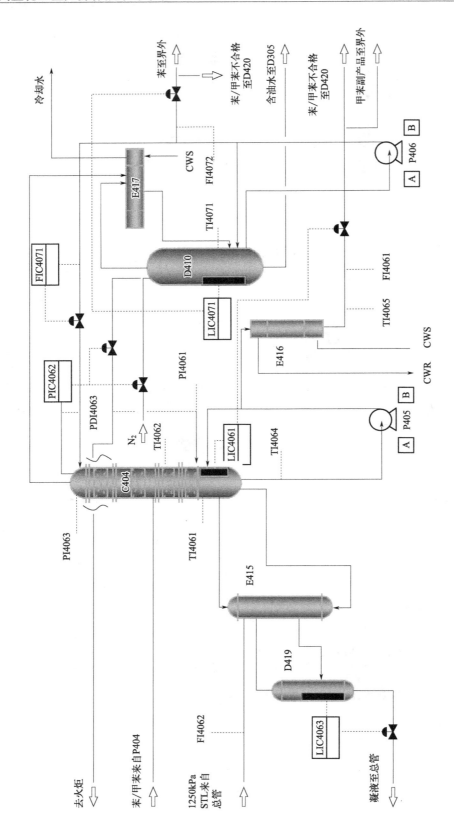

图 2-14 苯/甲苯系统仿真操作画面
(CWS: 循环冷却水供水; CWR: 循环回水)

4. 苯乙烯精制系统

温度为108℃左右的进料粗苯乙烯导入该塔填料层中部，经精馏操作，塔顶馏出物进入冷凝器 E410 的壳程，同管程的冷却水换热，被冷却到42℃左右而冷凝，其凝液排入精馏塔回流罐 D408，实现气液分离。产品阻聚剂通过 TBC 阻聚剂进料泵 P412 送入塔顶汽相物料中。D408 中分离出的液体通过精馏塔回流泵 P408 增压后分成二股：其中一股物流经精馏塔回流过滤器 SR407 返回精馏塔顶，作为 C403 的顶回流液；另一股物流通过苯乙烯产品过冷器（E412）管程，被壳程5℃的冷冻水冷却到10℃左右，所得物料为本工艺的主产品苯乙烯，一部分送往产品罐区，另一部分送往 TBC 配置罐，用于调配产品阻聚剂 TBC 溶液。

D408 排放的不凝气体同精馏塔冷凝器 E410 排放的不冷凝气体汇合，进入精馏塔尾冷器 E411 的壳程，被管程的5℃的冷冻水进一步冷却到9℃，又有一部分物料被冷凝下来，这些凝液排至 D408。精馏塔尾冷器 E411 壳程的未冷凝气体被精馏塔真空泵 PA43 抽吸，使苯乙烯精馏塔在要求的真空度下操作，真空系统气体排放至真空泵密封罐 D404。

二、苯乙烯精制的主要设备

苯乙烯精制工段的主要作用是对苯乙烯产品进行分离和精制，通过精馏操作分离苯乙烯中的杂质，主要精制设备由粗苯乙烯塔、乙苯回收塔、精苯乙烯塔和苯/甲苯塔组成，主要设备列表如表2-8所示。

表2-8 苯乙烯精制工段的主要设备列表

序号	设备编号	设备名称
1	C401	粗苯乙烯塔
2	C402	乙苯回收塔
3	C403	精苯乙烯塔
4	C404	苯/甲苯塔
5	D401	粗塔回流罐
6	D402	粗塔凝水罐
7	D403	粗塔排水罐
8	D404	真空泵密封罐
9	D406	乙苯回收塔回流罐
10	D407	精塔凝水罐
11	D408	粗塔回流罐
12	D409	薄膜蒸发器釜液罐
13	D410	苯/甲苯回流罐
14	D412	TBC-储罐
15	D413	TBC-储罐
16	D414	NSI 储罐
17	D415	NSI 储罐
18	D416	精塔阻聚剂储罐
19	D418	乙苯回收塔凝水罐
20	D419	苯/甲苯凝水罐

续表

序号	设备编号	设备名称
21	E401	粗塔再沸器
22	E402	粗塔冷凝器
23	E403	粗塔尾冷器
24	E404	不合格料冷却器
25	E406	乙苯回收塔再沸器
26	E408	乙苯回收塔冷凝器
27	E409	精塔再沸器
28	E410	精塔冷凝器
29	E411	精塔尾冷器
30	E412	苯乙烯产品过冷器
31	E414	薄膜蒸发器
32	E415	苯/甲苯塔再沸器
33	E416	甲苯冷却器
34	E417	苯/甲苯塔冷凝器
35	E419	粗塔后冷器
36	E420	冲洗乙苯冷却器

三、苯乙烯精制工段开车操作步骤

1. 粗苯乙烯塔开车

（1）粗苯塔塔顶各换热器投用冷冻水或循环水。

（2）向 D404 加料至 50% 液位（LC4021）。

（3）将粗塔凝水罐（D402）的液位控制（LC4002）置于手动并关闭控制阀，打通蒸汽凝液回送流程。

（4）打开 E401 壳程排气阀。微启再沸器水蒸气管线上截止阀的旁路阀，预热水蒸气进汽线、再沸器、粗塔凝水罐（D402）和冷凝液管线。

（5）通知启动脱氢液输送泵，向 C401 塔供料，流量为正常值的 50%，并用 FC4001 调整流量。当流量稳定时，使流量调节器处于自动控制状态。启动 P411 和 P418 开始向 C401 塔供精馏阻聚剂。

（6）随着塔釜液位（LC4001）开始增加，达到 50% 时，投用 P401 泵，并打开最小回流旁路，控制塔釜液位在设定值。

（7）当塔底物料中 NSI 含量超过 1500×10^{-6} 时，打开蒸汽管线旁路阀，缓慢增加进再沸器水蒸气流量。略开 E401 壳程排气阀，蒸汽压力稳定后关闭排气阀。

（8）当粗苯塔凝水罐（D402）液位达到 80%，自控置 LC4002 处于自控状态，然后打开 E401 蒸汽入口截止阀，同时关闭水蒸气管线旁路阀。

（9）当粗苯塔回流罐（D401）LC4011 开始显示液位时，利用液位界面指示器（LI4012）和液位计检查罐的水接收器的有机物/水界面。若有水，将水送到排出罐（D403），然后再送到 D305。

(10) 当 D401 液位达到 20%～30% 时，启动 C401 塔顶回流泵（P402），开始打回流，控制 D401 液位在设定值。

(11) 回流开始时，随着塔釜液位增加，增加 DM 去不合格料冷却器（E404）的塔底物料流量，控制塔釜液位达到给定值的 50%。

(12) 当粗苯乙烯塔各项工艺参数趋于稳定，且塔釜、塔顶物料满足工艺要求，着手准备 C402、C403 开车。

2. 精苯乙烯塔开车

(1) 精苯乙烯塔塔顶各换热器投用冷冻水或循环水。

(2) 向塔顶真空系统注入乙苯。

(3) 自控将再沸器（E409）液面罐的液位调节器（LC4082）置于手动关闭。

(4) 打开 E409 壳程的排放阀，微启再沸器水蒸气管线上截止阀的旁路阀，预热蒸汽进料管线、再沸器、再沸器凝水罐（D407）和冷凝管线。

(5) 将 C401 底部物料从去不合格 DM 冷却器（E404）切换到精苯乙烯塔，向精苯乙烯塔进料。

(6) 当塔釜内呈现出液位（LC4081）达到 50% 时，启动 P407 泵，建立塔釜强制循环，注意维持塔釜液位稳定。

(7) 当塔釜出现液位，迅速打开蒸汽进料总阀的旁通阀，慢慢地增加蒸汽流量。

(8) 当精塔凝水罐（D407）中的冷凝液积累到满刻度液位的 80%，自控置 LC4082 于自动，缓慢打开蒸汽总阀，关闭其旁通阀。

(9) 启动 TBC 进料泵，调节 P412 泵的冲程使 TBC 溶液的进料达到正常值的 50% 左右。

(10) 苯乙烯塔的回流罐（D408）液位达到 20%～30% 时，开启 P408 泵向塔内回流，将回流调节器（FC4081）设为自动，同时按需要调节流量，保持较低的回流罐液位。

(11) 调整去精苯乙烯塔顶产品管线的 TBC 溶液的流量，保持苯乙烯产品中的 TBC 含量为 $10×10^{-6}$～$15×10^{-6}$。

3. 乙苯回收塔开车

(1) 乙苯回收塔顶换热器（E408）投用循环水。

(2) 打开塔顶压力控制阀（PV4042A/B）前后手阀。

(3) 当乙苯回收塔釜出现液位（20%～30%）时，投用 P413，塔釜开始向 E404 出料。

(4) 调整 PV4042 开度，乙苯回收塔中引入氮气逐步建立塔压至设定值，调节器 PIC4042 投自动。

(5) 现场打开乙苯回收塔凝水罐液位控制阀 LV40。

(6) 缓慢打开乙苯回收塔再沸器（E406）蒸汽总管前后手阀，自控置 LV4043 手动全关。

(7) 稍开再沸器放空管线上的放空阀，向大气排放不凝气，当再沸器预热后，关闭放空阀。

(8) 调整乙苯回收凝水罐液位至合适值，逐步增加塔釜热负荷，调整塔顶塔釜温度、压力至设定值。

(9) 当釜内液面达到正常值 50% 时，开始把塔底物料送到不合格物料冷却器。把 LC4041 打到自动。调整塔釜去不合格物料系统的流量。

(10) 当塔顶蒸汽进入乙苯回收塔冷凝器（E408），逐步关闭 E408 壳体上的放空阀，关闭蒸汽管线上止逆阀附近的旁通阀。

(11) 当乙苯回收塔回流罐（D406）出现液位时（LC4051），检查 D406 集水罐液位

(LI4552),当需要时向 D305 排水。

(12) 当乙苯回收塔回流罐（D406）液位达到 10%～20%时，投用泵 P404，向塔顶开始回流，调整 LV4051 开度，直到回流罐液位达到 50%，投用回流罐液位串级控制系统。

(13) 手动调整塔釜再沸器加热蒸汽流量，以及塔顶回流量及塔顶去 E404 流量，逐步控制塔工艺参数至设定值。

4. 苯/甲苯塔开车

(1) 把 LC4061 打到手动并关闭控制阀。

(2) 启动苯/甲苯分离塔顶泵（P406）。把回流量调节器（FC4071）打到手动并关闭回流控制阀。

(3) 把塔顶产品调节器（LC4071）打到手动并关闭控制阀。塔顶产品接通流到 DM 不合格物料总管，让总管上最后一个截止阀处于关闭状态。

(4) 把塔压调节器（PC4062）设定在 131kPa，接通 D410 到火炬的排放气管线和控制塔压的氮气供应管线。慢慢开启氮气流，到塔压稳定在设定值为止。

(5) 关闭 LV4063 及其副线阀，缓慢打开蒸汽总管上截止阀，预热蒸汽管线。当管线被加热后，全部打开蒸汽管线上的截止阀。

(6) 稍开冷凝水排放阀 LV4063，由 D419 液位控制蒸汽缓慢加热再沸器和冷凝液管线。当再沸器加热后，关闭放空阀，关闭 LV4063。

(7) 当 C404 塔釜液位达到 30%～40%时，启动 P405 泵建立塔釜循环，用 LV4063 手动慢慢地开启蒸汽流。观察塔顶压力（PC4062），保持蒸汽处于低流率以使不凝物从塔顶排放掉。把蒸汽冷凝液排放到地沟，直到再沸器蒸汽压力（PG4363）足够高为止。

(8) 当苯/甲苯塔回流罐（D410）出现液位时，检查罐底收集水的液位表（LG4372），根据需要把水排到 D305。

(9) 当 D410 液位达 10%～20%时，用 P406 泵开始对塔打全回流，把 FC4071 打到手动，并根据 D410 液位逐步增加回流量，使其达到正常值的 50%。

(10) 当再沸器的蒸汽流量稳定后，把蒸汽流量计 FC4062 打到自动。

(11) 分离塔釜液位稳定后，开始把塔釜物料送到不合格物料的总管。把液位器 LC4061 打到自动，并控制液位为 50%。

(12) 当回流量约达正常值的 50%时，把回流调节器 FC4071 打到自动。把塔顶回流罐到不合格物料总管接通，把 LC4071 打到自动，调整设定点，直到 D410 液位约 50%为止。

(13) 同时，继续增加到再沸器的蒸汽流量和塔的回流量，直到塔顶气相温度达 110℃为止，把温度调节器 TC4061 打到自动，通过重调 FC4062，调节到再沸器的蒸汽流量。调整温度调节器，保持塔顶温度为 110℃。

(14) 根据对塔顶和塔底产品分析。对 TC4061 设定点进行稍微的调整，以达到所期望的分离效果（塔底产品苯质量含量为 0.4%，塔顶产品甲苯质量含量 0.1%）。

5. 薄膜蒸发器开车

根据精苯塔釜液位通过 FC4083 定量连续向 E414 进料。

(1) 缓慢投用加热蒸汽，注意温升不要太快。视 E414 液位同步增大或减小蒸汽量。

(2) 启动 P409 泵，由 PC4101 控制苯乙烯焦油至 D422 的流量。为防止 NSI 的过度损失，由 FC4103 输送部分循环焦油至 C401。

任务执行 ◀

在完成任务学习后,操作人员已具备苯乙烯精制工段开车操作的基本能力,根据装置生产计划,现需要按照操作规程完成苯乙烯精制工段开车操作(工作任务单2-3-2)。要求在35min内完成,且成绩在85分以上。

工作任务单 苯乙烯精制工段开车				编号:2-3-2	
装置名称	苯乙烯装置	姓名		班级	
考查知识点	苯乙烯精制工段开车	学号		成绩	

按要求完成苯乙烯精制工段开车操作。

任务总结与评价 ◀

熟悉苯乙烯精制工段开车操作的基本流程,能够熟练完成苯乙烯精制工段开车仿真操作。

【项目综合评价】

姓名		学号		班级	
组别		组长		成员	
项目名称					

维度	评价内容	自评	互评	师评	得分
知识	了解乙苯、苯乙烯的理化性质；了解苯乙烯生产过程的安全和环保知识（5分）				
	能分析苯乙烯生产过程中的影响因素（5分）				
	掌握苯乙烯生产的工艺流程，熟悉主要设备的操作与控制方法（5分）				
	掌握苯乙烯开车操作步骤和开车过程中的影响因素（5分）				
能力	能够正确分析苯乙烯系统中各个工艺参数的影响因素（20分）				
	能正确识图，绘制工艺流程图，能叙述流程并找出对应的管路，能够说出设备的特点及作用（30分）				
素质	通过生产中乙苯、乙烯、苯乙烯等物料性质、生产过程的尾气处理、安全和环保问题分析等，掌握"绿色化工、生态保护、和谐发展和责任关怀"的核心思想（10分）				
	通过仿真操作中严格的岗位规程及规范要求，工艺参数的严格标准要求，培养质量意识、安全意识、规范意识、标准意识（10分）				
	通过对交互式仿真软件的操作练习，培养良好的动手能力、团队协作能力、沟通能力、具体问题具体分析能力，培养学生职业发展学习的能力（10分）				
我的反思	我的收获				
	我遇到的问题				
	我最感兴趣的部分				

项目四
苯乙烯装置停车操作

【学习目标】

知识目标
① 掌握苯乙烯停车操作步骤和停车过程中的影响因素;
② 能掌握苯乙烯停车操作中各岗位的职责。

能力目标
① 能按照停车操作岗位规程与规范,有序进行苯乙烯生产的停车操作;
② 能发现停车操作过程中的异常情况,并对其进行分析和正确的处理;
③ 能初步制定停车操作程序;
④ 能够熟练操作苯乙烯仿真软件,能对实际操作中出现的问题正确进行分析,并能够解决操作过程中的问题;
⑤ 能发现停车过程中的安全和环保问题,能正确使用安全和环保设施。

素质目标
① 通过小组讨论汇报及仿真操作训练,提高表达、沟通交流、分析问题和解决问题的能力;通过操作考核和知识考核,培养良好的心理素质、诚实守信的工作态度及作风;
② 通过停车操作训练,具备化工生产操作人员基本职业素养,培养严谨认真的工作态度,并具有安全和环保意识;
③ 通过苯乙烯停车操作学习,认识到停工、停产对化工企业效益的影响,具备一定的化工技术经济思维,了解化工生产经济指标及其影响因素。

【项目导言】

本项目实施过程中采用北京东方仿真技术有限公司开发的"苯乙烯生产工艺仿真软件"为载体,通过仿真操作模拟苯乙烯生产停车过程,训练我们在苯乙烯生产运行过程中的操作控制能力,达到化工生产中操作岗位工作能力要求和职业综合素质培养的目的。

本规程适用于以乙烯、苯为原料,以乙苯脱氢为生产方法的苯乙烯装置的停车操作,主要用于操作人员的培训学习与操作指导。

【项目实施任务列表】

任务名称	总体要求	工作任务单	建议课时
任务一 乙苯脱氢工段停车操作	熟悉乙苯脱氢工段的主要设备,掌握脱氢反应器停车操作的方法;熟悉乙苯脱氢工段停车操作步骤,能熟练进行乙苯脱氢工段停车操作	2-4-1	4

续表

任务名称	总体要求	工作任务单	建议课时
任务二 苯乙烯精制工段停车操作	熟悉苯乙烯精制工段的主要设备,掌握主要设备的停车操作方法;熟悉苯乙烯精制工段停车操作步骤,能熟练进行苯乙烯精制工段停车操作	2-4-2	4

任务一 乙苯脱氢工段停车操作

任务目标 ① 了解乙苯脱氢生产苯乙烯,熟悉乙苯脱氢反应的特点;
② 熟悉乙苯脱氢工段的主要设备,掌握脱氢反应器停车操作的方法;
③ 熟悉乙苯脱氢工段停车操作步骤,能熟练进行乙苯脱氢工段停车操作。

任务描述 请你以操作人员的身份进入乙苯脱氢工段仿真操作环境,完成乙苯脱氢工段停车操作。

教学模式 理实一体、任务驱动

教学资源 仿真软件及工作任务单(2-4-1)

任务学习

乙苯脱氢工段停车操作

1. 停工前准备工作

为了加快停车速度,将物料损失减少到最低限度,根据停工领导小组统一的安排,准备好停工过程中所用的工具、公用工程(水、电、气、风、氮气)、盲板及各种方案,确定各釜停车时间,以达到平稳有序停工。

2. 乙苯进料降量

(1) 改好 C402 塔釜至开停工冷却器(E404)流程,停止向 E304 进循环乙苯。

(2) FI-3150 以约 2000kg/h 的速率逐步减少乙苯进料量。直至停乙苯进料,关闭截止阀。

(3) 把去 E304 的水蒸气流量(FC-3142)维持不变,微调确保 E301 出口物流温度低于 450℃。

3. 脱氢反应压力调整

乙苯进料降量的同时,通过提高 PC-3114 的设定值,逐步提高脱氢反应区域压力,提压速率(以表压计)≤0.01MPa/h,直至尾气压缩机 K301 吸入压力最终达到 0.107MPa(绝压)。

4. 蒸汽过热炉的调整

(1) 乙苯进料降量的同时,通过调节辐射段的火嘴,降低蒸汽过热炉热负荷,交错停各个火嘴以维持良好的燃烧形态。

(2) 随着乙苯进料量的降低,慢慢降低反应器入口温度,当乙苯进料最后停止时,控制脱氢反应器入口温度(TI3025A/B)约为 550℃。

5. 压缩机停车

(1) 现场停尾气增压机(K302)。自控手动打开 PV-3174,将进入 K302 的脱氢尾气卸放至火炬。

（2）关闭脱氢尾气送往界外的界区手阀。

（3）乙苯停止进料后，维持尾气压缩机低速运行约1h，停尾气压缩机并关闭吸入阀。

（4）残余尾气通过水封罐D308排放至火炬。

6. 尾气处理系统停车

（1）现场关闭D310和C301排水管线上的截止阀。

（2）停用吸收塔釜液泵P305和解吸塔釜液泵P306，关闭泵出口手阀。

（3）停用吸收剂加热器E313。

（4）现场关闭解吸塔C303塔釜的0.04MPa（表压）蒸汽流程阀，关闭解吸塔C303塔顶去急冷塔S301管线上的截止阀。

（5）将系统中残余吸收剂排放至焦油罐中。

（6）现场在压缩机吸入端接氮气软管，用氮气吹扫尾气系统2h，除去系统中的尾气，然后停氮气，关闭吸收塔进料线手阀。

7. 催化剂烧焦

脱氢反应停止乙苯进料后，维持主蒸汽及配汽蒸汽加入量不变。这期间调整F301负荷，保持脱氢反应器入口温度550℃，同步减少配汽蒸汽加入量，维持E301管程出口温度小于450℃。整个烧焦期间，注意调整F301负荷，保证反应器入口温度稳定于350℃。若温度上升到500℃以上，可适当增加蒸汽量，并减少空气量。当进入反应器的空气达到最大量后，以2000kg/h的速率逐渐减少主蒸汽量。随着蒸汽的减量，调整蒸汽过热炉热负荷，继续维持床层入口温度接近350℃。

当停止空气加入时，调整F301热负荷，以30℃/h速率将反应器入口温度降至250℃，同时逐步降低主蒸汽及配汽蒸汽的加入。

8. 氮气降温

（1）当反应器入口温度降至250℃时，停主蒸汽及配汽蒸汽加入，停S301急冷水，现场关闭总阀。

（2）打开氮气阀门，通氮气吹扫系统；将脱氢反应器R301/R302所有氮气吹扫全部投用。打开LV3123A/B，吹扫D310到D305的管线。将乙苯进料线接氮气吹扫，氮气可在D305罐顶排放。

（3）关闭F301烧嘴及长明灯（火炬）燃料气手阀，F301停炉。

9. 油水分离器

（1）停用脱氢液泵P301，置液位调节器（LC3081）于手动并关闭控制阀。

（2）逐步提高D305中的界面液位（LC3083），将水相抽出区残余脱氢液溢流进D305油相抽出区。重开脱氢液泵P301，把DM打到DM贮罐。出料结束后，停用脱氢液泵P301。

（3）停车过程中，如有残余脱氢液进入D305，重复步骤（1）、（2），直至系统脱氢液消失。

10. 工艺凝液系统

（1）当反应系统停止蒸汽加入时，关闭凝液去界外总阀。

（2）当D305水相侧无物料进入后，打开"软化水自管网"管线上手阀，向系统内注入软化水。

（3）C301停塔釜加热蒸汽，现场关闭FV3092前后手阀。

（4）关闭TV3094前后手阀，C301进料线停加蒸汽。

11. 非烧焦

脱氢反应长期停车（非烧焦）的主要原因包括：一是乙苯单元精馏区域长期停车，乙苯量不足。二是脱氢反应系统设备需长时间检修。三是苯乙烯精馏区域故障，短期无法修复。

任务执行

在完成任务学习后，操作人员已具备乙苯脱氢工段停车操作的基本能力，根据装置生产计划，现需要按照操作规程完成乙苯脱氢工段降负荷停车操作（工作任务单 2-4-1）。要求在 30min 内完成，且成绩在 85 分以上。

工作任务单　乙苯脱氢工段降负荷停车				编号：2-4-1	
装置名称	苯乙烯装置	姓名		班级	
考查知识点	乙苯脱氢工段降负荷停车	学号		成绩	

按要求完成乙苯脱氢工段降负荷停车操作。

任务总结与评价

熟悉乙苯脱氢工段停车操作的基本流程，能够熟练完成乙苯脱氢工段停车仿真操作。

任务二　苯乙烯精制工段停车操作

任务目标　① 了解苯乙烯精制的生产工艺；
②　熟悉苯乙烯精制工段的主要设备，掌握主要设备的停车操作方法；
③　熟悉苯乙烯精制工段停车操作步骤，能熟练进行苯乙烯精制工段停车操作。

任务描述　请你以操作人员的身份进入苯乙烯精制工段仿真操作环境，完成苯乙烯精制工段停车操作。

教学模式　理实一体、任务驱动

教学资源　仿真软件及工作任务单（2-4-2）

任务学习

如前所述，在停车操作过程中，由于设备故障、易燃易爆物料的危险性等潜在因素，存在很多安全隐患。为了保证安全生产，一般在停车预案中对潜在风险进行分析，并制定相应的消减措施。在苯乙烯精制工段停车操作中的主要风险分为工艺操作风险和停车过程共有风险两类。

在主蒸汽切氮气循环降温操作、加热炉熄火操作、尾气压缩机停机操作、乙苯蒸发操作及苯乙烯精制系统降温、退料操作过程中，潜在的操作风险会造成火灾、爆炸的严重后果。

苯乙烯精制工段停车操作

1. 粗苯乙烯塔停车

（1）停止向精苯乙烯塔进料，现场关闭 FV4012 前后手阀，粗苯乙烯塔顶回流罐停止向乙苯回收塔进料。

（2）逐步减少塔釜再沸器水蒸气流量调节器（FC4003）给定值，降低粗苯乙烯塔底热负荷。

（3）使再沸器釜液位调节器处于手动状态，手动关闭粗塔凝液罐液位控制阀 LV4002。现场关闭去再沸器的水蒸气供气截止阀，停止向再沸器供给热源。

（4）塔釜停止加热后，维持塔顶回流，直到回流消失，停泵 P402 并关闭出口阀门，C401 停止进料，现场关闭进料手阀。

（5）现场停 NSI 进料泵（P411），停精馏阻聚剂泵 P418，并关闭出口阀门。关闭脱氢液进料管线上截止阀和进料流量控制阀（FC4001）。

（6）C401 停车后，真空系统开始停车。关闭密封液流量计（FI4022）上游阀并停用粗塔真空泵。

（7）置真空泵密封罐液位调节器（LC4021、LC4022）处于手动，并关闭控制阀。

2. 精苯乙烯塔停车

（1）将塔顶、塔釜物料改往 E414，停止向 E409 供蒸汽，并关闭蒸汽截止阀和旁路阀。

（2）蒸汽停止加入后，利用回流调节器调节回流，使塔釜液位控制在其量程的 100% 以下，当回流泵（P408）吸不到物料时，停泵并关闭出口阀。

（3）停真空系统，使压力调节器（PC4082）处于手动，从而使塔和真空泵系统处于隔离状态。

3. 乙苯回收塔停车

（1）把蒸汽调节器 FC4042 打到手动，关闭塔釜再沸器蒸汽入口总阀，关闭凝液罐液位控制阀前后手阀，并关闭控制阀。

（2）塔釜停蒸汽加热后，把塔顶馏出物调节器（FC4051）打到手动，并关闭控制阀，从而停止向 C404 输送苯、甲苯。

（3）E408 停止工作：关掉冷凝液排放阀，停冷凝水，停 E408 管程循环水。

（4）塔顶维持全回流，直至回流消失，停 P404 并关闭出口手阀。

（5）C402 塔釜中的物料泵送至不合格物料系统。物料送毕后，关闭塔釜至不合格物料总阀。

4. 苯/甲苯塔停车

（1）停止 C404 进料，并关闭去苯罐物料管线上的截止阀，将塔釜物料改往 D420。

（2）将 FC4062 打到手动并关闭，关闭塔釜再沸器蒸汽总阀，关闭凝液罐液位控制阀 LV4063 前后手阀。

（3）关闭蒸汽疏水器下游的截止阀。打开排放管线上的排放阀。

（4）蒸汽中断后，立即停塔釜物料向界外输送。塔釜物料送往不合格物料系统。

（5）塔釜蒸汽停止后，自控关闭 LV4071，塔顶停止向罐区送苯，同时关闭流程上手阀。把回流调节器 FC4071 打到手动，并完全打开控制阀，然后把 D410 液位调节器 LC4071 打到手动并关闭。

（6）继续打回流，直到 P406 吸不上液体，停泵并关闭出入口阀门。

（7）打开再沸器倒料阀，继续由 P405 泵抽空分离塔釜和再沸器，直到泵吸不上液为止，停泵。如果分离塔釜再度有液位时，重新启动 P405 泵，把液体送到不合格物料系统。

5. 薄膜蒸发器停车

（1）停 E414 加热蒸汽，关闭进 E414 蒸汽截止阀。

（2）停转动体。

（3）用 P409 泵将 E414 的物料抽空。

（4）用高沸物冲洗 P409 泵及出口管线。

任务执行

在完成任务学习后,操作人员已具备粗苯乙烯塔和乙苯回收塔停车操作的基本能力,根据装置生产计划,现需要按照操作规程完成粗苯乙烯塔和乙苯回收塔停车操作(工作任务单2-4-2)。要求在30min内完成,且成绩在85分以上。

工作任务单 粗苯乙烯塔和乙苯回收塔停车				编号:2-4-2	
装置名称	苯乙烯装置	姓名		班级	
考查知识点	粗苯乙烯塔和乙苯回收塔停车	学号		成绩	
按要求完成粗苯乙烯塔和乙苯回收塔停车操作。					

任务总结与评价

熟悉粗苯乙烯塔和乙苯回收塔停车操作的基本流程,能够熟练完成粗苯乙烯塔和乙苯回收塔停车仿真操作。

【项目综合评价】

	姓名		学号		班级	
	组别		组长		成员	
	项目名称					

维度	评价内容	自评	互评	师评	得分
知识	了解乙苯、苯乙烯的理化性质；了解苯乙烯生产过程的安全和环保知识(5分)				
	能分析苯乙烯生产过程中的影响因素(5分)				
	掌握苯乙烯生产的工艺流程，熟悉主要设备的操作与控制方法(5分)				
	掌握苯乙烯停车操作步骤和停车过程中的影响因素(5分)				
能力	能够正确分析苯乙烯系统中各个工艺参数的影响因素(20分)				
	能正确识图，绘制工艺流程图，能叙述流程并找出对应的管路，能够说出设备的特点及作用(30分)				
素质	通过生产中乙苯、乙烯、苯乙烯等物料性质、生产过程的尾气处理、安全和环保问题分析等，掌握"绿色化工、生态保护、和谐发展和责任关怀"的核心思想(10分)				
	通过仿真操作中严格的岗位规程及规范要求，工艺参数的严格标准要求，培养质量意识、安全意识、规范意识、标准意识(10分)				
	通过对交互式仿真软件的操作练习，培养动手能力、团队协作能力、沟通能力、具体问题具体分析能力，培养职业发展学习的能力(10分)				
我的反思	我的收获				
	我遇到的问题				
	我最感兴趣的部分				

项目五
苯乙烯装置异常与处理

【学习目标】

知识目标
① 了解苯乙烯生产过程的安全和环保知识；
② 理解苯乙烯生产的反应特点；
③ 认知苯乙烯生产过程中的安全隐患；
④ 了解苯乙烯生产中常见事故现象。

能力目标
① 能根据苯乙烯反应特点，分析生产中容易出现的事故；
② 能根据苯乙烯生产中物料的理化性质，分析出生产中的安全隐患；
③ 针对不同事故，能够判断引起事故的原因，并能掌握正确的处理方法；
④ 能发现开、停车及正常操作过程中的异常情况，并对其进行分析和正确的处理；
⑤ 能熟悉各类事故预案，并能及时有效地处理各类事故；
⑥ 能掌握安全防护设施的正确使用方法。

素质目标
① 通过小组讨论汇报及仿真操作训练，提高表达、沟通交流、分析问题和解决问题的能力；通过操作考核和知识考核，培养良好的心理素质、诚实守信的工作态度及作风；
② 通过讲解工厂事故案例，培养应对危机与突发事件的能力及解决石油化工生产一线技术问题的能力；
③ 通过对苯乙烯生产中常见事故处理的操作练习，具有安全生产的责任意识，对今后化工生产中常见的异常事故具有判断和初步处理的能力；提高安全防护意识和环保意识。

【项目导言】

本项目实施过程中采用北京东方仿真软件技术有限公司开发的"苯乙烯生产工艺仿真软件"为载体，通过仿真事故处理模拟苯乙烯生产实际过程中常见事故处理，训练我们正确处理化工装置安全事故的能力。从苯乙烯生产中常见事故现象演示、事故原因分析到事故处理，多角度、全方位模拟化工生产中常见事故的判断和处理方法。提高安全意识，提升岗位操作能力，培养综合素质。

本规程适用于以乙烯、苯为原料，以乙苯脱氢为生产方法的苯乙烯装置的事故处理操作，主要用于操作人员的培训学习与操作指导。

【项目实施任务列表】

任务名称	总体要求	工作任务单	建议课时
任务一 乙苯单元故障与处理	能掌握乙苯单元生产中异常现象处理方法，能通过事故现象判断发生的事故，熟悉事故处理流程，并能正确处理事故，并能熟练使用安全防护工具	2-5-1	4
任务二 苯乙烯单元异常与处理	能掌握苯乙烯生产中异常现象处理方法，能通过事故现象判断发生的事故，熟悉事故处理流程，并能正确处理事故，并能熟练使用安全防护工具	2-5-2	4

任务一 乙苯单元故障与处理

任务目标　① 了解乙苯单元主要的故障，并能正确进行判断；
② 能进行乙苯单元故障的原因分析，并能初步制定处理措施；
③ 熟悉乙苯单元故障处理措施。
任务描述　请你以操作人员的身份进入乙苯单元故障处理仿真操作环境，完成乙苯单元故障处理。
教学模式　理实一体、任务驱动
教学资源　仿真软件及工作任务单（2-5-1）

任务学习

　　化工装置在连续运行过程中，由于设备损坏、公用工程系统故障等原因，会发生不可避免的故障。为了保证安全、稳定的生产运行，化工企业在装置建设阶段会制定一系列事故预案，对装置中常见故障进行预判，并制定相应的处理措施。并且，在装置开工之前和运行期间，对员工进行事故演练。这样，在生产过程中一旦发生故障，操作人员能够按照事故预案，及时有效地进行故障处理，尽量减少因故障引发的安全事故，并能保证生产安全平稳运行。

　　另外，化工企业会制定一系列事故处理原则，在故障处理的过程中，操作人员要严格按照事故处理原则进行操作，这样能够保证物资及人员的合理调配，提高故障处理的效率。

一、干气中断事故

1. 故障现象

（1）FIQ10101 流量迅速下降。
（2）"压力低低停装置"联锁启动。
（3）燃料气管网压力波动。

2. 故障处理

（1）汇报调度，联系恢复。
（2）确认乙苯单元干气进料已联锁切断。
（3）关闭反应器床层干气进料阀，以及现场手阀。关闭冷苯进料阀，以及现场手阀。注意防止苯串入干气管线。

(4) 通知调度后，关闭催化干气进装置界区阀门，现场关闭 PV10101 前后手阀。

(5) 当解吸塔顶压力下降至 0.5MPa（表压）后，通知调度，停送富丙烯干气，关闭界区阀门。

(6) 利用 C101 余压维持 C101 与 C102 吸收剂循环，严格控制板壳式换热器（E103）降温、降压速率符合要求。当吸收剂循环无法维持时，脱丙烯部分长期停车处理。

(7) 炉 F101、F102、F103 降低热负荷，严格控制加热炉出口温度，以防超温。

(8) 烃化反应器停止进干气后，循环苯塔釜停止向乙苯精馏塔进料，尾气吸收塔顶吸收剂转由循环苯塔釜供应，注意循环吸收剂改走 E124 管程跨线。烃化反应部分改苯大循环流程：循环苯罐→循环苯泵（P106）→E115 开工线→E111 壳程→E110 管程→循环苯加热炉（F102）→烃化反应器（R101）→E110 管程→E111 壳程→E112 壳程→E113 壳程→C103 塔→E112 管程→C104 塔→C104 塔 11 板抽出→循环苯罐。

(9) 脱非芳塔釜停止出料，现场停 P113，并关闭泵出口阀门。

(10) 分离部分各塔（C106、C107、C108）停止进料、出料，闭塔循环。停工期间注意防止串料事故的发生。

(11) 当烃化反应器入口温度低于 300℃，打开烃化反应器复线，将烃化反应器切出系统。

(12) 反烃化反应器维持苯循环，切断 D106 反烃化料进料，逐步降低反烃化反应进料加热器热负荷。

(13) 烃化反应器停干气进料后，通知罐区停送新鲜苯，现场关闭界区总阀，停用新鲜苯泵（P104）。

(14) 根据燃料气管网压力，维持装置内 4 台加热炉运行，必要时脱氢反应单元降负荷。

(15) 原料干气长期无法恢复，乙苯单元长期停车处理，苯乙烯单元根据罐区乙苯储量，可适当减小负荷维持生产。

二、循环水中断事故

1. 故障现象

停循环水，E105、E108、E113、E119、E123、E125、E129、E132、E134、E135、E138、D113、PA102 密封液冷却器、溴化锂机组 PA101、取样器将失去冷却。

溴化锂机组将联锁停机，导致冷冻水停止供应。

所有水冷设备冷后温度上升。塔温、塔压上升。

用于机泵及压缩机的冷却水停供：吸收剂循环泵、解吸塔回流泵、新鲜苯泵、反烃化反应进料泵、循环苯泵、乙苯塔回流泵、乙苯精馏塔底泵、反烃化料泵、热载体泵、热载体泵电机冷却器、地下污油罐顶泵、热水泵、丙烯吸收塔中间泵、循环泵、塔底泵、工艺污水泵、污油泵、锅炉给水泵。视情况停泵或采用临时措施冷却。

利用循环水冷却的采样器无法采样。

2. 故障处理

循环水停供后，及时联系调度恢复，通知化验停止采样，乙苯单元紧急停车处理。循环水长时间无法恢复，乙苯单元长期停车处理。

当循环水恢复供应后，注意防止由于循环水、冷冻水的恢复，造成冷换设备迅速降温。

(1) 烃化反应区域　停循环水事故发生后，汇报调度，关闭反应器床层干气进料阀，以及现场手阀。关闭冷苯进料阀，以及现场手阀。注意防止苯串入干气管线。打开烃化反应器副线阀，关闭反应器入口、出口阀，将反应器切出系统。同时通知两套催化装置关注脱硫系统压力波动状况。

联系调度密切关注炼油燃料气管网压力，必要时，在调度的指挥下，通过调节阀 PV-1202 将催化、裂解干气卸放至现有Ⅱ系列低压火炬系统。

F102、F103 按加热炉操作法紧急停车，现场关闭火嘴、长明灯燃料气手阀。

停用反烃化反应进料加热器，切断 D106 反烃化料进料（来自多乙苯塔），现场停用反烃化进料泵。

关闭脱非芳塔釜再沸器蒸汽手阀，脱非芳塔釜停止出料，塔顶维持回流，直至回流消失后停塔顶回流泵。

烃化反应器停止干气进料后，关闭 E113 壳程至 E114 管程上手阀，将 E113 集液包至 C103 塔转换至 D105。C103 维持出料，尽可能通过 E112 将反应器出口循环苯温度降低（注意防止循环水及冷却水消失后，高温苯进入 C103 闪蒸后进入燃料气管网）。当 D105 液位过低时，可自新鲜苯罐补充冷苯。

停烃化尾气吸收塔顶循环吸收剂，关闭塔顶压控阀。

当 C103 塔釜物料出空后，停 P109、P107 泵并关闭出口阀门，E112 壳程改走开工跨线，建立苯循环：循环苯罐→循环苯泵（P106）→E115→E111 壳程→E110 管程→循环苯加热炉（F102）→烃化反应器（R101）开工线→E110 管程→E111 壳程→E112 壳程跨线→E113 壳程→循环苯罐。

干气停止进料后，循环苯塔釜、侧线停止出料，E117 蒸汽现场放空。现场停 P111 泵并关闭出口阀门。循环苯塔顶维持回流，当回流消失时，停循环苯塔顶回流泵。当循环苯塔压力过高时，自 D107 罐顶缓慢泄压至低压火炬。

新鲜苯罐停止收料，关闭界区总阀，现场停新鲜苯泵。

当循环水长时间无法恢复后，烃化反应区域长时间停车处理。

(2) 干气精制区域　反应器停止干气进料后，关闭催化、裂解干气入装置总阀。

F101 按加热炉操作法紧急停车，现场关闭火嘴、长明灯燃料气手阀。停用乙苯单元热载体换热器，热载体通过换热器复线循环，为防止热载体泵出现故障，现场采取临时措施降温处理。

丙烯吸收塔、解吸塔釜停止加热，暂时维持 C101、C102 吸收剂循环，由于循环水、冷冻水消失后，丙烯吸收塔顶贫液温度会迅速上升，可能造成贫富液换热器升温速率过大，此时注意逐步关闭 FV10201、FV10303 阀，尽可能使壳程压力高于管程压力，升降压速率不大于 0.5MPa/h，瞬时速率不大于 0.1MPa/min，升温速率＜40℃/h。当 FV10201、FV10303 全关后，停 P128、P102 泵，并关闭出口阀门。

通知调度，将解吸塔富丙烯干气流程改至燃料气管网，富丙烯干气停止外送至催化装置，关闭界区阀门，维持塔顶回流直至回流消失，现场停用 P103、P104。

E107 蒸汽现场放空。

注意防止设备超压、超温。必要时，缓慢地将 C101、C102 气相泄放至低压火炬。

当循环水长时间无法恢复时，脱丙烯区域按长期停车处理，注意保证 E103 降压、降温速率满足需求。

(3) 乙苯分离部分　各塔停止物料采出和进料，进行全回流操作，直至回流消失，停塔顶回流泵。注意控制各塔塔顶压力、温度稳定。

乙苯精馏塔闭塔循环，塔顶、釜物料停止外送。丙苯塔闭塔循环，塔顶、釜物料停止外送。多乙苯塔闭塔循环，塔顶、釜物料停止外送。

E121、E127 蒸汽改为现场放空，注意液位变化，防止干锅。溴化锂机组联锁停车后，按照机组操作法处理。

注意防止设备、管线超压。必要时，缓慢地将塔内气相泄放至低压火炬。当循环水长时间无法恢复时，乙苯分离部分长期停车处理。

三、装置晃电

1. 故障现象

(1) 380V 电源晃电发生后，多乙苯塔底泵（P121）、丙苯泵（P122）、高沸物泵（P123）、液下泵（P125）、污油泵（P130）、工艺污水泵（P131）、低点退油泵（P132），不能自启动。

(2) 6000kV 电源晃电后，热载体泵 P124（高压电机）不能自启动。

(3) 单元工况发生波动。

(4) 鼓风机故障联锁触发，F101、F102、F103 自然通风风门打开。

(5) 引风机故障联锁触发，烟囱密封阀 XV10925 打开，上、下行烟道密封阀（XV10926、XV10927）关闭，空气预热器入口密封阀（XV10928）关闭，主风道密封阀关闭（XV10929）。

(6) 热载体泵（P124/ABC）停用后，F101 主火嘴燃料气将被切断。（6000V 电源故障）

(7) 循环苯塔底泵（P129/AB）停用后，F103 主火嘴燃料气将被切断。

(8) 冷水泵晃停后，溴化锂机组有可能停车。

2. 故障处理

(1) 操作人员紧急赶往现场，启动所有被晃停的机泵。尤其注意及时启动热载体泵，防止热载体超温。当溴化锂机组被晃停后，按溴化锂机组操作规程，尽快启动溴化锂机组。

(2) 如无法启动，立即启用备用机泵。

(3) 如循环苯塔等塔器操作参数无法确保塔顶、底产品合格，现场将循环苯塔塔釜改往 E138 冷却，最终送往罐区烃化液罐。尾气吸收塔顶吸收剂改由循环苯塔塔釜供应；精馏部分其他各塔停止进料、出料进行闭塔循环。

(4) 按《加热炉操作规程》，投用引风机、鼓风机，调整炉子操作正常。

(5) 按《加热炉操作规程》，恢复热载体炉正常生产。

(6) 按《加热炉操作规程》，恢复循环苯塔重沸炉正常生产。

(7) 当循环苯塔各项参数达到工艺控制值后，按照开工方案恢复正常操作。

(8) 检查晃电后系统工况，及时调整至正常。

四、长时间停电

1. 故障现象

(1) 现场所有机泵停运，溴化锂机组停车，冷冻水停止。

(2) 由于塔回流中断，各塔压力将迅速上升。

(3) 鼓风机故障联锁触发，F101、F102、F103 自然通风风门打开。

(4) 引风机故障联锁触发，烟囱密封阀 XV10925 打开，上、下行烟道密封阀（XV10926、XV10927）关闭，空气预热器入口密封阀（XV10928）关闭，主风道密封阀关闭（XV10929）。

(5) 热载体泵（P124/ABC）停用后，F101 主火嘴燃料气将被切断。（6000V 电源故障）

(6) 循环苯塔底泵（P129/AB）停用后，F103 主火嘴燃料气将被切断。

(7) 工况发生波动，局部有可能出现超温、超压现象。

(8) 装置区照明灯全部熄灭。

2. 故障处理

汇报调度，联系处理，如无法立刻恢复，乙苯单元紧急停车处理。启动应急照明。确认 E138 冷却水投用。联系仪表检查 UPS 电源运行状况。溴化锂机组停电处理见机组操作法。

(1) 脱丙烯区域　确认热载体紧急停车联锁动作侧正常。现场关闭 F101 火嘴、长明灯燃料气手阀，按《加热炉操作规程》，加热炉紧急停车处理。

汇报调度后，迅速关闭催化、裂解干气入装置总阀，同时通知两套催化装置关注脱硫系统压力波动状况。新鲜苯罐停止收料，关闭界区总阀。联系调度密切关注炼油燃料气管网压力，必要时，在调度的指挥下，将催化、裂解干气卸放至现有Ⅱ系列低压火炬系统。

通知调度，将解吸塔富丙烯干气流程改至燃料气管网，富丙烯干气停止外送至催化装置，关闭界区阀门。自控改手动关闭 FV10201、FV10303，现场关闭脱丙烯部分各泵出口阀门，将泵开关置于停止位置。现场关闭 FV10202 前后手阀，防止 C101 中物料窜至 C102 塔。E107 蒸汽现场放空。注意防止设备、管线超压。必要时，缓慢地将 C101、C102 气相泄放至低压火炬。

当供电无法恢复时，脱丙烯及反应区域按长期停车处理，注意保证 E103 降压、降温速率满足需求。当供电恢复后，应及时启动热载体泵，确保热载体炉出口不超温。

(2) 烃化反应区域　停电事故发生后，关闭反应器床层干气进料阀，以及现场手阀。关闭冷苯进料阀，以及现场手阀。注意防止苯串入干气管线。打开烃化反应器副线阀，关闭反应器入口、出口阀，将反应器切出系统。

自控关闭立即切断 F102 燃料气，现场关闭 F102、F103 燃料气手阀，按《加热炉操作规程》，加热炉紧急停车处理。现场关闭反应部分各泵出口阀门，将泵开关置于停止位置。通知调度停止从罐区收料，并关闭界区总阀。停脱非芳塔底加热，现场关闭蒸汽手阀。

关闭循环苯塔釜向乙苯精馏塔进料流程上手阀，关闭脱非芳塔塔顶至燃料气管网流程上手阀。当循环苯塔、脱非芳塔顶压力过高时，可分别自 D107、D108 罐顶向低压火炬泄压。E117 现场放空，注意液位，防止干锅。注意防止设备、管线超压。

当供电无法恢复时，反应区域按长期停车处理。

(3) 乙苯分离部分　停各塔塔顶、塔釜出料，避免串气、串料事故发生。现场关闭乙苯分离部分各泵出口阀门，将泵开关置于停止位置。E121、E127 蒸汽现场放空，注意液位变化，防止干锅。

注意防止设备、管线超压。当供电无法恢复时，乙苯精馏部分按长期停车处理。

任务执行

在完成任务学习后,操作人员已具备乙苯单元常见故障处理能力,根据装置生产计划,现需要按照操作规程完成乙苯工段停电事故判断与处理操作(工作任务单 2-5-1)。要求在 15min 内完成,且成绩在 85 分以上。

工作任务单	乙苯单元常见故障与处理			编号:2-5-1	
装置名称	苯乙烯装置	姓名		班级	
考查知识点	乙苯单元常见的故障与处理	学号		成绩	

按要求完成乙苯工段停电事故判断与处理操作。

任务总结与评价

熟悉乙苯单元故障与处理的基本流程,能够熟练完成乙苯单元故障处理仿真操作。

任务二　苯乙烯单元故障与处理

任务目标　① 了解苯乙烯单元主要的故障，并能正确进行判断；
② 能进行苯乙烯单元故障的原因分析，并能初步制定处理措施；
③ 熟悉苯乙烯单元故障处理措施。

任务描述　请你以操作人员的身份进入苯乙烯单元故障处理仿真操作环境，完成苯乙烯单元故障处理。

教学模式　理实一体、任务驱动

教学资源　仿真软件及工作任务单（2-5-2）

任务学习

在化工装置运行过程中，除了计划检修的停车外，还有非正常停车和全面紧急停车的情况发生。

非正常停车一般是指在生产过程中，遇到一些特殊情况，如某些装置或设备的损坏、某些电气设备的电源可能发生故障、某一个或多个仪表失灵而不能正确地显示要测定的各项指标，如温度、压力、液位、流量等，而引起的停车，也称紧急停车或事故停车。它是人们意料不到的，事故停车会影响生产任务的完成。事故停车与正常停车完全不同，它首先要查明原因，采取措施，保证事故所造成的损失不因操作不当而扩大。

全面紧急停车是指在生产过程中突然发生停电、停水、停汽，或因发生重大事故而引起的停车。对于全面紧急停车，如同紧急停车一样，操作者是事先不知道的，发生全面紧急停车，操作者要迅速、果断地采取措施，尽量保护好反应器及辅助设备，防止因停电、停水、停汽而发生事故和已发生事故的连锁反应，造成事故扩大。

为了防止因停电而引发全面紧急停车的发生，一般化工厂均有自备电源，对于一些关键岗位采用双回路电源，以确保第一电源断电时，第二电源能够立即送电。如果反应装置因事故而紧急停车并造成整个装置全线停车，应立即通知其他受影响工序的操作人员，这将消除对其他工序造成大的危害。

为了应对非正常停车和全面紧急停车，化工装置也会制定紧急停车的原则。当装置需要非正常停车或全面紧急停车时，操作人员要严格遵守紧急停车原则和方法。苯乙烯装置同样也制定了紧急停车原则，操作人员首先要熟悉紧急停车的条件，在生产过程中，一旦发生故障并达到紧急停车的条件，操作人员要及时汇报并在车间管理人员带领下，有序开展紧急停车操作。

苯乙烯装置紧急停车条件：

本装置发生重大事故，经努力处理，仍不能消除，并继续扩大或其他有关装置发生火灾、爆炸事故，严重威胁本装置安全运行，应紧急停车。

M2-10　苯乙烯泄漏处理

加热炉炉管烧穿，精馏塔严重漏油着火或其他冷换、机泵设备发生爆炸或火灾事故，应紧急停车。

主要机泵、热载体泵、塔底泵发生故障，无法修复，备用泵又不能启动，可紧急停车。

蒸汽过热炉F301、高温管道、E301等发生泄漏或发生火灾事故，脱氢工序应进行紧急停车。

精馏塔及塔顶冷却器发生泄漏，精馏工序可进行紧急停车。

长时间停原料、停电、停汽、停水不能恢复，可紧急停车处理。

一、蒸汽 [1.25MPa（表压）] 停供故障

1. 脱氢反应

1.25MPa（表压）蒸汽停供后，脱氢反应区域紧急停车，切断反应器乙苯进料，维持反应器 0.25MPa（表压）蒸汽加入，保持反应器热态运行。

（1）通知调度，停止接收来自罐区的乙苯。自控关闭 PV3141、FC3141，通知现场关闭流程上手阀。

（2）通知乙苯精馏岗位停回收乙苯进料。

（3）维持主蒸汽及配汽蒸汽的加入，密切观察管网压力，必要时降低主蒸汽流量，直至满足以下条件：

① 确保能够维持 0.04MPa（表压）管网压力稳定。

② 确保无需从 0.35MPa（表压）管网补气。

③ 确保乙苯单元正常生产。

④ 必要时，可向 0.35MPa（表压）管网补气，维持停车阶段 0.35MPa（表压）蒸汽需求。

⑤ 维持脱氢反应器热态运行。

（4）调整 F301 热负荷，维持反应器温度稳定，防止反应器超温。调整配汽蒸汽流量，确保 E301 出口温度<450℃。

（5）通知调度停止向界外送脱氢尾气。现场检查确认 K302 停车后，关闭界区总阀，K302 按《K302 机组操作法》停车后处理。

（6）现场检查确认 K301 停车，关闭尾气压缩机入口阀门，并按机组操作法进行后处理。关闭蒸汽透平机出入口阀门，打开蒸汽透平机导淋排除凝液。关闭压缩机入口喷淋水，在消音器处喷入冲洗乙苯，冲洗结束后排净压缩机内积液。注意每隔 0.5h 盘车一次，防止机内生成聚合物。冬季注意冷冻水和蒸汽管线的防冻，压缩机密封 N_2、机体冷却水继续通入。

（7）尾气压缩机（K301）停车后，尾气处理系统即着手停车。

① 现场关闭 D310 和 C301 排水管线上（去 D305）的截止阀。

② 停用吸收塔釜液泵 P305 和解吸塔釜液泵 P306，关闭泵出口手阀。

③ 停用吸收剂加热器 E313。

④ 现场关闭解吸塔 C303 塔釜的 0.04MPa（表压）蒸汽流程阀，关闭解吸塔 C303 塔顶去急冷塔 S301 管线上的截止阀。

（8）把氮气软管连到 K301 入口，通入小流量氮气。让氮气吹扫尾气系统 2h 以上，初始阶段（30min）吹扫气通过 PV3174 卸放至火炬，其后系统中残余气体，通过 K302 出口高点放空。

（9）全开 E304 至 D305 排放阀 FV3145，将乙苯蒸发器中残余乙苯排放。关闭 E304 管程蒸汽阀门手阀。

（10）将 D305 水相区中油相尽可能压入油相区。

（11）将停车过程中油相区脱氢液送至罐区脱氢液罐，确保 D305 油相区无液位。

（12）维持工艺凝液汽提系统低负荷正常运行。

（13）冬季注意冷冻水和蒸汽管线的防冻，压缩机密封 N_2、机体冷却水继续通入，润滑油系统保持正常运行。

（14）当 1.25MPa（表压）蒸汽短时间无法恢复时，按岗位操作法中临时停车"后处理步骤"处理。

2. 苯乙烯精馏

（1）停乙苯回收塔、苯/甲苯塔进料、出料，现场关闭塔顶、釜出料流程上手阀。现场关闭乙苯回收塔顶回流泵、苯/甲苯塔回流泵。

（2）关闭乙苯回收塔、苯/甲苯塔塔釜再沸器蒸汽自控阀，现场关闭相应手阀，排空塔釜再沸器、凝水罐中凝水。

（3）当 0.35MPa（表压）蒸汽管网压力无法维持时，确认 E404 冷却水投用，将粗苯乙烯塔塔顶、釜出料改往 E404，维持低负荷运行。

（4）将精苯乙烯塔塔顶、釜出料改往 E404，关闭精苯乙烯塔再沸器蒸汽自控阀，现场关闭相应手阀，排空塔釜再沸器、凝水罐中凝水。在塔顶回流消失后，停塔顶回流泵。将塔釜物料出空后，停精苯乙烯塔釜泵。

（5）现场关闭薄膜蒸发器加热蒸汽阀门，出空 D409 中物料。冲洗薄膜蒸发器以及进出料管线，并以高沸物浸泡。

（6）苯乙烯精馏区域长期停车处理。

二、软化水系统故障

（1）密切关注工艺凝液汽提系统运行状况，确保工艺凝液质量合格。

（2）将急冷器急冷水改为工艺凝液，通知现场调整急冷水量。

（3）将 K301 入口软化水改为工艺凝液，调整水量，使得压缩机出口温度正常。

（4）将 D605 补充水改为工艺凝液，维持液位稳定。

三、系统氮气供应中断

氮气停供后，联系调度恢复，现场如进行氮气吹扫，应立即停止。必要时，可关闭部分储罐罐顶氮气手阀（氮封）。界内氮气管网压力开始下降时，联系调度，停 K301、K302，脱氢尾气自 D308 排入低压火炬。苯乙烯精馏部分维持生产。

1. 乙苯脱氢故障处理

（1）如果压缩机没有因为氮气停供而停车，通知调度停止外送脱氢尾气后，现场按照机组操作法停 K302，自控打开 PV3174，将脱氢尾气泄放至火炬。现场检查确认 K302 停车后，关闭界区总阀，K302 按《K302 机组操作法》停车后处理。

（2）自控全开循环阀 PV3114，通知外操停尾气压缩机，关闭尾气压缩机入口阀门。反应区域来脱氢尾气自 D308 泄放至火炬，自控关闭 PV3174（注意防止防爆膜 PSE3151 超压）。

（3）通知调度，停止接收来自罐区的乙苯。自控关闭 PV3141、FC3141，通知现场关闭流程上手阀。

（4）通知乙苯精馏岗位停回收乙苯出料。

（5）维持主蒸汽及配汽蒸汽的加入，调整 F301 热负荷，维持反应器温度稳定，防止反应器超温。调整配汽蒸汽流量,确保 E301 出口温度<450℃。

(6) 现场检查确认 K301 停车,并按机组操作法进行后处理。关闭蒸汽透平机出入口阀门,打开蒸汽透平机导淋排除凝液。关闭压缩机入口喷淋水,在消音器处喷入冲洗乙苯,冲洗结束后排净压缩机内积液。注意每隔 0.5h 盘车一次,防止机内生成聚合物。冬季注意冷冻水和蒸汽管线的防冻,压缩机密封 N_2、机体冷却水继续通入。

(7) 尾气压缩机 (K301) 停车后,尾气处理系统即着手停车。

① 现场关闭 D310 和 C301 排水管线上(去 D305)的截止阀。

② 停用吸收塔釜液泵 P305 和解吸塔釜液泵 P306,关闭泵出口手阀。

③ 停用吸收剂加热器 E313。

④ 现场关闭解吸塔 C303 塔釜的 0.04MPa(表压)蒸汽流程阀,关闭解吸塔 C303 塔顶去急冷塔 S301 管线上的截止阀。

(8) 把氮气软管连到 K301 入口,通入小流量氮气。让氮气吹扫尾气系统 2h 以上,初始阶段 (30min) 吹扫气通过 PV-3174 卸放至火炬,其后系统中残余气体,通过 K302 出口高点放空。

(9) 全开 E304 至 D305 排放阀 FV-3145,将乙苯蒸发器中残余乙苯排放。关闭 E304 管程蒸汽阀门手阀。

(10) 将 D305 水相区中油相尽可能压入油相区。

(11) 将停车过程中油相区脱氢液送至罐区脱氢液罐,确保 D305 油相区无液位。

(12) 将工艺凝液汽提系统出水改往 Z-603,PA-31 停止反冲洗。

(13) 关闭所属区域储罐氮气手阀(氮封)。关闭所属区域仪表氮气吹扫,关闭膨胀节氮气吹扫手阀,防止物料串入氮气管网。

(14) 冬季注意冷冻水和蒸汽管线的防冻。

(15) 当氮气长时间无法恢复时,按岗位操作法中临时停车"后处理步骤"处理。

2. 苯乙烯精馏故障处理

(1) 短时间内停氮气并不会严重影响精馏操作,应注意观察压力仪表读数与正常值的偏差。若长时间停氮气,苯乙烯精馏单元应长期停车处理。

(2) 停氮气期间,关闭 C402、C404 塔顶补氮控制阀及手阀,防止物料串入氮气管线。

(3) 密切观察 C402、C404 波动情况。

(4) 关闭 C401/C403 仪表氮气吹扫,防止物料串入氮气管线。

(5) 关闭所属区域储罐氮气手阀(氮封)。

任务执行

在完成任务学习后,操作人员已具备苯乙烯单元常见故障处理能力,根据装置生产计划,现需要按照操作规程完成苯乙烯精制工段蒸汽故障判断与处理操作(工作任务单 2-5-2)。要求在 15min 内完成,且成绩在 85 分以上。

工作任务单	苯乙烯单元常见故障与处理			编号:2-5-2	
装置名称	苯乙烯装置	姓名		班级	
考查知识点	苯乙烯单元常见的故障与处理	学号		成绩	

按要求完成苯乙烯单元常见故障判断与处理操作。

任务总结与评价

熟悉苯乙烯单元故障与处理的基本流程,能够熟练完成苯乙烯单元故障处理仿真操作。

【项目综合评价】

姓名		学号		班级	
组别		组长		成员	
项目名称					

维度	评价内容	自评	互评	师评	得分
知识	了解苯乙烯生产过程的安全和环保知识(5分)				
	能分析苯乙烯生产过程中的故障及其原因(5分)				
	认知苯乙烯生产过程中的安全隐患(5分)				
	了解苯乙烯生产中常见故障现象及其原因(5分)				
能力	能根据苯乙烯反应特点,分析生产中容易出现的事故(10分)				
	能根据苯乙烯生产中物料的理化性质,分析出生产中的安全隐患(10分)				
	针对不同事故,能够判断引起事故的原因,并能掌握正确的处理措施(10分)				
	能发现开、停车及正常操作过程中的异常情况,并对其进行分析和正确的处理(10分)				
	能熟悉各类事故预案,并能及时有效地处理各类事故(10分)				
素质	通过生产中乙苯、乙烯、苯乙烯等物料性质、生产过程的尾气处理、安全和环保问题分析等,掌握"绿色化工、生态保护、和谐发展和责任关怀"的核心思想(10分)				
	通过仿真操作中严格的岗位规程及规范要求,工艺参数的严格标准要求,培养良好的质量意识、安全意识、规范意识、标准意识(10分)				
	通过对交互式仿真软件的操作练习,培养动手能力、团队协作能力、沟通能力、具体问题具体分析能力,培养职业发展学习的能力(10分)				
我的反思	我的收获				
	我遇到的问题				
	我最感兴趣的部分				

模块三
丙烯腈生产装置操作

项目一
丙烯腈生产装置运行认知

【学习目标】

知识目标

① 了解丙烯腈的物理及化学性质、丙烯腈的用途及国内外生产情况，了解丙烯腈生产过程的安全和环保知识；

② 理解丙烯腈的工业生产方法及原理，理解丙烯氨氧化法的催化剂使用；

③ 掌握丙烯氨氧化法生产丙烯腈的基本原理，了解丙烯腈生产过程中影响因素及工艺参数控制；

④ 掌握丙烯腈生产的工艺流程，理解生产中典型设备的结构特点及作用。

能力目标

① 能根据丙烯氨氧化反应特点的分析，正确选择氧化反应器；

② 能分析生产过程中各工艺参数的影响，按照生产中岗位操作规程与规范，对工艺参数正确地操作与控制；

③ 能根据 DCS 智能化模拟现场的工艺流程，识读和绘制生产工艺流程图；能按照工艺流程组织过程查找出现场的设备和管线的布置；正确对生产过程进行操作与控制；

④ 能发现生产过程中的安全和环保问题，会使用安全和环保设施。

素质目标

① 通过生产中丙烯、氨、丙烯腈、氢氰酸、乙腈等危化品性质和环保问题分析，培养化工生产过程中的"绿色化工、生态保护、和谐发展和责任关怀"的核心思想；通过国内外丙烯腈生产状况和生产工艺不断发展的讲解，激发创新意识；

② 通过学习生产现场模型装置及主要设备操作、工艺参数控制对产品质量和生产安全的影响，培养爱岗敬业、良好的质量意识、安全意识、工作责任心、社会责任感、精益求精的"工匠精神"、职业道德等综合素质；

③ 通过讨论和总结，提高归纳总结、表达、沟通交流等能力。

【项目导言】

丙烯腈，化学式 C_3H_3N，是一种无色透明有刺激性气味的液体，熔点：-83.6℃，沸点：77.35℃，易燃，其蒸气与空气可形成爆炸性混合物，爆炸上限为：17.0%（体积分数），爆炸下限为：3.0%（体积分数）。遇明火、高温易引起燃烧，并放出有毒气体，与氧化剂、强酸、强碱、胺类、溴反应剧烈。

丙烯腈是生产聚丙烯腈纤维（腈纶）、丁腈橡胶（NBR）、ABS 树脂（丙烯腈-丁二烯-苯乙烯）、SAN 树脂（苯乙烯-丙烯腈）的重要原料。由丙烯腈制得聚丙烯腈纤维即腈纶，其性能极似羊毛，因此也叫合成羊毛。丙烯腈与丁二烯共聚可制得丁腈橡胶，丁腈橡胶具有良好的耐油性、耐寒性、耐磨性和电绝缘性能，并且在大多数化学溶剂、阳光和热作用下，性能比较稳定。丙烯腈与丁二烯、苯乙烯共聚制得 ABS 树脂，其具有质轻、耐寒、抗冲击性能较好等优点。丙烯腈水解可制得丙烯酰胺和丙烯酸及其酯类，它们是重要的有机化工原料。丙烯腈还可电解加氢偶联制得己二腈，由己二腈加氢又可制得己二胺，己二胺是尼龙66 原料，可制造抗水剂和胶黏剂等，也用于其他有机合成和医药工业中，并用作谷类熏蒸剂等。

丙烯腈毒性较强，在体内可析出氰根，抑制呼吸酶；对呼吸中枢有直接麻醉作用。丙烯腈急性中毒表现：以中枢神经系统症状为主，伴有上呼吸道和眼部刺激症状。轻度中毒会头晕、头痛、乏力、上腹部不适、恶心、呕吐、胸闷、手足麻木、意识模糊及口唇紫绀等，并发生眼结膜及鼻、咽部充血。重度中毒除上述症状加重外，出现四肢阵发性强直抽搐、昏迷。其液体污染皮肤，可致皮炎，局部出现红斑、丘疹或水疱。丙烯腈慢性中毒表现尚无定论。长期接触，部分工人出现神经衰弱综合征，低血压等。对肝脏影响未肯定。

应急处理：迅速撤离泄漏污染区人员至安全区，并对污染区进行隔离，严禁进入。切断火源。建议应急处理人员戴自给正压式呼吸器，穿防毒服。尽可能切断泄漏源，防止流入下水道、排洪沟等限制性空间。少量泄漏：用活性炭或其他惰性材料吸收。也可以用大量水冲洗，洗水稀释后放入废水系统。大量泄漏：构筑围堤或挖坑收容。用泡沫覆盖，降低蒸气灾害。喷雾状水或泡沫冷却和稀释蒸汽、保护现场人员。用防爆泵转移至槽车或专用收集器内，回收或运至废物处理场所处置。

通常商品丙烯腈加有稳定剂。储存于阴凉、通风的库房。远离火种、热源。库温不宜超过 26℃。包装要求密封，不可与空气接触。应与氧化剂、酸类、碱类、食用化学品分开存放，切忌混储。不宜大量储存或久存。采用防爆型照明、通风设施。禁止使用易产生火花的机械设备和工具。储区应备有泄漏应急处理设备和合适的收容材料。应严格执行极毒物品"五双"管理制度。

目前，英力士集团是世界最大的丙烯腈生产商，2020 年生产能力为 133.5 万吨。日本旭化成是世界上第一家大规模使用丙烷生产丙烯腈的厂商，是亚洲最大的丙烯腈生产商，位居世界第二，2020 年拥有总生产能力 95 万吨/年。2021 年韩国蔚山和沙特朱拜勒两地的丙烯腈生产装置建成后，旭化成超越英力士成为世界上最大的丙烯腈生产商。2021 年世界丙烯腈总产能约为 814 万吨/年。

2021 年中国丙烯腈需求量达 260.7 万吨，同比增长 7.1%。中国丙烯腈需求量大于产量，需求缺口主要来源于进口。

国内丙烯腈生产装置主要集中在中国石油化工集团公司（中石化）和中国石油天然气集团公司（中石油）所属企业。其中，中石化的生产能力约为 120 万吨/年，中石油的生产能力约为 70 万吨/年。上海赛科石油化工股份有限公司是国内最大的丙烯腈生产企业，生产能力为 52 万吨/年，其次是中国石油吉林石化公司，生产能力为 42 万吨/年。

丙烯腈的工业生产方法有多种，在 1960 年以前主要采用如下三种方法。

（1）环氧乙烷法，以环氧乙烷与氢氰酸为原料，经两步反应合成丙烯腈。

$$CH_2\!-\!\!CH_2 + HCN \xrightarrow[50\sim60℃]{Na_2CO_3} HOCH_2\!-\!CH_2CN \xrightarrow[50\sim60℃]{Mg_2CO_3} CH_2\!=\!CH\!-\!CN + H_2O$$
$$\diagdown\!\!\diagup$$
$$O$$

（2）乙醛法，以乙醛与氢氰酸为原料，经两步反应合成丙烯腈。

$$CH_3\!-\!CHO + HCN \xrightarrow[1\sim20℃]{NaOH} CH_3\!-\!CHCN\!-\!OH$$

$$CH_3-CHCN-OH \xrightarrow[600\sim700℃]{H_3PO_4} CH_2=CH-CN+H_2O$$

（3）乙炔法，以乙炔与氢氰酸为原料，一步法合成丙烯腈。

$$CH\equiv CH+HCN \xrightarrow[80\sim90℃]{CuCl_2-NH_4Cl-HCl} CH_2=CH-CN$$

以上方法原料较贵，而且毒性大，受到了较大的限制。1960年以后，成功地开发了丙烯氨氧化一步法合成丙烯腈的新方法，该方法具有原料来源容易且价格低廉、工艺流程简单、设备投资少、产品质量高、生产成本低等许多优点。

【项目实施任务列表】

在本项目教学任务中，通过任务单布置学习任务，以掌握丙烯腈生产的基本原理、主要设备及工艺流程；能识读和绘制生产工艺流程简图；能按照生产中岗位操作规程与规范，正确对生产过程进行操作与控制；能发现生产操作过程中的异常情况，并对其进行分析和正确的处理；能初步制定开车和停车操作方案。

任务名称	总体要求	工作任务单	建议课时
任务一 丙烯腈反应工段认知	通过该任务，了解丙烯腈装置反应工段的工艺原理，掌握工艺流程，熟知关键参数与控制方案	3-1-1	1
任务二 丙烯腈回收工段认知	通过该任务，了解丙烯腈装置回收工段的工艺原理，掌握工艺流程，熟知关键参数与控制方案	3-1-2	1
任务三 丙烯腈精制工段认知	通过该任务，了解丙烯腈装置精制工段的工艺原理，掌握工艺流程，熟知关键参数与控制方案	3-1-3	1
任务四 丙烯腈火炬工段认知	通过该任务，了解丙烯腈装置火炬工段的工艺原理，掌握工艺流程，熟知关键参数与控制方案	3-1-4	1

任务一　丙烯腈反应工段认知

任务目标　① 了解丙烯腈反应工段的工艺原理、典型设备和关键参数，能够正确分析反应工段各参数的影响因素；
② 掌握反应工段的工艺流程，能够绘制PFD流程图。
任务描述　请你以操作人员的身份进入丙烯腈装置反应工段，了解反应工段的工艺原理，掌握工艺流程和各主要设备的结构、作用，熟知关键参数。
教学模式　理实一体、任务驱动
教学资源　沙盘、仿真软件及工作任务单（3-1-1）

任务学习

目前世界95%以上的丙烯腈采用的是美国BP公司开发的丙烯氨氧化法生产工艺（又称Sohio工艺）。该工艺以丙烯和氨气为原料生产丙烯腈，副产乙腈和氢氰酸。该法原料易得、工序简单、操作稳定、产品精制方便，经过近40年的发展，技术日趋成熟。无论在催化剂、反应器、工艺流程，还是在节能、"三废"处理等方面都始终占有领先地位。该工艺自问世以来，工艺上没有重大的改进，主要以研究新型催化剂及新型流化床反应器的开发为主，同时开展以节能降耗、环保等为目标的工艺技术改造，以提高装置效率。

一、主、副反应

1. 主反应

原料丙烯、氨和空气在流化床反应器内，在催化剂作用和一定的条件下，氧化生成丙烯腈的主反应式如下：

$$2CH_2=CH-CH_3 + 2NH_3 + 3O_2 \rightleftharpoons 2CH_2=CH-CN + 6H_2O + 1029.6kJ$$

2. 副反应

在主反应进行的同时，还伴随有以下主要副反应：

$$2C_3H_6 + 3NH_3 + 3O_2 \rightleftharpoons 3CH_3CN(g) + 6H_2O(g) + 1087.5kJ$$

$$C_3H_6 + 3NH_3 + 3O_2 \rightleftharpoons 3HCN(g) + 6H_2O(g) + 942kJ$$

$$C_3H_6 + NH_3 + O_2 \rightleftharpoons CH_3CH_2CN(g) + 2H_2O(g) + 412.9kJ$$

$$C_3H_6 + O_2 \rightleftharpoons CH_2=CH-CHO(g) + H_2O(g) + 353.3kJ$$

$$2C_3H_6 + 3O_2 \rightleftharpoons 2CH_2=CH-COOH(g) + 2H_2O(g) + 1226.8kJ$$

$$2C_3H_6 + O_2 \rightleftharpoons 2CH_3-COCH_3(g) + 474.6kJ$$

$$C_3H_6 + O_2 \rightleftharpoons CH_3-CHO(g) + HCHO(g) + 294.1kJ$$

$$2C_3H_6 + 9O_2 \rightleftharpoons 6CO_2 + 6H_2O(g) + 1280.6kJ$$

$$C_3H_6 + 3O_2 \rightleftharpoons 3CO + 3H_2O(g) + 1077.3kJ$$

$$4NH_3 + 3O_2 \rightleftharpoons 2N_2 + 6H_2O(g) + 1272kJ$$

丙烯腈反应过程中的主要副产物有乙腈、氢氰酸、丙烯醛和二氧化碳等。

二、催化剂

丙烯腈生产使用的催化剂目前主要有两大类，一类是钼铋类催化剂，如美国技术C-49MC型催化剂，丙烯腈收率可达76%。这类催化剂以Mo、Bi的氧化物为主催化剂，磷氧化物为助催化剂，二氧化硅为载体，磷氧化物的加入提高了目的产物的选择性，也提高了热稳定性。另一类是锑系催化剂，是锑铀的混合氧化物，但该系列催化剂放射性强，"三废"处理难，现在基本不使用。目前的锑系催化剂主要是锑铁的混合氧化物。

氨氧化时，由于反应气体不断带走反应过程中磨损的催化剂细微粒子，催化剂长期运转活性下降，所以设有催化剂补加系统。将催化剂补充料斗抽真空，补充催化剂自桶中吸入料斗，补充料斗中的补充催化剂从料斗底部流出，经自动加料阀按一定程序由仪表空气进行输送，不断加入到反应器中，催化剂补充料斗设有催化剂旋风分离器，回收抽真空时由顶部带出的催化剂。

三、工艺参数确定

1. 原料纯度

丙烯腈生产主要原料指标如表3-1所示。

表 3-1 丙烯腈生产主要原料指标

原料名称	指标名称	指标单位	控制指标
丙烯	丙烯含量	(体积分数)%	≥95.5
	乙烯含量	mL/m³	≤100
	丙炔含量	mL/m³	≤10
	丙二烯含量	mL/m³	≤50
	丁烯和丁二烯含量	mL/m³	≤1000
	总硫	mg/kg	≤5
液氨	外观	—	无色透明液体
	氨含量	%	≥99.6
	残留物含量	%	≤0.4
空气		不做特殊要求,正常净化即可	

原料中带入的杂质有乙烷、丙烷、丁烷、乙烯、丁烯、硫化物等。烷烃类对反应无影响,丁烯对反应影响较大,丁烯或更高级的烯烃比丙烯易氧化,消耗氧气,使催化剂活性下降,氧化产物沸点与丙烯腈沸点接近,给丙烯腈精制带来困难,因而要严格控制烯烃含量。硫化物存在也会使催化剂活性下降,要按要求及时脱除。

2. 原料配比

原料配比对产品收率、消耗定额及安全操作等影响较大,因此要严格控制合理的原料配比。

(1) 丙烯与氨的配比 丙烯氨氧化主要产物有丙烯腈和丙烯醛,都是烯丙基反应。经试验发现两种产物跟原料配比关系较大,如图 3-1 所示。由图可见,随着氨用量增加丙烯腈收率也在增加,氨与丙烯比接近 1 时丙烯腈收率最大,因此,通常氨要过量些,过量 5%~10%,既有利于目的产物增加,也有利于反应速率增大。但氨不能过量较大,否则会增大消耗定额,同时多余的氨要用硫酸处理,也增加了硫酸的消耗定额,对催化剂也有害。

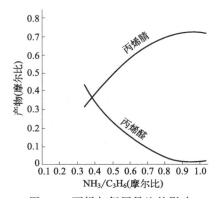

图 3-1 丙烯与氨用量比的影响

(2) 丙烯与空气配比 丙烯:空气=1:8~12,空气是过量的,原因是为了保护催化剂,体系中的催化剂需在氧存在下把低价离子氧化为高价离子,恢复其活性。但空气不能太多,否则会带入过多的惰性气体,降低原料中丙烯浓度,进而降低了反应速率;能使催化剂深度氧化,降低活性;能增加动力消耗;能使产物浓度下降,影响产物回收。

(3) 丙烯与水蒸气的配比 丙烯氨氧化的主反应并不需要水蒸气的参加,但根据该反应的特点,在原料中加入一定量水蒸气的原因有以下几点:

① 水蒸气有助于反应产物从催化剂表面解吸出来,从而避免丙烯腈的深度氧化;

② 水蒸气在该反应中是一种很好的稀释剂。如果没有水蒸气参加,反应很激烈,温度会急剧上升,甚至发生燃烧,而且如果不加入水蒸气,原料混合气中丙烯与空气的比例正好

处在爆炸极限范围内，加入水蒸气对保证生产安全防爆有利；

③ 水蒸气的热容较大，可以带走大量的反应热，便于反应温度的控制；

④ 水蒸气的存在，可以消除催化剂表面的积炭。

水对合成产物收率的影响不是太显著，一般情况下，丙烯与水蒸气的摩尔比为1:3时，效果较好。

（4）反应温度　反应温度影响反应速率及产物选择性，工业生产一般控制在450~470℃之间，如图3-2所示，随着温度升高，丙烯腈、氢氰酸、乙腈收率同时增加，当温度超过460℃时丙烯腈、氢氰酸、乙腈收率同时下降。表明在350~470℃区间催化剂活性是逐渐增大的，而且温度再增加会导致结焦发生，部分管道堵塞，甚至会出现深度氧化反应发生，温度难以控制。

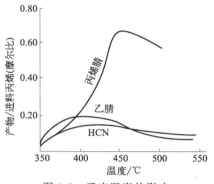

图3-2　反应温度的影响

（5）反应压力　丙烯氨氧化反应是体积增大反应，因而，减小压力可使平衡右移，增加转化率。随着压力增大，丙烯腈选择性、丙烯转化率、丙烯腈单程收率都逐渐下降。相反副产物氢氰酸、乙腈、丙烯醛逐渐增加。因此，生产中一般采用常压操作。

（6）接触时间　丙烯氨氧化过程通常是接触时间增加，产物收率也增加，因此提高接触时间可以提高丙烯腈的收率。但随着接触时间的增加使原料以及产物容易深度氧化，丙烯腈收率反而下降，甚至放热量的增大导致温度难以控制，另外接触时间增加使生产能力降低，所以一般接触时间控制在5~10s。

四、反应工段工艺流程

1. 原料预处理

液态丙烯受压直接送至丙烯蒸发器（E9104A/B）。液氨由氨球罐自压送入氨蒸发器（E9105A/B）。自吸收塔（T9103A/B）上段来的贫水，依次进入氨蒸发器（E9105A/B）、丙烯蒸发器（E9104A/B）的管程作为热源。

丙烯在0℃左右蒸发，气态丙烯经过捕沫器（V9132A/B）除去夹带液体后进入丙烯过热器（E9134A/B），由低压蒸汽加热，气态丙烯过热到66℃与原料氨混合，液态氨受压直接送至氨蒸发器（E9105A/B），在7℃左右蒸发，气态氨经氨捕沫器（V9134A/B）除去夹带液体后进入氨过热器（E9133A/B），由低压蒸汽加热，过热到66℃的气氨与原料丙烯混合。

丙烯和氨重组分别排入丙烯排液槽（V9107A/B）和氨排液槽（V9108A/B），用低压蒸汽分别间断或连续加热，回收夹带的丙烯和氨，蒸出的丙烯和氨分别进入丙烯捕沫器（V9132A/B）和氨捕沫器（V9134A/B），残液浮油装桶或进入汽提罐循环泵（P9158A/B）入口。

2. 空气进料

空气由风帽引入，经过空气滤器（GF9403）进入空气压缩机（C9401），经离心压缩后分三路，主要一路送入反应器（R9101）；二路经空压机空气放空消音器（GK9402）放入大气；三路作为输送催化剂的工艺风去催化剂储罐（V9102）。

3. 催化剂进料

催化剂储罐（V9102 A/B）抽真空时，带出的催化剂经其顶部的催化剂旋风分离器（V9105A/B）分离后返回罐内，未分离下来的微量催化剂经喷射泵（PE9104A/B）进入催化剂分离罐（V9137A/B），分离罐内加循环水洗涤微量催化剂沉降分离后，水相排入工业污水系统，淤浆定期清理。

将催化剂补充料斗（V9103A/B）抽真空，补充催化剂自桶中吸入料斗，补充料斗（V9103A/B）中的补充催化剂从料斗底部流出，经自动加料阀按一定程序由仪表空气进行输送，不断加入到反应器中，催化剂补充料斗设有催化剂旋风分离器（V9106A/B），回收抽真空时由顶部带出的催化剂。

当反应器中的温度达到200～250℃时，可将催化剂输送到反应器中，保持催化剂贮槽顶部压力约为0.3MPa。

4. 反应系统

空气通过空气分布板向上流动，进入床层，并以空气：丙烯为9.3：1的摩尔比与丙烯、氨混合。丙烯、氨和空气在反应器内部向上流动，使反应器催化床层流化，同时进行反应（图3-3）。

反应后的气体进入十五组二级旋风分离器，将反应气体所夹带的催化剂通过旋风分离器料腿返回到床层。第二级料腿底部装有翼阀，每个料腿都设有仪表空气反吹风，反应气体经内集气室出来，进入反应气体冷却器（E9102A/B）管程，被壳程的脱氧水冷却至200℃左右，然后去急冷塔（T9101A/B）。

5. 脱盐水进料

自外管网来的二级脱盐水，在脱盐水（冷凝水）罐（V9140）液位调节器的作用下，经过污水换热器（E9103）与排污器（V9105）来的锅炉排污水换热，然后进入脱盐水罐（V9140）。或者在除氧器（V9106）液位调节器调节下，进入除氧器（V9106）。

在除氧器的压力调节器调节下，用0.3MPa（表压）的低压蒸汽加热除氧器（V9106），使水升温，脱除溶解在水中的氧气和其他气体。

除氧水在蒸汽发生器（V9104A/B）的液位指示调节器调节下，由供水泵（P9103）分别送到反应气体冷却器（E9102A/B），与反应气体换热，然后进入蒸汽发生器（V9104A/B）。

6. 蒸汽发生

蒸汽发生器底部的饱和水经反应器冷却水泵（P9102），将部分饱和水送至反应器U形撤热水管，使其部分汽化，产生蒸汽和水，然后返回蒸汽发生器（V9104A/B）进行汽液分离；小部分经反应气体冷却器出口反应气体温度调节器的调节，加到供水泵（P9103）出口管线上，与脱盐水混合，经反应气体冷却器（E9102A/B），返回蒸汽发生器。

蒸汽发生器顶部出来的高压饱和蒸汽大部分去反应器U形过热管中过热，然后与未过热饱和蒸汽混合，经温度调节器调节成为343℃、4.12MPa（表压）左右的高压过热蒸汽。

装置开、停工期间不产生高压蒸汽，引动力厂高压蒸汽去空气压缩机（C9401A/B）和丙烯压缩机（C9402A/B）的蒸汽透平作动力，多余时作为副产去高压蒸汽管网。

蒸汽发生器有约1%的排污水经减压连续排入排污器，其顶部回收的低压蒸汽进入除氧器，其底部污水经污水换热器（E9103）与脱盐水换热，冷却至约40℃，排入压力热水减压槽（V9142）蒸汽排入大气，热水排入雨水排水系统。

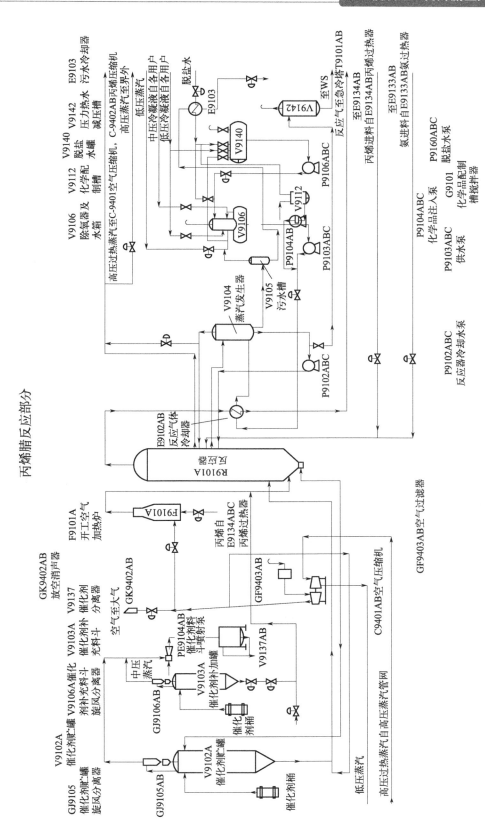

图 3-3 丙烯腈反应工段工艺流程示意图

五、氨氧化反应器——流化床

丙烯腈生产是气固相反应，目前大多采用流化床式反应器，流化床式反应器结构简单，生产能力大。圆锥形流化床结构示意图如图 3-4 示。反应器分三个部分：锥形体部分、反应段部分和扩大段部分。反应时，原料气从锥形体部分进入反应器，经分布板分布进入反应段。反应段是关键部分，内放一定粒度的催化剂，并设置有一定传热面积的 U 形或直形冷凝管，及时移走反应生成热，控制反应温度在工艺要求范围内（见表 3-2～表 3-4）。反应段装有多个挡板，可提高催化剂的使用效率，增大生产能力，挡板还可以破碎气泡，有利于传质。通过反应段的气体进入扩大段，气体流速减慢，被气体带上来的催化剂利用旋风分离器沉降，回收后的催化剂通过下降管返回至反应段。流化床反应器优点是：催化剂与反应区接触面积大，催化剂床层与冷凝管壁间传热效果好，操作安全，设备制作简单，催化剂装卸方便。缺点是：催化剂易磨损，部分气体返混，还易产生气泡，选择性下降，转化率下降。

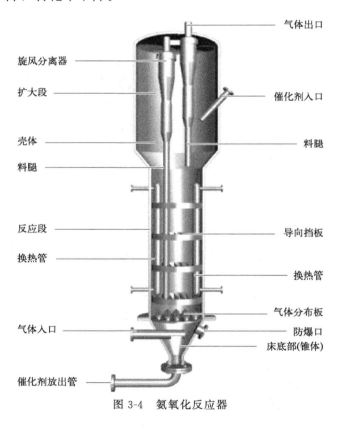

图 3-4　氨氧化反应器

表 3-2　反应器（R9101）温度控制

控制范围	420～445℃（TRC1103）	
控制目标	给定的反应温度波动范围不能超过 1℃	
相关参数	1. 丙烯进料流量 2. V9104A 顶部压力 3. 撤热水流量	FRCAS1101 PRCA1111 FI-1111

续表

控制范围	420~445℃（TRC1103）
控制方式	1. 反应温度不超过控制范围1℃时,可以通过提高或减少丙烯进料量来提高或减少反应器温度（保证反应负荷在控制范围内） 2. 反应温度不超过控制范围1℃时,可以通过提压或降低V9104压力来控制（保证V9104压力在控制范围内） 3. 反应温度超过控制范围1℃时,通过增加或减少投入的U形管数量,提高或减小撤热水量来控制

表 3-3　反应器（R9101）温度的正常调整

影响因素	调整方法
丙烯进料量	通过FRCAS1101调节丙烯进料量,提高或减少反应器温度,保证PIC1113压力在正常指标范围内
V9104顶部压力	通过关小或开大PRCA1111阀位,以提高或减小V9104压力,相应提高或降低反应温度
投U形管数量	根据反应温度适当撤出或投入U形管,减小或增加撤热水流量提高或降低反应温度；6个U形管（8~10℃）,4个U形管（4~5℃）,2个U形管（2~3℃）

表 3-4　反应器（R9101）温度的异常处理

现象	原因	处理方法
反应温度快速上升	LICA1206阀故障开大或全开	立刻到现场手动关小LICA1206后端阀,调整贫水流量FI1222至正常,调整丙烯、氨进料量至正常,严格控制反应温度不超过450℃
	FRC1223阀故障开大或全开	LICA1206改手动操作,调整FI1222流量至正常指标,通知副操立即到现场将FRC1223改副线操作,调整流量至正常
	PRCA1111阀故障关小或全关	立即到现场将空压制冷岗位4.0MPa蒸汽放空阀打开,控制系统压力；或者将PRCA1111改副线操作
	PRCA1113阀故障开大或全开	立即关小FRCAS1101阀位,降低丙烯进料量。快速到现场将PRCA1113改副线操作
	FRCAS1101阀故障开大或全开	立即关小PIC1113阀位,降低丙烯进料压力。快速到现场手动关小FRCAS1101后端阀,控制反应器进料压力在正常指标内
	P9102泵故障跳车	立即到现场启动备用泵,稳定撤热水流量FI1111,控制反应温度到正常指标,若备泵不能正常启动,V9104液位空按紧急停车处理
	P9103泵故障跳车	立即到现场启动备用泵,调整V9104补水量,控制V9104液位至稳定
	空气进料量太高	关小FRCAS1103调节流量或降低空压机转速
	反应出现稀相飞温	按紧急停车处理
反应温度快速下降	LICA1206阀故障关小或全关	立即通知副操到现场将LICA1206改副线操作。同时关闭TRC1227调节阀门提高贫水温度
	FRC1223阀故障关小或全关	副操立即到现场将FRC1223改副线操作,主操通过调节LICA1206将FI1222保持在100t/h,关闭TRC1227调节阀门,提高贫水温度,当FRC1223流量恢复正常后将FI1222和TRC1227调节到正常
	PRCA1111阀故障开大或全开	立即到现场关小PRCA1111后切阀,并改副线操作
	PRCA1113阀故障关小或全关	立即到现场将PRCA1113改副线操作
	FRCAS1101阀故障关小或全关	检查XEV1101电磁阀状态,若开的状态,手动打开FRCAS1101调节阀,若关的状态,打开该电磁阀；若该电磁阀无法打开,按烧氨进行处理

任务执行

请你按照工作任务单要求，利用学习通软件平台，通过互联网、图书馆查找相关资料，完成任务单中任务（工作任务单3-1-1）。要求：时间在30nin，成绩在90分以上。

工作任务单　丙烯腈反应工段认知		编号：3-1-1
考查内容：丙烯腈反应工段工艺流程		
姓名：	学号：	成绩：

1. 丙烯腈生产的工艺路线有哪些？

2. 丙烯氨氧化生产丙烯腈的主要原料有哪些？丙烯氨氧化的基本原理是什么？采用的催化剂主要有哪两类？

3. 丙烯氨氧化法生产丙烯腈反应工段需要控制的工艺参数有哪些？

4. 丙烯氨氧化反应的反应器是什么类型的，主要由几个部分组成的？

5. 画出反应工段的流程简图。

任务总结与评价

通过本次任务的学习，以操作人员的身份进入丙烯腈生产装置沙盘模型演习，了解了丙烯腈的物理和化学性质、丙烯腈产品的性质及用途，丙烯腈有哪些危险，发生危险如何进行自我防护。掌握了丙烯腈的生产方法，特别是本装置生产丙烯腈的原理、工艺参数及工艺流程。

任务二 丙烯腈回收工段认知

任务目标 ① 了解丙烯腈回收工段的工艺原理、典型设备和关键参数，能够正确分析回收工段各参数的影响因素；
② 掌握回收工段的工艺流程，能够绘制 PFD 流程图。
任务描述 请你以操作人员的身份进入丙烯腈装置回收反应工段，了解回收工段的工艺原理，掌握工艺流程和各主要设备的结构、作用，熟知关键参数。
教学模式 理实一体、任务驱动
教学资源 沙盘、仿真软件及工作任务单（3-1-2）

任务学习

一、回收工段主要设备及位号

回收工段的主要作用是，用水作为溶剂，采取萃取精馏的方法将吸收塔送来的乙腈和丙烯腈等混合物分离。乙腈作为副产品回收，粗丙烯腈送后续工序进一步精制。回收工段主要设备见表 3-5。

表 3-5 回收工段主要设备一览表

序号	设备编号	设备名称
1	T9101	急冷塔
2	T9103	吸收塔
3	T9104	回收塔
4	T9110	乙腈塔
5	V9110	消泡剂贮罐
6	V9113	碳酸钠贮罐
7	V9118A/B	汽提罐
8	V9127	急冷塔顶部除沫器
9	V9111	回收塔分层器
10	V9138	贫水/溶剂水缓冲槽
11	E9140	急冷塔后冷却器
12	E9108	富水/贫水换热器
13	P9108	急冷塔循环泵
14	P9113	碳酸钠泵
15	P9106	消泡剂泵

二、回收工段工艺流程

反应器出口气体经反应器冷却器（E9102A/B）冷却至大约 230℃ 左右后进入急冷塔（T9101A/B），该气体向上流动与急冷塔循环泵（P9108）送出的循环液逆向接触。循环液经喷头喷淋，绝热骤冷到约 81.3℃，反应后流体中残留的未反应的氨与加到循环液中的硫酸反应生成硫酸铵。

从循环泵出口将部分废水通过急冷塔液位指示调节器定量地送往汽提罐（V9118A/B），用轻有机物汽提塔（T9504）顶的蒸汽进行汽提，蒸出的有机物返回急冷塔（T9101A/B），经汽提后的废水用汽提罐釜液泵（P9158A/B）送至催化剂沉降单元，分离催化剂，废催化剂泥浆掩埋处理。

急冷塔循环液 pH 值由 pH 记录调节器自动调节硫酸的加入量，使急冷塔循环液的 pH 值控制在 5.1～5.6，硫酸流量由流量记录器测量。

由四效蒸发轻有机物汽提塔釜液泵（P9528A/B）送来的 120℃ 釜液，由硫酸铵液提浓装置来的急冷水以及由污水泵（P9142）送来的 38℃ 污水一起作为急冷塔（T9101A/B）补充水进入急冷塔除沫板上方以清洗除沫板。由回收水泵（P9120）送来的 38℃ 回收水作为急冷塔（T9101A/B）补充水进入急冷塔下段。

急冷塔顶部出来的气体进入急冷塔顶部除沫器（V9127A/B），除去气体中所夹带的少量液体，分离下来的液体靠重力作用流至急冷塔循环泵（P9108）入口，除沫后的反应气体进入急冷后冷却器（E9140A/B），用循环水冷凝冷却至 41℃，一部分水蒸气和有机物被冷凝下来，冷凝液积存在底部，由急冷后冷却器泵（P9125）送出，将一部分凝液送回急冷后冷器顶部，经喷头喷淋冲洗管板，其余部分经调节送到急冷后冷器凝液冷却器（E9148A/B），与 0℃ 乙二醇水溶液换热，在温度记录调节器调节下，被冷却到 10℃ 后进入吸收塔（T9103A/B）下部 2m 填料的上面。

为防止碳钢管线的腐蚀，在碳酸钠贮槽（V9113）内配制 10% 的碳酸钠水溶液，用碳酸钠泵（P9113）输送至急冷后冷却器泵（P9125）入口管线上，控制 pH 值为 4.0～10.0。由消泡剂泵（P9106A/B）将消泡剂定量加入到急冷塔循环泵（P9108）入口管线上，防止起泡。

从急冷塔后冷却器出来的约 41℃ 的反应气体，在氧分析仪连续监测氧含量下，进入吸收塔底部。在吸收塔中用水逆流洗涤，回收丙烯腈和其他可溶于水中的有机反应产物。未被吸收的一氧化碳、二氧化碳、氮气、未反应的氧和烃类，通过吸收塔尾气催化焚烧装置处理达标后排放。

从成品塔再沸器（E9119A/B/C）来的贫水，通过富水/贫水换热器（E9108A/B/C/D）与吸收塔富水换热，再经吸收水冷却器（E9110A/B），由温度记录调节器调节冷却到 37℃，进入吸收塔顶部，吸收水量由流量记录调节器控制，吸收水与塔底液中纯丙烯腈的质量比约为 18∶1。消泡剂由消泡剂加料泵从桶里抽出加入到消泡剂槽（V9110），由消泡剂泵（P9106）将消泡剂定量送往吸收塔（T9103A/B）顶部吸收水管线，防止起泡。

在吸收塔（T9103A/B）上段填料层吸收水与上升气体换热被冷却到约 28℃，用吸收塔侧线循环泵（P9110）将 28℃ 的吸收水从升气管板上抽出，由液位指示调节器（LICA1206、LICA1206B）控制，经过吸收塔侧线冷却器（E9107A/B），与 0℃ 乙二醇水溶液换热后被冷却到约 18.5℃，然后经过氨蒸发器（E9105A/B）和丙烯蒸发器（E9104A/B），温度降至 4℃ 左右，返回吸收塔中部填料上面作为吸收水。

塔底含有丙烯腈和其他有机物的吸收液（称之为富水），用吸收塔釜液泵（P9109）送出，去富水/贫水换热器（E9108A/B/C/D），换热后进入回收塔（T9104）第 64 块板进料。由吸收塔（T9103A/B）塔底来的富水，经贫水/富水换热器（E9108A/B/C/D）与成品塔再沸器（E9119A/B/C）来的贫水换热后，被加热到 66℃ 进入回收塔（T9104）第 64 块板作为进料。

贫水自贫水/富水换热器（E9108A/B）换热后，两股中的一股作为溶剂水，经溶剂水冷却器（E9109A/B）进行冷却，通过温度调节器调节循环水流量，控制进入回收塔第 90 块板的温度为

48℃，溶剂水流量由流量调节器计量调节，控制溶剂水与塔顶纯丙烯腈的质量比为8:1。

回收塔下部有三台再沸器（E9145A/B/C），作为精馏塔必须的底部回流条件，用低压蒸汽作为热源，对回收塔（T9104）釜液进行加热，也可用直接蒸汽作热源。

低压蒸汽的冷凝液由再沸器凝液泵（P9153）送至脱盐水/冷凝水罐（V9140）或除氧器（V9106），回收塔（T9104）顶部的丙烯腈、氢氰酸及少量的水进入塔顶冷凝器（E9113A/B），用循环水冷却至40℃后进入回收塔分层器（V9111）进行相分离。用回收塔水泵（P9111）把水送回到回收塔第64块板（进料板），作为精馏塔必须的顶部回流条件，回收塔分层器（V9111）的有机相由脱氢氰酸塔进料泵（P9112）送到脱氢氰酸塔（T9106）的第43块板或第39块板，或送到粗丙烯腈槽（V9301）及不合格丙烯腈槽（V9302）中。

分层器尾气向分层器尾气洗涤器（GY9101）排放，用来自吸收水冷却器（E9110）的贫水洗涤，回收有机物。洗涤水进入蒸汽管线。由成品塔釜液泵（P9122）、脱氢氰酸塔回收水泵（P9120）来的物料进入回收塔第54块板。消泡剂泵（P9106）将消泡剂定量送往回收塔（T9104）第64块板、第4块板。

贫水/溶剂水从回收塔（T9104）第1块板引出，自动流入贫水/溶剂水缓冲槽（V9138），一部分贫水在缓冲槽液位调节器的调节下，用回收塔底釜液进料泵（P9116）送到回收塔底，由流量记录器测量指示；另一部分贫水由溶剂水/贫水泵（P9115）送出去脱氢氰酸塔再沸器（E9116A/B）和成品塔再沸器（E9119A/B/C）作热源。

塔底的采出在液位调节器的调节下用回收塔底釜液泵（P9152）送至四效蒸发系统进行废水处理，乙腈在回收塔的下段被汽提，含有乙腈、水及少量氢氰酸的汽相侧线从回收塔第30块板抽出，进入乙腈塔（T9110），乙腈、水及氢氰酸由塔顶进入乙腈塔顶冷凝器（E9146），与循环水换热被冷凝冷却，粗乙腈凝液在冷凝器液位调节器的调节下控制乙腈塔回流泵（P9151）的采出量，该股物流被送至乙腈精制装置或废水有机物贮槽（V9304）。

粗乙腈回流量由乙腈塔第10块板灵敏点温度与回流量串级调节，控制乙腈塔的稳定操作。乙腈塔的塔底液由乙腈塔底泵（P9155）送回回收塔（T9104）第29块板。

乙腈塔冷凝器的尾气，经乙腈尾气洗涤槽（V9141）用吸收水冷却器（E9110A/B）来的贫水洗涤后排入大气，洗涤水流入污水收集槽（V9129）。见图3-5丙烯腈回收工段工艺流程图。

三、阻聚剂、消泡剂配制及添加操作

1. 碳酸钠配制规定

（1）每班下班前1h配制碳酸钠，指标不合格时由值班长下令可随时配置。
（2）将脱盐水阀打开将水加满，但不能溢流。
（3）启动搅拌器并向罐内加入碳酸钠，按装置负荷加入80～400kg碳酸钠，需搅拌1h。
（4）启动搅拌器时，罐内必须加满脱盐水，否则易损坏搅拌器。
（5）不配碳酸钠，不允许脱盐水阀常开。
（6）每班必须记录配制袋数和剩余袋数。
（7）配完碳酸钠后，碳酸钠袋应放在指定的地点，不能放在现场。

2. 消泡剂配制规定

（1）V9110液位降到玻璃板刻度30%时，必须配制消泡剂。
（2）交班时V9110必须在30%以上。
（3）根据反应负荷，在吸收塔不起泡的情况下尽量减小消泡剂泵P9106行程。

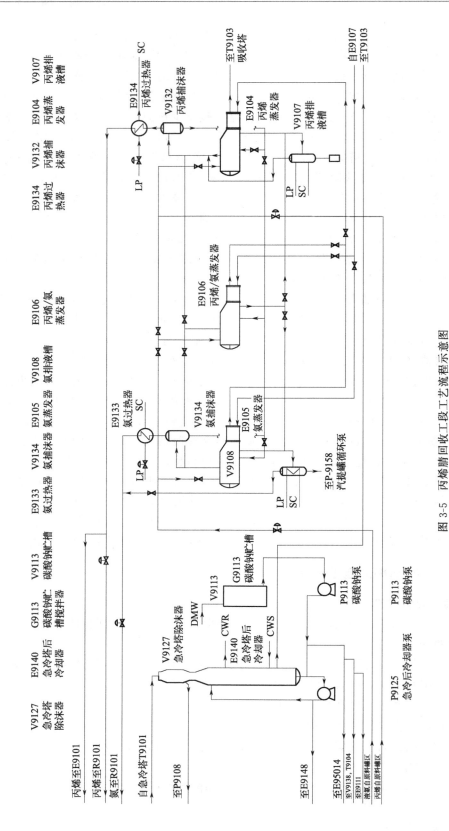

图 3-5 丙烯腈回收工段工艺流程示意图

任务执行

在丙烯腈生产装置模型回收工段的现场（沙盘）查找流程（工作任务单3-1-2）、主要设备，并进行学习。要求：时间30min，成绩在85分以上。

工作任务单　丙烯腈回收工段认知		编号：3-1-2
考查内容：回收工段工艺流程		
姓名：	学号：	成绩：

1. 回收系统的主要设备有哪些？在现场找出设备及位号。

2. 吸收塔、回收塔和乙腈塔的作用分别是什么？

3. 急冷塔后冷器中的气态物料和液态物料分别去哪里？

4. 回收塔中采用什么作为萃取剂，来自哪里？

5. 绘制丙烯腈生产回收工序工艺流程图（绘图纸）。

任务总结与评价

通过本次任务学习，以操作人员的身份进入丙烯腈生产装置模型回收工段，查找工艺流程，并能熟练叙述工艺流程，能够根据沙盘列出主要设备。锻炼我们对工艺流程的认读，提高自主学习和表达问题等能力。

任务三　丙烯腈精制工段认知

任务目标　① 了解丙烯腈精制工段的工艺原理、典型设备和关键参数，能够正确分析精制工段各参数的影响因素；
② 掌握精制工段的工艺流程，能够绘制 PFD 流程图。
任务描述　请你以操作人员的身份进入丙烯腈装置精制工段，了解精制工段的工艺原理，掌握工艺流程和各主要设备的结构、作用，熟知关键参数。
教学模式　理实一体、任务驱动
教学资源　沙盘、仿真软件及工作任务单（3-1-3）

任务学习

一、精制工段主要设备及位号

精制工段的主要作用是将回收系统送来的粗丙烯腈中的氢氰酸、水等杂质去除，制得符合质量标准的产品。精制工段主要设备见表 3-6。

表 3-6　精制工段主要设备一览表

序号	设备编号	设备名称
1	T9106	脱氢氰酸塔
2	T9107	成品塔
3	V9114	醋酸罐
4	V9116	脱氢氰酸塔分层器
5	V9117	成品塔顶回流罐
6	E9118A/B	脱氢氰酸塔冷凝器
7	E9116A/B	脱氢氰酸塔再沸器
8	E9122	成品冷凝器
9	E9126	成品中间冷却器
10	E9125	成品后冷却器
11	F9309	含氰火炬
12	P9132	脱氢氰酸塔回流泵
13	P9121	醋酸泵
14	P9124	成品塔回流泵
15	GF9108	成品塔底过滤器

二、精制工段工艺流程

1. 脱氢氰酸塔系统

由脱氢氰酸塔进料泵（P9112）送来的粗丙烯腈进入脱氢氰酸塔（T9106）第 43 板或第 39 板作为进料。

脱氢氰酸塔（T9106）是62块板的浮阀塔，负压操作，将氢氰酸和水从丙烯腈中分离出去。该塔的操作压力约为0.075MPa（绝压）。脱氢氰酸塔（T9106）的操作压力（PIC-1309）是通过调节真空泵（P9133）的旁路来实现的。

脱氢氰酸塔（T9106）顶蒸出约含有99.6%的氢氰酸的塔顶气体进入脱氢氰酸塔冷凝器（E9118A/B），与0℃的乙二醇水溶液换热被冷凝冷却至约7.5℃，少量未被冷凝气体经脱氢氰酸塔排气冷凝器（E9124），用-10℃的乙二醇水溶液进一步冷却至-8℃，尾气经脱氢氰酸塔真空泵（P9133）送往含氰火炬（F9309）焚烧。

来自脱氢氰酸塔冷凝器（E9118A/B）和脱氢氰酸塔排气冷凝器（E9124）的凝液混合到6℃左右，由脱氢氰酸塔的回流泵（P9132）送出，回流物料由与温度调节器（TIC1306）串级的流量调节器（FRC1305）调节。采出物料流量由脱氢氰酸塔冷凝器（E9118A/B）液位调节器（LICA1306）调节送往丙酮氰醇装置加工或新、老焚烧炉（F301、F9301）焚烧，通过流量表（FRQA1307）累计计量，由手动调节阀（HIC1301）调节送往焚烧炉的氢氰酸量，通过流量表（FRQA1316）累计计量。

醋酸由醋酸加料泵（P9123）从桶中抽出，打入醋酸罐（V9114），由醋酸泵（P9121）送往脱氢氰酸塔冷凝器（E9118A/B）的顶部和脱氢氰酸塔排气冷凝器（E9124）的气相入口管线上，阻止氢氰酸聚合，分别由流量计（FIA1303）、（FI0325）测量指示。对苯二酚（HQ）（或高效阻聚剂）加到脱氢氰酸塔（T9106）第50板或第60板，阻止生产过程中丙烯腈聚合，用流量计（FI0322）测量流量。

丙烯腈和水自脱氢氰酸塔（T9106）第21块板用脱氢氰酸塔侧线抽出泵（P9117）抽出，经脱氢氰酸塔侧线换热器（E9115A/B）管程与返回T9106塔第20块板的物料换热至53℃后，进入脱氢氰酸塔侧线冷却器（E9117A/B）管程，用循环水冷却至38℃后，进入脱氢氰酸塔分层器（V9116），抽出物料的流量由第21块板液位调节阀（LICA1305）调节控制。经分层器分层后的有机相由脱氢氰酸侧线泵（P9119）送出，流量由分层器的液位（LICA1303）调节，送入脱氢氰酸塔侧线换热器（E9115A/B）壳程换热后，返回脱氢氰酸塔（T9106）第20块板。水相在液位调节阀（LICA1302）调节作用下，由回收水泵（P9120）送往急冷塔（T9101）下段、回收塔（T9104）第54块板、废水/废有机物槽（V9304）、粗丙烯腈槽（V9301）、污水罐（V9131）。

脱氢氰酸塔分层器（V9116）设有氮封。脱氢氰酸塔分层器（V9116）的气相进入分层器尾气洗涤器（CY9101），用吸收水冷却器（E9110）来的贫水进行洗涤，回收有机物，尾气高点放空，洗涤液排入PS线。

脱氢氰酸塔（T9106）有两台再沸器（E9116A/B），热源是由贫水/溶剂水泵（P9115）送来的贫水。贫水流量由与T9106第10块板的温度点（TRC1315）串级的流量调节器（FIC1308）调节跨线旁路的开度来控制的。从脱氢氰酸塔再沸器（E9116）出来的贫水去成品塔再沸器（E9119A/B/C）作热源。

脱盐水经脱氢氰酸塔再沸器（E9116A/B）加入到脱氢氰酸塔（T9106）塔釜中，维持塔釜液水含量在0.1%（质量分数）以防止丙烯腈聚合。

脱氢氰酸塔（T9106）下段有多种功能：脱水、丙酮浓缩并脱除、蒸出氢氰酸。塔底脱水后的丙烯腈经脱氢氰酸塔过滤器（GF9107），由脱氢氰酸塔釜液泵（P9118）送入成品塔（T9107）第12块板或第8块板作为进料。

2. 成品塔系统

成品塔（T9107）是共50块塔板的浮阀塔，负压操作。成品塔（T9107）的操作压力（PIC-1303）是通过调节真空泵（P9126）的跨线旁路调节阀来控制的。

丙烯腈产品从第43块板或第39块板侧线采出，靠重力作用流入成品冷凝器（E9122），用循环水冷却送入成品中间冷却器（E9126）及成品后冷却器（E9125）至20℃进入成品中间槽（V9121A/B/C）。

成品塔（T9107）顶的丙烯腈、水及易挥发物质经成品塔冷凝器（E9120）冷凝后，凝液进入成品塔回流罐（V9117）。成品塔回流罐（V9117）中凝液用成品塔回流泵（P9124）在液位计（LICA1308）作用下控制精馏条件的回流量，并由流量计（FR1312）测量。在流量调节器（FIC1311）的作用下，回流泵的一小股物料循环返回到回收塔分层器（V9111）或回收塔（T9104）第64板，另一股在流量调节器（FIC1311）的作用下返回回收水泵（P9120）出口。未冷凝气体经成品塔排气冷凝器（E9121），用0℃乙二醇水溶液冷却至控制温度，尾气经成品塔真空泵（P9126）排往火炬（F9309），成品塔排气冷凝器（E9121）凝液汇入成品塔回流泵（P9124）入口。

成品塔（T9107）塔底物料经成品塔底过滤器（GF9108）过滤后，由成品塔底泵（P9122）送往回收塔（T9104）的第54块板、急冷塔（T9101）、粗丙烯腈槽（V9301）、废水/废有机物槽（V9304）。

阻聚剂对羟基苯甲醚（MEHQ）（或高效阻聚剂）加入到侧线及塔顶气相线上阻止丙烯腈聚合。

成品塔（T9107）热量由成品塔再沸器（E9119A/B/C）提供。再沸器的热源是脱氢氰酸塔再沸器（E9116A/B）来的贫水，通过控制旁路阀门开度来调节流经成品塔再沸器（E9119A/B/C）壳程的贫水流量，保证塔釜的热量，确保成品塔（T9107）的正常操作。

HQ槽（V9119）、MEHQ槽（V9120）、回收塔分层器（V9111）、脱氢氰酸塔分层器（V9116）顶部尾气经分层器尾气洗涤器（CY9101）由吸收水冷却器（E9110）送来的贫水洗涤后排入大气，洗涤水流入污水收集槽（V9129）。

火炬熄灭是把P9133、P9126、E9113A/B、V9111的尾气引入到T9013A底部气相进料口，吸收尾气中的丙烯腈和氢氰酸。

三、丙烯腈精制工段工艺流程

丙烯腈精制工段工艺流程示意图见图3-6。

1. 回收塔T9104塔顶溶剂水量调节

回收塔T9104塔顶溶剂水量调节见表3-7、表3-8。

表3-7　回收塔T9104塔顶溶剂水量调节表

控制范围	FRC1225	8倍的丙烯腈产量（大于100t/h）
控制指标	给定值范围内不超过1t/h	
相关参数	1. P9115的运行情况 2. V9138的液位 LICA1211 3. FRC1223 吸收水用量	
控制方式	正常调整FRC1225的阀位	

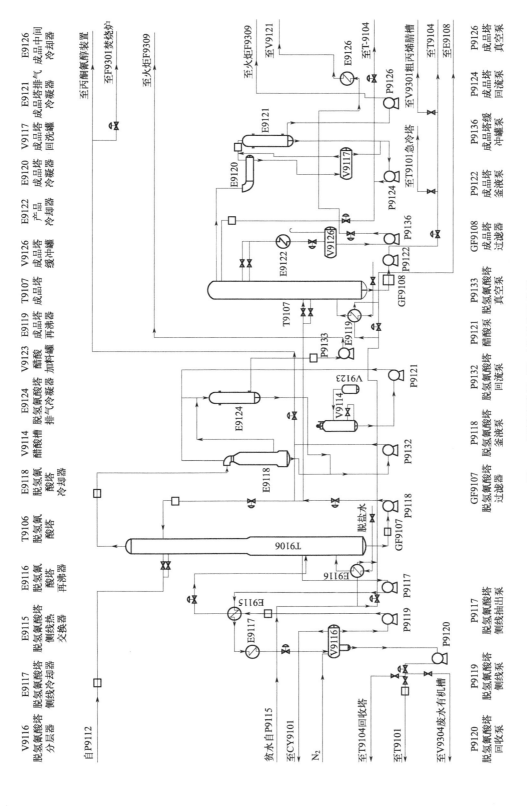

图 3-6 丙烯腈精制工段工艺流程示意图

表 3-8　回收塔 T9104 塔顶溶剂水量异常现象与调整方法

异常现象	原因	调整方法
溶剂水量波动	1. 调节阀 FRC1225 故障	立刻到现场将 FRC1225 改副线操作
	2. FRC1225 仪表指示失灵	改手动操作,并联系仪表处理
	3. 合成吸收水用量大	与合成协调
	4. P9115 泵不上量	立刻切换备用泵
	5. P9115 泵出口压力不稳	及时切泵,检查泵入口过滤器是否堵塞

2. 回收塔 T9104 灵敏板温度控制

回收塔 T9104 灵敏板温度控制见图 3-7、表 3-9、表 3-10。

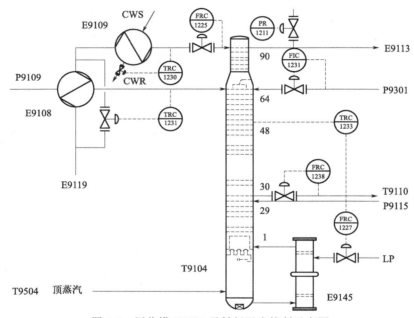

图 3-7　回收塔 T9104 灵敏板温度控制示意图

表 3-9　回收塔 T9104 灵敏板温度的正常调整

影响因素	调整方法
蒸汽量 FRC1227	FRC1227 阀位开大,以增加蒸汽流量,提高灵敏板温度;FRC1227 阀位关小,以减少蒸汽流量,降低灵敏板温度

表 3-10　回收塔 T9104 灵敏板温度的异常现象与调整方法

异常现象	原因	调整方法
V9111 油相 ACN 含量>500mg/kg	1. 溶剂水量小,入塔温度高	适当提高溶剂水量,降低溶剂水入塔温度
	2. 回收塔进料温度高	降低进料温度至正常的工艺指标
	3. 溶剂水中 ACN 含量高	确认溶剂水中 ACN 含量>500mg/kg,此时应加大塔底再沸器蒸汽量,提高塔底温度;增加 ACN 侧线采出量,同时降低溶剂水和进料温度
	4. T9104 塔灵敏点温度过高	适当降低塔底再沸器蒸汽量,以降低灵敏点温度。此时应注意防止溶剂水中 ACN 含量超标
	5. FRC1238 采量小	增加回收塔 ACN 侧线采出量,并调整 ACN 塔操作

续表

异常现象	原因	调整方法
V9111 油相 ACN 含量＞500mg/kg	6. T9104 塔操作负荷过大	调整操作负荷或反应负荷
	7. T9110 塔操作不正常,返至 T9104 塔第 29 块板的 ACN 含量高	检查 ACN 塔操作情况,调整 ACN 塔操作
	8. T9104 塔内件堵塞或损坏	装置停车检修
压力高,整塔温度高	1. 进料量(FR1224)过大	联系合成调整进料量
	2. 进料温度 TRC1231 高	调整进料温度 TRC1231 至正常
	3. 塔内起泡	联系合成加大至 T9104 消泡剂(AF)的用量
	4. 塔盘堵塞	停车检修处理
	5. 大循环 pH 值高	联系合成降低大循环 pH 值
	6. 再沸器蒸汽量过大	减小蒸汽用量,适当降低灵敏板温度
FRC-1238 采不出物料	1. 调节阀 FRC1238 失灵	现场手动进行调节,并配合仪表校阀
	2. T9110 塔底液位超高,形成液封	加大塔底采出量,降低塔底液位
	3. E9146 至 V9141 气相线不畅,造成 T9110 塔憋压	处理气相线

3. 回收塔 T9104 塔压力控制

回收塔 T9104 塔压力控制见表 3-11、图 3-8、表 3-12、表 3-13。

表 3-11 回收塔 T9104 塔压力控制表

控制范围	PICAS-1211　　　　　10～20kPa(表压)
控制指标	给定压力波动不超过 5kPa(表压)
相关参数	1. 大循环 pH 值 ARA1204 2. T9110 塔压 3. E9113 换热效果 4. 进料负荷 5. 塔板聚合情况 6. V9111 及 E9113 气相线及火炬线的畅通情况
控制方式	正常调整大循环 pH 值

表 3-12 回收塔 T9104 塔压力正常调整

影响因素	调整方法
大循环 pH 值 ARA1204	大循环 pH 值高,导致塔压上升,不凝气增多,应联系合成降大循环 pH 值,同时把调节阀 FIC1234 关闭

表 3-13 回收塔 T9104 塔压力异常现象与调整方法

异常现象	原因	调整方法
PIAS-1211 压力高	1. E9113 换热效果不好	检查换热器循环冷却水温度是否正常;或者换热器内部结垢,则需停车处理
	2. E9113 换热器内有不凝气	打开换热器顶部排气阀进行充分排气
	3. T9110 塔压力高	查明 T9110 塔压力高原因

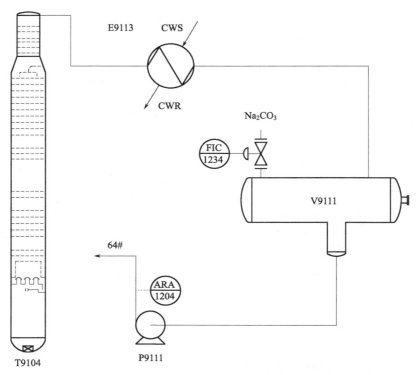

图 3-8 回收塔 T9104 塔压力控制示意图

4. 脱氢氰酸塔 T9106 塔顶压力控制

脱氢氰酸塔 T9106 塔顶压力控制见表 3-14、表 3-15。

表 3-14 脱氢氰酸塔 T9106 塔顶压力控制

控制范围	PIC-1309　　50~75kPa(绝压)
控制指标	给定压力范围内波动不超过 3kPa(绝压)
相关参数	1. 调节阀 PIC-1309 2. P9133 的运行情况 3. E9118、E9124 冷冻盐水量
控制方式	正常调整 PIC1309 及 P9133 的运行情况

表 3-15 脱氢氰酸塔 T9106 塔顶压力异常现象与调整方法

异常现象	原因	调整方法
PIA-1306 指示上涨	1. PIA1306 表失灵	及时改为手动操作,同时联系仪表处理
	2. P9133 故障	切换泵
	3. PICA1309 调节阀失灵	将 PICA1309 改为副线操作
	4. E9118、E9124 冷冻盐水量不足或中断	及时通知调度室联系冰机提压,如果中断,则立即切换设备盐水

5. 脱氢氰酸塔 T9106 塔顶温度控制

脱氢氰酸塔 T9106 塔顶温度控制见表 3-16。

表 3-16　脱氢氰酸塔 T9106 塔顶温度控制

控制范围	TI-1307　　　　10~17℃
控制指标	给定温度范围内波动不超过 1℃
相关参数	1. T9106 塔塔顶压力 PI1306 2. T9106 塔底温度 TI1317 3. T9106 塔上段灵敏板温度 TRC1306 4. 塔顶换热器的冷量
控制方式	正常调整 T9106 塔上段灵敏板温度 TRC1306 及 T9106 塔顶压力 PI1306 和塔底温度 TI1317

6. 乙腈塔 T9110 塔灵敏板温度控制

乙腈塔 T9110 塔灵敏板温度控制见表 3-17。

表 3-17　乙腈塔 T9110 塔灵敏板控制表

控制范围	TIC1315　　　　94~102℃
控制指标	给定温度范围内波动不超过 1℃
相关参数	1. FRC1238 乙腈塔进料流量控制 2. LICA1215 乙腈塔液位控制 3. FRC1242 乙腈塔回流量控制
控制方式	正常调整 FRC1238 进料量及 FRC1242 回流量

7. 贫水/溶剂水缓冲罐 V9138 液位控制

贫水/溶剂水缓冲罐 V9138 液位控制见表 3-18。

表 3-18　贫水/溶剂水缓冲罐 V9138 液位控制表

控制范围	LICA1211　　　　20%~80%
控制指标	给定液位范围内波动不超过 5%
相关参数	1. LICA1211 2. 进料负荷(FR1224) 3. T9104 塔灵敏板温度 TRC1233 4. P9115 的运行情况 5. T9104 塔底液位 LICA1212 6. V9138 的气相线畅通情况
控制方式	正常调整 LICA1211

任务执行

在丙烯腈生产装置模型精制工段的现场（沙盘）查找流程（工作任务单3-1-3）、主要设备，并进行学习。要求：时间30min，成绩在90分以上。

工作任务单　丙烯腈精制工段认知		编号：3-1-3
考查内容：精制工段工艺流程		
姓名：	学号：	成绩：

1. 精制工段的主要设备有哪些？在现场找出设备及位号。

2. 进入脱氢氰酸塔的物料粗丙烯腈主要是由哪些物质组成的？

3. 成品塔顶回流罐V9117中的物料分别去哪里？

4. 脱氢氰酸塔中加入对苯二酚的作用是什么？

5. 绘制丙烯腈生产精制工段工艺流程图(绘图纸)。

任务总结与评价

通过本次任务学习，以操作人员的身份进入丙烯腈生产装置模型精制工段，查找工艺流程，并能熟练叙述工艺流程，能够根据沙盘列出主要设备。锻炼我们对工艺流程的认读，提高自主学习和表达问题等能力。

任务四　丙烯腈火炬工段认知

任务目标　① 了解丙烯腈火炬工段的工艺原理、典型设备和关键参数，能够正确分析火炬工段各参数的影响因素；
② 掌握火炬工段的工艺流程，能够绘制PFD流程图。
任务描述　请你以操作人员的身份进入丙烯腈装置火炬工段，了解火炬工段的工艺原理，掌握工艺流程和各主要设备的结构、作用，熟知关键参数。
教学模式　理实一体、任务驱动
教学资源　沙盘、仿真软件及工作任务单（3-1-4）

任务学习

一、丙烯腈火炬工段主要设备及位号

火炬系统的作用是将反应剩余的丙烯、氨，以及反应过程中生成的无回收利用价值且直接排放会污染环境的尾气（如：丙腈、丙烯醛、丙烯酸、甲醛、乙醛等）燃烧处理。为保证燃烧效果，火炬系统设有长明灯，丙烯作为长明灯的燃料。尾气工段主要设备见表3-19。

表 3-19　尾气工段主要设备一览表

序号	设备编号	设备名称
1	V9308	火炬气水封罐
2	F9309	含氰火炬
3	F9310	氨火炬
4	V9131	污水槽
5	P9307	火炬水泵
6	V9361	丙烯气液分离罐

二、丙烯腈火炬工段工艺流程

1. 含氰火炬系统

含氰火炬气、丙烯火炬气及脱氢氰酸塔真空泵（P9133）的氢氰酸尾气分别进入火炬气水封罐（V9308），经洗涤后排至含氰火炬（F9309）燃烧排放。火炬气水封罐（V9308）内的水封高度为600～900mm，设有水位调节及高水位报警信号，高水位信号与火炬水泵联锁。因事故排放而使火炬气水封罐（V9308）内液位升高时，火炬水泵（P9307）自动启动，将多余的液体送至污水槽（V9131）。在含氰火炬筒中冷凝的液体通过回流管返回火炬气水封罐（V9308）。

2. 氨火炬系统

氨蒸发器（E9105）事故时排放的氨气和氨球罐（V202A/B）事故工况下安全阀排放的氨气送至氨火炬（F9310）燃烧。为了阻止氨火炬（F9310）回火，在靠近氨火炬（F9310）入口管道处设置了阻火器。氨火炬（F9310）底部带有氨汽化器，用以收集氨火炬气管道携带的凝液。氨汽化器采用0.3MPa低压蒸气加热。

3. 燃料气系统

两个火炬均设有长明灯,其燃料为燃料气(丙烯气)。燃料气(丙烯气)送至丙烯气液分离罐(V9361)。经分离后用调节阀来调节压力,作为点火、长明灯用燃料气及助燃燃料气。

两个火炬均配置了一根助燃燃料气管道,当仅有氢氰酸尾气排放至含氰火炬(F9309)时,由于氢氰酸排放气热值较低,不能保证火炬气稳定燃烧,所以氢氰酸排放时必须补充燃料气用于提高混合气的热值,保证排放气的稳定燃烧;氨火炬(F9310)用以烧除氨气,由于氨气热值较低,不能保证火炬气稳定燃烧,所以氨排放时必须补充燃料气提高混合气的热值,保证排放气的稳定燃烧。

三、丙烯腈火炬工段工艺流程

丙烯腈火炬工段工艺流程示意图见图 3-9。

1. 火炬气水封罐 V9308 液位控制

火炬气水封罐 V9308 液位控制见表 3-20~表 3-22。

表 3-20　火炬气水封罐 V9308 液位控制表

控制范围	LICA3117　　　20%~70%
控制指标	给定的控制液位不超过 70%
相关参数	影响到控制指标波动的参数 加热盘管温度高 加水管线停水 加水管线冻堵 丙烯腈装置含 CN⁻ 管线排放量过大 丙烯气排放带液 长时间不置换造成聚合,液位指示失灵
控制方式	正常的控制方法 LICA3117 液位由自动补加水阀自动控制,保持液位在 20%~70%,液位超过 70% 时自动补加水阀自动关闭,液位低于 20% 时自动补加水阀自动打开加水至 70% 停止,外操现场手动补加水控制液位

表 3-21　火炬气水封罐 V9308 液位正常调整

影响因素	调整方法
液位逐步降低	加水管线停水造成液位低,保持补加水畅通 加水管线冻堵造成液位低,冬季做好防冻保温工作
液位逐步升高	丙烯腈装置通过含 CN⁻ 管线排放量过大,及时启用 P9307A/B 泵打出至 V9131

表 3-22　火炬气水封罐 V9308(液位)异常现象与处理方法

现象	原因	处理方法
液位迅速上升	ACN 装置排放量过大	及时启动 P9307A/B 泵打至 V9131,联系值班长查找原因
液位逐步下降	加热盘管温度过高	适当调整加热盘管温度或关闭加热蒸汽阀门
封水冻堵	丙烯气排放带液	及时打开加热盘管加热冻堵封水

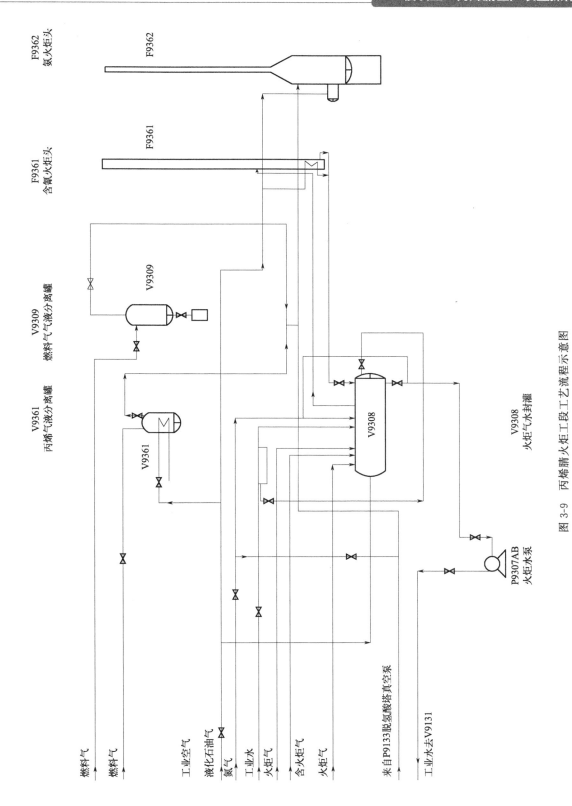

图 3-9 丙烯腈火炬工段工艺流程示意图

2. 燃料气液分离罐 V9309、丙烯气液分离罐 V9361 液位控制

燃料气液分离罐 V9309、丙烯气液分离罐 V9361 液位控制见表 3-23。

表 3-23　燃料气液分离罐 V9309、丙烯气液分离罐 V9361 液位控制

控制范围	液位 0%
控制指标	给定的控制指标不超过 10%
相关参数	影响到控制指标波动的参数 燃料气来气管道水多 燃料气压力波动
控制方式	正常控制的方法 V9309、V9361 液位控制为零 燃料气压力控制 0.08～0.4MPa

任务执行 ◀

在丙烯腈生产装置火炬工段的现场（沙盘）查找流程（工作任务单 3-1-4）、主要设备，并进行学习。要求：时间 30min，成绩在 90 分以上。

工作任务单　丙烯腈火炬工段认知		编号：3-1-4
考查内容：火炬工段工艺流程		
姓名：	学号：	成绩：
1. 火炬工段的作用是什么？		
2. 火炬工段的主要设备有哪些？在现场找出设备及位号。		
3. 绘制丙烯腈生产火炬工段工艺流程图（绘图纸）。		

任务总结与评价 ◀

通过本次任务学习，以操作人员的身份进入丙烯腈生产装置模型火炬工段，查找工艺流程，并能熟练叙述工艺流程，能够根据沙盘列出主要设备。锻炼我们对工艺流程的认读，提高自主学习和表达问题等能力。

【项目综合评价】

姓名		学号		班级	
组别		组长		成员	
项目名称					

维度	评价内容	自评	互评	师评	等级
知识	了解丙烯腈的性质及用途,掌握丙烯氨氧化法的反应原理、原料和产品特点(5分)				
	掌握丙烯腈反应工段工艺流程,了解氧化反应器的结构及作用(5分)				
	掌握丙烯腈回收工段工艺流程,了解回收塔的基本特征(5分)				
	掌握丙烯腈精制工段工艺流程,了解系统中各个设备的主要作用(5分)				
能力	根据操作规程,配合班组指令,进行反应系统的开车操作(20分)				
	能够正确分析反应系统中各个工艺参数的影响因素(10分)				
	能够熟练操作丙烯腈仿真软件,能对实际操作中出现的问题正确进行分析,能够解决操作过程中的问题(10分)				
	能正确识图,绘制工艺流程原理图,能叙述流程并找出对应的管路,能够说出设备的特点及作用(10分)				
素质	通过学习,了解丙烯腈的性质及用途,具有初步的选择工艺路线的能力(5分)				
	通过讲解工厂事故案例,培养应对危机与突发事件的能力及解决化工生产一线技术问题的能力(5分)				
	通过对交互式仿真软件的操作练习,培养动手能力、团队协作能力、沟通能力、具体问题具体分析能力,使理论知识更好地与实践知识相结合,培养职业发展学习的能力(15分)				
	通过叙述工艺流程,培养良好的语言组织、语言表达能力(5分)				
我的反思	我的收获				
	我遇到的问题				
	我最感兴趣的部分				
	其他				

项目二
丙烯腈装置正常生产与调节

【学习目标】

知识目标
① 了解操作人员日常生产过程中常见的温度、压力、流量和液位的意义;
② 掌握各工艺参数之间的联系及相互影响;
③ 掌握常见的温度、压力、流量和液位测量原理、显示方式及调节控制的方法。

能力目标
① 能够根据生产中的关键参数运行区间,及时判断参数波动方向;
② 能够根据生产过程中关键参数的操作要点(E9102温度、回收塔液位),正确判断参数变化趋势,及时采取措施调解参数变化,使装置稳定运行。

素质目标
① 具有敬业、乐业、勤业、精业的优秀职业素养,严格遵守操作规程,在工作中具有严谨、认真的工作态度;
② 具有良好的团队合作意识,注重相互配合协调、善于沟通;
③ 养成文明生产的良好习惯;
④ 面对生产状况调整或波动时,具备敏锐的观察、判断能力,善于思考。

【项目导言】

石油和化工企业高效、良好的运行离不开对生产过程中物料、能源和人员等的管理、组织和运行。装置的正常生产与调节为操作人员日常重要工作之一。化工生产过程中的工艺参数主要包括温度、压力、流量、催化剂及物料配比,另外,接触时间、操作气速等也会影响反应的进行。

(1) 反应对原料的基本要求

催化剂:丙烯、氨氧化的催化剂一般采用钼铋类;

氨:要求是合成氨生产的合格品,规格为:NH_3含量>99.5%,水含量<0.2%,油含量<5×10^{-5};

丙烯:丁烯及高级烯烃的存在会给反应带来不利影响,由于其比丙烯更易氧化,会降低氧的浓度,从而降低催化剂的活性。正丁烯氧化得到甲基乙烯酮(沸点80℃)以及异丁烯氧化得到的甲基丙烯腈(沸点90℃)沸点与丙烯腈接近,会给丙烯腈的分离精制造成困难,所以在丙烯原料中需严格控制;

空气:不做特殊要求,无炔烃、无尘粒。

(2) 原料配比 合理的原料配比是保证丙烯腈合成反应稳定、减少副产物、降低消耗定额以及操作安全的重要因素,因此严格控制合理的原料配比十分重要。

① 丙烯与氨的配比。丙烯和氨氧化可以生成丙烯腈,也可氧化生成丙烯醛,都是烯丙

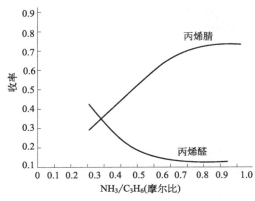

图3-10 丙烯与氨配料比对产品收率的影响

基的反应。丙烯与氨的配比对这两种产物的生成有密切的关系（如图3-10丙烯与氨配料比对产品收率的影响）。

② 丙烯与空气的配比。丙烯氨氧化是以空气为氧化剂，空气用量的大小直接影响氧化结果。丙烯氨氧化所需的氧气是由空气带入的。目前，工业上实际采用的丙烯与氧的摩尔比约为1：（2～3）（大于理论值1：1.5），采用大于理论值的氧比，主要是为了保护催化剂，不致因催化剂缺氧而引起失活。反应时若在短时间内因缺氧造成催化剂活性下降，可在540℃温度下通空气使其再生，恢复活性。但若催化剂长期在缺氧条件下操作，虽经再生，活性也不可能全部恢复。

③ 丙烯与水蒸气的配比。水蒸气有助于反应产物从催化剂表面解吸出来，从而避免丙烯腈的深度氧化；水蒸气在该反应中是一种很好的稀释剂。如果没有水蒸气参加，反应很激烈，温度会急剧上升，甚至发生燃烧，而且如果不加入水蒸气，原料混合气中丙烯与空气的比例正好处在爆炸范围内，加入水蒸气对保证生产安全防爆有利。水蒸气的热容较大，可以带走大量的反应热，便于反应温度的控制。水蒸气的存在，可以消除催化剂表面的积炭。

(3) 反应温度　反应温度不仅会影响反应速度，也影响反应的选择性。在合理温度区间内，随着温度的升高，丙烯的转化率会升高，即催化剂的活性增加。温度是影响丙烯氨氧化的一个重要因素。当温度低于350℃时，几乎不生成丙烯腈。要获得丙烯腈的高收率，必须控制较高的反应温度。温度的变化对丙烯的转化率、丙烯腈的收率、副产物氢氰酸和乙腈的收率以及催化剂的空时收率都有影响。丙烯腈收率的最大值所对应的温度大约在460℃左右，乙腈收率最大值所对应的温度大约在417℃左右。生产中通常在460℃左右进行操作。另外，在457℃以上反应时，丙烯易与氧作用生成大量CO_2，放热较多，反应温度不易控制。再者，过高的温度也会使催化剂的稳定性降低。

(4) 反应压力　从热力学观点来看，丙烯和氨氧化生成丙烯腈为体积缩小的反应，提高反应压力可增大该反应的平衡转化率；同时在一定范围内随着反应器压力的增加，气体体积缩小，可以增加投料量，提高生产能力。

在化工生产过程中，大多数物料在连续流动状态下，进行传热、传质或化学反应等过程，产出量、物料特性、甚至物料的加工路线都会受到原料成分、人工操作技能、加工温度和压力、设备效率等因素的影响，且大多数不可预知，就需要操作人员在日常生产过程中及时调整工艺条件，保证生产正常进行。

【项目实施任务列表】

任务名称	总体要求	工作任务单	课时
任务一 E9102冷后温度调节	了解E9102的温度调节要点，理解在化工生产过程中换热器温度控制的方式，认识操作人员关于换热器的日常维护与保养	3-2-1	2

续表

任务名称	总体要求	工作任务单	课时
任务二 贫水/溶剂水缓冲槽液位和回收塔釜液位控制	了解液位调节的基本原理,能够根据仿真软件进行贫水/溶剂水缓冲槽液位和回收塔釜液位控制,控制其在正常生产范围内	3-2-2	2

任务一　E9102 冷后温度调节

任务目标　① 了解换热器日常维护与保养的内容;
② 了解换热器的换热原理;
③ 能够根据仿真软件将 E9102 冷却后的温度控制在正常生产范围内。

任务要求　请你以操作人员的身份进入化工企业,了解换热器的基础知识后,完成日常生产任务——合成工段 E9102 冷后温度的调节。

教学模式　理实一体、任务驱动

教学资源　工作任务单（3-2-1）

任务学习　◀

换热器广泛应用于石油、化工等行业,其主要功能是保证工艺中特定的设备温度,同时也是提高能源利用率的重要设备之一。换热器的种类较多,常见的有列管式、板式等。但是从原理上分析,不管是冷却、加热等化工过程都是利用物料间大量的接触面积进行热交换。

一、换热器的日常维护与保养

换热器清洗有利于设备装置的维护和保养,可以减少生产事故,有利于稳定生产。清洗污物可以减少生产过程的各种事故,以及环境和人身伤害;清洗消毒、去除污染等,有利于人体健康。

换热器需定期紧固螺栓。因为当螺栓的温度高于 150℃ 时,法兰连接密封处会产生一定程度的伸长,导致紧固部位松动。

严格控制流体泄漏。换热器在工作过程中的工作介质会是一些高压、高温和有毒的流体,这些流体一旦泄漏后果不堪设想,所以必须严格进行控制,要点如下：从设计层面,要尽量减少密封垫片和法兰连接的使用;尽量采用自紧式结构螺栓。

注意性能衰减。工作一段时间后,换热器的性能会有不同程度的衰减,主要表现在以下几个方面：换热器表面因结垢严重而降低传热效果。结垢缩小管内直径,流线变细,流速增大,增大压力损失,出现不同程度的管束胀口腐蚀及泄漏。

定期清洗和检查。定期对压力、温度、流量等的记录进行检查。压力增加说明管束内有堵塞或结垢;温度低于设计工艺参数要求,说明管内外壁有结垢;如果出口的冷却水黏度高,有可能是因为管束胀口泄漏或管壁腐蚀加速所致。定期检查壳体外表面和内表面的磨损和腐蚀情况,采用非破坏性测厚仪器（如超声波测厚仪）测定减薄或受腐蚀部位。

做好管内侧的清洗。可以注入相应的化学药品、采用逆流操作或增加流量的方法将流体的结垢溶解去除。

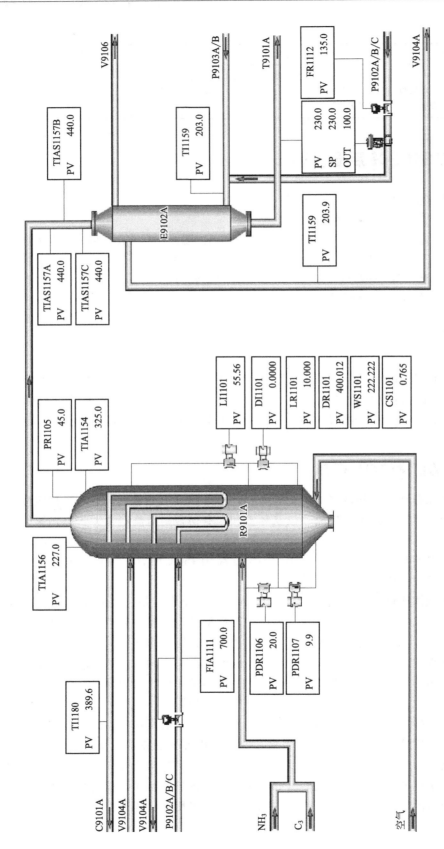

图 3-11 E9102 冷后温度调节图

二、E9102 冷后温度调节方案

当冷流体和热流体进入换热器的管程和壳程,通过热传导使热流体的出口温度降低。如不考虑传热过程中的热损失,则热流体失去的热量应该等于冷流体获得的热量(热量守恒定律):

$$Q = G_1 c_1 (T_1 - T_2) = G_2 c_2 (t_2 - t_1)$$

式中,Q 为单位时间内传递的热量;G_1、G_2 分别为载热体和冷流体的流量;c_1、c_2 分别为载热体和冷流体的比热容;T_1、T_2 为载热体的入口温度和出口温度;t_1、t_2 分别为冷流体的入口温度和出口温度。

在生产过程中,换热器被加热(冷却)物料出口温度的有效控制是保证质量、节能和安全的重要条件。在大型石油化工企业中,为充分利用不同温位的热量和有效地回收热能,换热过程可能纵横交错、相互关联。在丙烯腈的合成工段中反应气体冷却器 E9102 实现了热量的综合利用,反应器 R9101 出口气体(热物料)进入反应器冷却器(E9102)管程冷却至大约 230℃后进入急冷塔 T9101A/B;来自 V9104A/B 的除氧水经供水泵 P9103 送到反应气体冷却器 E9102,自蒸汽发生器底部的饱和水经反应器冷却水泵 P9102、反应气体冷却器出口反应气体温度调节器(TRCA-1155、TRCA-B1155)的调节,加到供水泵(P9103)出口管线上,与脱氧水混合(冷物料),经反应气体冷却器(E9102),返回蒸汽发生器。实现合理的热交换,提高节能效益(如图 3-11)。

任务执行

要求在 15min 内完成，且成绩在 80 分以上。

工作任务单　E9102 冷后温度调节				编号：3-2-1	
装置名称		姓名		班级	
考查知识点	E9102 冷后温度调节	学号		成绩	

由于生产状况的变化，导致 E9102 冷后温度发生变化，请在理解 E9102 换热流程的基础上，完成本次调节任务，将 E9102 冷后温度控制在 200～232℃。

1. 在下图空白处填写正确的装置设备位号及控制参数指标。

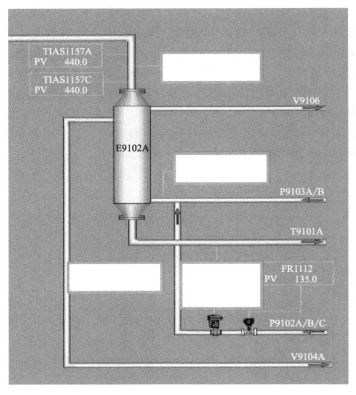

2. 打开仿真软件，完成 E9102 冷后温度调节，要求时间 30min，成绩在 85 分以上。

注意：生产中要平稳操作，调节参数要稳妥缓慢，幅度要小，防止系统的波动。

(1) 对影响生产的参数必须准确判断，对操作的调整必须准确迅速。

(2) 反应器、各塔严格控制操作条件，控制在正常范围，不得超温超压。

任务总结与评价

在丙烯腈装置中（合成和精制）热量综合应用的换热器还有哪些？热量的综合应用，对化工生产企业有什么意义（经济和环境保护）？

任务二　贫水/溶剂水缓冲槽液位和回收塔釜液位控制

任务目标　① 了解虹吸式再沸器的工作原理；
② 了解液位调节的基本原理，能够根据仿真软件进行贫水/溶剂水缓冲槽液位和回收塔釜液位控制，控制其在正常生产范围内。

任务描述　由于生产任务的变化，导致贫水/溶剂水缓冲槽液位和回收塔釜液位发生了变化，请你以操作人员的身份，在了解贫水/溶剂水缓冲槽和回收塔工艺基础上，利用仿真软件将工艺参数调整至正常范围内。

教学模式　理实一体、任务驱动

教学资源　仿真软件及工作任务单（3-2-2）

任务学习

石化企业的生产、日常饮用水的供应、金属工业用品的炼制、污水的排放处理等都涉及液位的调节与控制，这些环境往往是高温、高压、易燃易爆的，例如锅炉，一旦锅炉中的水位出现过低情况，会引起锅炉温度的快速上升，造成事故的发生；在丙烯腈装置中，贫水/溶剂水缓冲槽液位和回收塔釜液位的控制、溶剂水缓冲槽对回收塔釜的影响很大，只有当缓冲槽液位稳定后塔釜液位方可稳定。

一、丙烯腈装置回收塔再沸器的工作原理

丙烯腈装置中回收塔的塔釜再沸器 E9145 是热虹吸式的，液位超高和抽空都会导致热虹吸的中断，造成回收塔热源中断，破坏全塔操作平衡。因此需要了解虹吸式再沸器的工作原理，掌握其控制原理。

热虹吸式再沸器为自然循环式，精馏塔塔底的液体进入再沸器被加热而部分汽化，再沸器入口管线中充满液体，而出口管线中是气液相混合物。即热虹吸式再沸器实际上是一个靠液体的热对流来加热冷流体的换热器。当再沸器内的液体被加热后变成气液混合物，密度变小，从上面进入塔釜，而塔釜底部的液体因密度较大，自动流向再沸器，这样塔-塔釜底-再沸器-塔釜顶，形成一个自然循环，釜内液体不断被加热，汽化（如图 3-12）。

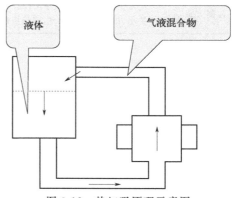

图 3-12　热虹吸原理示意图

二、丙烯腈装置中贫水/溶剂水缓冲槽和回收塔液位的调节

贫水/溶剂水从回收塔（T9104）第 1 块板引出，自动流入贫水/溶剂水缓冲槽（V9138），一部分贫水在缓冲槽液位调节器（LICA1211）的调节下，用回收塔底釜液进料泵（P9116）送到回收塔底，由流量记录器（FI1229）测量指示；另一部分贫水由溶剂水/贫水泵（P9115）送出去脱氢氰酸塔再沸器（E9116A/B）和成品塔再沸器（E9119A/B/C）作热源。塔底的采出在液位调节器（LICA1212）的调节下用回收塔底釜液泵（P9152）送

至四效蒸发系统进行废水处理,大约一半的物料在四效蒸发系统被汽化,汽化冷凝后的凝液在轻有机物汽提塔(T9504)内进行汽提,回收有机物和游离的氨,轻有机物汽提塔(T9504)顶部蒸汽作为热源,进入回收塔(T9104)底部、汽提罐(V9118A/B),减少低压蒸汽的消耗。

在控制液位过程中,注意控制回收塔塔温在正常范围,控制回收塔压力在正常范围(PICAS1211),控制溶剂水流量FIC1225在220t/h,温度TRC1230在48℃,适当调整提高灵敏板温度TRC1233。调整LICA1211,控制缓冲罐V9138液位在50%,调整回收塔进料负荷,从而实现调整塔釜液位(表3-24)。

表3-24　T9104塔灵敏板温度调节表

控制范围	TRC1233　　　　78~96℃
控制指标	给定温度波动不超过1℃
相关参数	1. 进料温度 TRC1231 2. 进料量 FR1224 3. 蒸汽量 FRC1227 4. 蒸汽压力 PIC7117 5. T9107塔返至T9104塔的量 FIC1310 6. 溶剂水量 FRC1225 7. 溶剂水温度 TRC1230 8. 塔顶压力 PICAS1211 9. FRC1238 采出量 10. T9110塔返回量 11. T9504塔顶蒸汽采出量 12. FIC1231进料量大小 13. V9138液位 LICA1211 14. T9104塔底液位 LICA1212
控制方式	正常主要调整蒸汽量FIC1227,FRC1227阀位开大,以增加蒸汽流量,提高灵敏板温度;FRC1227阀位关小,以减少蒸汽流量,降低灵敏板温度

任务执行

	工作任务单　贫水/溶剂水缓冲槽液位和回收塔釜液位控制			编号:3-2-2	
装置名称	丙烯腈装置	姓名		班级	
考查知识点	贫水/溶剂水缓冲槽液位和回收塔釜液位控制	学号		成绩	

在学习相关知识后,打开仿真软件完成贫水/溶剂水缓冲槽液位和回收塔釜液位控制,要求时间 45min,成绩在 85 分以上。

(1)对影响生产的参数必须准确判断,对操作的调整必须准确迅速。
(2)反应器、各塔严格控制操作条件,控制在正常范围,不得超温超压。

任务总结与评价

总结本次液位控制操作过程中的难点。

【项目综合评价】

姓名		学号		班级	
组别		组长		成员	
项目名称					

维度	评价内容	自评	互评	师评	等级
知识	了解操作人员日常生产过程中常见的温度和液位的意义(10分)				
	掌握温度调节和液位调节控制的方法(10分)				
能力	能够根据生产中的关键参数运行区间,及时判断参数波动方向(20分)				
	根据生产过程中关键参数的操作要点(E9102温度、回收塔液位),正确判断参数变化趋势并及时处理参数变化,稳定装置的运行(30分)				
素质	遵守操作规程,在工作中秉持认真、严谨的工作态度(10分)				
	面对生产状况调整时,具备敏锐的观察能力,善于思考(10分)				
	通过对交互式仿真软件的操作练习,培养动手能力、团队协作能力、沟通能力、具体问题具体分析能力,使理论知识更好地与实践知识相结合,培养职业发展学习的能力(10分)				
我的反思	我的收获				
	我遇到的问题				
	我最感兴趣的部分				
	其他				

项目三
丙烯腈装置开车操作

【学习目标】

知识目标
① 了解丙烯腈装置开车前的各项准备工作，了解水电气等公用工程的投用情况；
② 了解各岗位工作职责及各岗位间的联系；
③ 掌握各主要控制点的参数范围及丙烯腈装置开车操作的步骤；
④ 掌握各控制参数的调节方法；
⑤ 掌握各工段之间的联系，各设备、阀门、仪表的位号及相互间的工艺关系。

能力目标
① 能够在仿真操作界面上熟练定位各设备、阀门、仪表；
② 能根据仿真软件的操作提示完成各工序的开车操作；
③ 能够将工艺参数控制在规定的范围内；
④ 能够初步制定装置开车纲要。

素质目标
① 通过装置开车仿真操作，树立遵章守纪、精益求精的工作态度；
② 通过仿真操作中内外操的切换，增强团队合作意识。

【项目导言】

丙烯腈车间岗位间相互关系

1. 操作人员的职责及隶属关系

（1）隶属关系

操作人员在岗期间，受班长、值班长直接领导。操作人员负责本岗位正常生产期间的安全稳定生产、正常工艺操作及调节，文明生产。

（2）职责

认真学习和严格遵守各项规章制度，遵守劳动纪律，不违章作业，对本岗位的安全生产负直接责任。遵守安全生产法，履行安全生产合同，严格执行 ISO18000、ISO14001 标准。

精心操作，严格执行工艺纪律和操作纪律，做好各项记录。交接班必须交接安全情况、工艺调整情况，交班要为接班创造良好的安全生产条件。按时认真进行巡回检查，认真监盘，正确分析、判断和处理各种异常情况，并及时报告班长及相关人员。

在事故发生时，按事故预案正确处理，立即向上级报告，并保护好现场，做好详细记录。

正确操作，精心维护设备，保持作业环境整洁，搞好安全文明生产，做好岗位治保工作。上岗必须按规定着装，妥善保管、正确使用劳动防护用品和灭火器材。积极参加各种安全活动、岗位技术练兵和事故预案演练。有权拒绝违章作业的指令，对他人的违章作业要加以劝阻和制止。

熟悉本岗位生产介质（$CH_2{=}CH{-}CH_3$、NH_3、HCN、CH_3CN）卫生标准、理化性质及防范措施，掌握氰化物中毒的急救方法及初期火灾的扑救方法。对本岗位的检修及施工作业负责，做好检修前工艺设备安全处理及确认工作，对本岗位的检修及动火作业实施现场监管，做到安全、文明检修。熟悉本岗位动火分析合格标准，各类检修抽、加盲板等作业管理程序和"书、票、证"管理程序。

2. 装置内岗位之间在生产过程中所处地位及作用

（1）合成岗位

合成单元是装置的主要生产单元之一，主要作用是生成产物，并进行冷却、吸收。

（2）精制岗位

精制单元是装置的主要生产单元之一，其作用是通过精馏的方法提纯合成来料，达到产品质量要求。其中四效工序是配套单元，其主要作用是处理装置产生的废水。火炬工序的主要作用是烧掉含氰和不含氰的火炬气体，净化后达标排放。

（3）空压岗位

空压制冷岗位是装置的主要生产单元之一，其作用是为反应器提供空气，为换热器提供冷量。其中废气焚烧（AOGC）岗位处理吸收塔尾气，净化后达标排放。

3. 正常状态上下工序之间的相互联系

正常生产过程中，装置上下工序之间应加强相互联系。合成单元生成产物经过冷却和吸收送至精制单元进行精馏提纯，精制单元产生废水经过四效单元处理后，高浓度废水送至V9304焚烧，低浓度废水送至生化处理池。

4. 正常状态下与班长、值班长的相互联系

正常生产状态下，合成工序班长、精制工序班长、空压工序班长在值班长的统一领导下，做好本班组的安全生产工作，并加强对自己所管辖岗位的管理，确保生产平稳受控（见图3-13）。

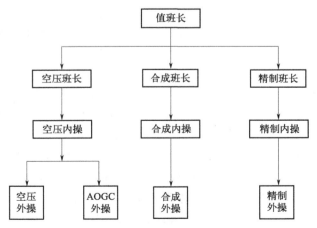

图3-13 班长、值班长的相互联系图

M3-1 丙烯腈装置开工纲要

【项目实施任务列表】

任务名称	总体要求	工作任务单	建议课时
任务一 T9101、T9103 建立液位	通过该学习任务，能够完成塔T9101、T9103建立液位的仿真操作，并将液位控制在规定范围	3-3-1	2
任务二 汽包升温升压	通过该学习任务，能够完成汽包升温升压的仿真操作，并将温度、压力控制在规定范围	3-3-2	2
任务三 开工加热炉点火 升温、加催化剂	通过该学习任务，能够完成开工加热炉点火升温和加催化剂的仿真操作，并将温度、流量控制在规定范围	3-3-3	2
任务四 装置循环冷运	通过该学习任务，能够完成装置循环冷运仿真操作，并将工艺参数控制在规定范围	3-3-4	2
任务五 装置循环热运	通过该学习任务，能够完成装置循环热运仿真操作，并将工艺参数控制在规定范围	3-3-5	2
任务六 脱氢氰酸塔、成品塔进料	通过该学习任务，能够完成脱氢氰酸塔和成品塔进料仿真操作，并将两塔工艺参数控制在规定范围	3-3-6	2

任务一　T9101、T9103建立液位

任务目标　① 了解T9101、T9103的结构、作用，与前后设备之间的工艺联系；
　　　　　② 掌握T9101、T9103建立液位的仿真操作步骤；
　　　　　③ 建立T9101、T9103的液位，并控制在规定范围。
任务描述　请你以操作人员的身份进行DCS仿真操作，成功建立T9101、T9103的液位。
教学模式　任务驱动、仿真操作
教学资源　沙盘、仿真软件及工作任务单（3-3-1）

任务学习

从反应器（R9101）顶部出来的混合气体进入十五组二级旋风分离器，将反应气体所夹带的催化剂通过旋风分离器料腿返回到床层。第二级料腿底部装有翼阀，每个料腿都设有空气反吹风，反应气体经内集气室出来，进入反应气体冷却器（E9102A/B）管程，被壳程的脱氧水冷却至200℃左右，然后去急冷塔（T9101）。急冷塔T9101液位控制见表3-25～表3-27其液位控制示意图见图3-14。

经部分冷却的温度大约为200℃左右的反应器出口气体进入急冷塔（T9101）下段，该气体向上流动通过急冷塔下段四层蜂窝格栅与急冷塔下段循环泵（P9108A/B）送出经喷头喷淋的循环废水逆向接触，绝热骤冷到约82℃，循环废水的流量由流量指示（FIA1207）测量；从下段循环泵出口将部分废水通过急冷塔下段液位指示调节器（LICA1101）、FIA1207定量地送往下段汽提罐（V9118A），处理后送往废水/废有机物槽（V9105）。由pH记录调

节器（ARCA1201A）自动调节硫酸量加入到急冷塔下段循环泵（P9108A/S）出口，控制下段的 pH 值为 6.5～7.0。急冷塔后冷却器 E9140 液位控制见表 3-28～表 3-30，其控制示意图见图 3-15。

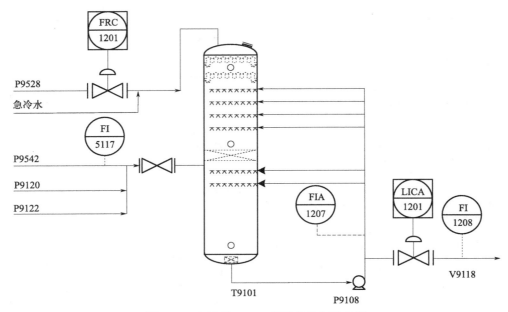

图 3-14　急冷塔 T9101 塔液位控制示意图

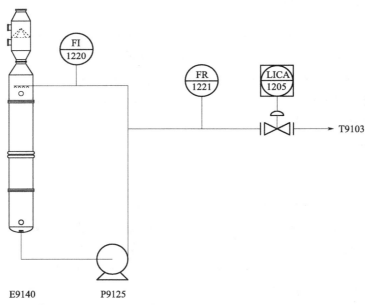

图 3-15　急冷塔后冷却器 E9140 液位控制示意图

从急冷塔后冷却器出来的约 40℃ 的反应气体，在氧分析仪（ARA1203）连续监测氧含量下，进入吸收塔底部。在吸收塔中用水逆流洗涤，回收丙烯腈和其他可溶于水中的有机反应产物。未被吸收的一氧化碳、二氧化碳、氮气、未反应的氧和烃类，通过吸收塔尾气催化焚烧装置处理达标后排放，在非正常状态下，也可通过吸收塔顶放空烟囱，在塔顶压力记录调节器（PRCA1203）的调节下放空，该压力调节器还调节着吸收塔及上游设备的压力。吸收塔 T9103 上段液位控制见表 3-31～表 3-33，其控制示意图见图 3-16。

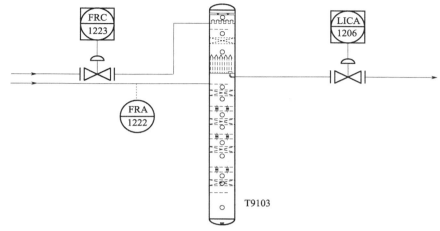

图 3-16　吸收塔上段液位控制示意图

表 3-25　急冷塔（T9101）液位控制表

控制范围	LICA1201　　　　40%～80%
控制目标	给定值范围内的波动不超过 10%
相关参数	液位控制阀 LICA1201 急冷水量现场手动阀 P9528 加水阀 FRC1201 P9542 加水阀 FIC5117 P9142 加水阀 FRC1228
控制方式	通过调整加水量和外采量的大小来平衡液位

表 3-26　急冷塔 T9101 液位正常调整

影响因素	调整方法
LICA1201 阀位开度	开大 LICA1201 阀位，加大外采量 FI1208，液位下降。反之，关小阀位，外采量 FI1208 减小，液位上升
FRC1201、FRC1228 阀位开度	开大 FRC1201、FRC1228 阀位，加水量加大，液位上升。反之，关小阀位，加水量减小，液位下降
急冷水现场手动阀位开度	急冷水现场手动加水阀阀位开大，加水量加大，液位上升。反之，关小阀位，加水量减小，液位下降

表 3-27　急冷塔 T9101 液位异常处理

现象	原因	处理方法
液位快速下降	LICA1201 阀故障开大或全开	立刻到现场将 LICA1201 改副线操作
	FRC1201 阀故障关小或全关	立即关小 LICA1201 阀位，减小外采量，到现场将 FRC1201 改副线操作

续表

现象	原因	处理方法
液位快速上升	LICA1201阀故障关小或全关	立刻到现场将LICA1201改副线操作
	FRC1201阀故障开大或全开	立即增加LICA1201阀位,加大外采量,到现场将FRC1201改副线操作

表 3-28　急冷塔后冷却器 E9140 液位控制表

控制范围	LICA1205　　　40%～80%
控制目标	给定值范围内波动不超过10%
相关参数	1. 液位调节阀　LICA1205 2. 采出量　　　FR1221 3. 循环量　　　FI1220
控制方式	保持液位和循环量稳定的情况下,外采至T9103塔

表 3-29　急冷塔后冷却器 E9140 液位正常调整

影响因素	调整方法
LICA1205阀位开度	开大液位控制阀LICA1205阀位,加大外采量FR1221,液位下降。反之,关小LICA1205阀位,液位上升

表 3-30　急冷塔后冷却器 E9140 液位异常处理

现象	原因	处理方法
LICA1205液位快速上升	LICA1205阀故障关小或全关	立刻到现场将LICA1205改副线操作
LICA1205液位快速下降	LICA1205阀故障开大或全开	立刻到现场将LICA1205改副线操作

表 3-31　吸收塔（T9103）上段液位控制

控制范围	LICA1206　　　50%～80%
控制指标	给定值范围内波动不超过10%
相关参数	1. 上段吸收水流量 FRC1223 2. 上段液位阀 LICA1206 3. 中部吸收水流量 FRA1222
控制方式	将上段液位阀LICA1206设定到一定阀位,稳定中部吸收水FRA1222流量,用吸收水控制阀FRC1223控制上段液位稳定

表 3-32　吸收塔 T9103 上段液位正常调整

影响因素	调整方法
LICA1206阀位开度	吸收塔上段液位通过LICA1206阀来控制。开大阀位,液位下降,中部吸收水流量FRA1222流量增大。反之,关小LICA1206阀位,液位上升,中部吸收水流量FRA1222减小
FRC1223阀位开度	吸收塔顶部吸收水通过FRC1223阀来控制。开大阀位,液位LICA1206上升。反之,关小阀位,液位下降

表 3-33　吸收塔 T9103 上段液位异常处理

现象	原因	处理方法
LICA1206 液位快速上升	LICA1206 阀故障（关小或全关）	立刻到现场将 LICA1206 改副线操作
	FRC1223 阀故障（开大或全开）	立刻到现场将 FRC1223 改副线操作
	P9110 泵跳车	立刻到现场启动备用泵
	液位计失灵	控制 FRC1223、FRA1222 流量在正常范围内
LICA1206 液位快速下降	LICA1206 阀故障（开大或全开）	立刻到现场将 LICA1206 改副线操作
	FRC1223 阀故障（关小或全关）	立刻到现场将 FRC1223 改副线操作

从成品塔再沸器（E9119A/B）来的贫水，通过富水/贫水换热器（E9108A/B）与吸收塔富水换热，再经吸收水冷却器（E9110A/B），由温度记录调节器（TRC1228）调节冷却到37℃，进入吸收塔顶部，吸收水量由流量记录调节器（FRC1223）控制，吸收水与塔底液中纯丙烯腈的质量比约为 18∶1。消泡剂由消泡剂加料泵 P9106B 从桶里抽出加入到消泡剂槽（V9110），由消泡剂泵（P9106A/S）将消泡剂定量送往顶部吸收水管线，防止起泡。

若吸收水中断后不能马上恢复，按紧急停车处理。

任务执行

根据生产指令，完成建立 T9101、T9103 液位仿真操作，并控制液位在规定范围；时间 30min，成绩 85 分以上。

工作任务单　T9101、T9103 建立液位		编号：3-3-1
考查内容：T9101、T9103 建立液位仿真操作		
姓名：	学号：	成绩：

1. T9101 和 T9103 的作用是什么？

2. T9101 和 T9103 液位的控制范围。

3. T9101 顶部和底部的温度需要控制在什么范围？

4. T9103 顶部和底部的物料组成。

5. 为什么要加入消泡剂？消泡剂的主要成分是什么？

任务总结与评价

熟练掌握急冷塔 T9101、吸收塔 T9103 工艺流程，能够顺利完成仿真操作。

根据仿真系统评分，分析操作上存在的不足，制定改进方案并在小组内进行分享。

任务二　汽包升温升压

任务目标　① 了解汽包的结构和工作原理，汽包升温升压的意义；
② 掌握汽包升温升压的仿真操作步骤；
③ 掌握影响汽包温度和压力的因素，能对汽包的温度和压力进行调节。
任务描述　请你以操作人员的身份进行 DCS 仿真操作，完成对汽包进行升温升压的操作。
教学模式　任务驱动、仿真操作
教学资源　沙盘、仿真软件及工作任务单（3-3-2）

任务学习

打开汽包 V9104、除氧槽 V9106 平衡线，引锅炉给水（DMW）进入汽包 V9104，使汽包 V9104 液位达到 40%～80%。

打开吸收塔侧线循环泵 P9110A 入口阀，启动泵 P9110A，打开泵 P9110A 出口阀，打开吸收塔侧线循环泵 P9110B 入口阀，启动泵 P9110B，打开泵 P9110B 出口阀，打开液位控制 LV1103 及前后阀，打开脱盐水泵 P9160A 入口阀，启动泵 P9160A，打开泵 P9160A 出口阀，打开脱盐水泵 P9160B 入口阀，启动泵 P9160B，打开泵 P9160B 出口阀。

除氧槽 V9106 液位 LICA1103 达到 20% 以上，开 FV1115，引水经反应气体冷却器 E9102 去汽包 V9104，开 V9104 顶部放空。

打开供水泵 P9103A 入口阀，启动泵 P9103A，打开泵 P9103A 出口阀，打开泵 P9103B 入口阀，启动泵 P9103B，打开泵 P9103B 出口阀，打开磷酸三钠泵 P9104A 的入口阀和出口阀。启动泵 P9104A 现场加碳酸钠，打开磷酸三钠泵 P9104B 的入口阀和出口阀，启动泵 P9104B 现场加碳酸钠，打开污水槽 V9105 去除氧槽 V9106 汽相阀门，打开汽包 V9104 去污水槽 V9105 现场阀。控制 V9104 液位在 20% 左右。汽包 V9104 液位控制见表 3-34～表 3-36，其示意图见图 3-17。

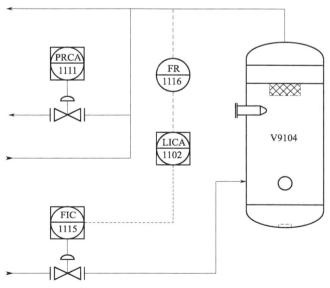

图 3-17　汽包 V9104 液位控制示意图

投用撤热水跨线，TRCA1115 全开 100%，打开反应器冷却水泵 P9102A 入口阀，启动泵 P9102A，打开泵 P9102A 出口阀，打开泵 P9102B 入口阀，启动泵 P9102B，打开泵 P9102B 出口阀，除氧槽 V9106 通除氧蒸汽。V9104 升温升压之前反应器氮气全开，反应器引空气，联系空压机组，FRCAS（流量记录调解报警联锁）1103 阀门全开，引 0.1MPa 蒸汽给汽包 V9104 升温升压，V9104 升压至 0.1MPa 后，关闭顶部放空阀。

打开 4.0MPa 蒸汽现场阀，汽包 V9104 继续升温升压。控制汽包 V9104 压力在 4.0MPa，打开急冷塔循环泵 P9108A 入口阀，启动泵 P9108A（引空气后），打开泵 P9108A 出口阀，打开泵 P9108B 入口阀，启动泵 P9108B（引空气后），打开泵 P9108B 出口阀。汽包 V9104 压力控制见表 3-37～表 3-39，其示意图见图 3-18。

表 3-34　汽包 V9104 液位控制表

控制范围	LICA1102　　40%～80%
控制指标	给定值范围内的波动不超过 5%
相关参数	1. 外导蒸汽量　　　FR1113 2. 补加水流量　　　FIC1115 3. 自产蒸汽流量　　FR1116 4. V9104 顶部压力　PRCA1111
控制方式	通过开关 FIC1115 阀开度调整 V9104 补水量来控制液位

表 3-35　泡包 V9104 液位正常调整

影响因素	调整方法
FIC1115 阀位开度	开大 FIC1115 阀位，补加水流量增大，液位 LICA1102 上升。反之，关小 FIC1115 阀位，液位下降

表 3-36　汽包 V9104 液位异常处理

现象	原因	处理方法
液位快速下降	FIC1115 阀故障关小或全关	立刻到现场将 FIC1115 改副线操作（若 V9104 空时禁止将 P9103 水引入 V9104）
液位快速上升	FIC1115 阀故障开大或全开	立刻到现场将 FIC1115 改副线操作。必要时加大排污
	PRCA1111 阀故障开大或全开	立即到现场关小 PRCA1111 端阀，减小外导蒸汽量 FR1113，控制 V9104 液位稳定

若 V9104 液位空按紧急停车处理。

表 3-37　汽包 V9104 压力控制表

控制范围	PRCA1111　　3.50～4.47MPa
控制指标	给定值范围内波动不超过 0.05MPa
相关参数	1. V9104A 顶压 PRCA1111 2. 外导蒸汽量 FR1113 3. P9102 出口压力 PRAS1115
控制方式	用 PRCA1111 阀位开度来控制 V9104A 压力

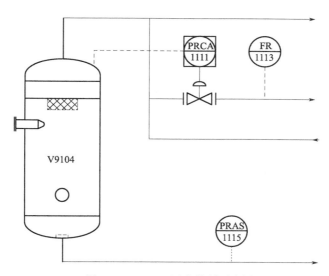

图 3-18　V9104 压力控制示意图

表 3-38　汽包 V9104 压力正常调整

影响因素	调整方法
PRCA1111 阀位开度	开大 PRCA1111 阀位,外导蒸汽量 FR1113 增大,V9104A 压力下降。反之,减小 PRCA1111 阀位,外导蒸汽量 FR1113 减小,V9104A 压力上升

表 3-39　汽包 V9104 压力异常处理

现象	原因	处理方法
V9104A 压力迅速上升或降低	PRCA1111 表失灵	根据 PIA4007 进行操作
	R9101A 进料量大幅度提升或退减	调整进料量在正常范围内,确保反应器内的热量稳定,保证 V9104A 压力稳定
	界外高压蒸汽管网波动	联系调度室,稳定高压蒸汽压力,控制 V9104 压力正常

若压力过低造成空压机停车按紧急停车处理。

任务执行

根据生产指令，完成对汽包 V9104 进行升温升压仿真操作，并控制工艺参数在规定范围；时间 30min，成绩 85 分以上。

工作任务单　汽包升温升压		编号：3-3-2
考查内容：汽包升温升压仿真操作		
姓名：	学号：	成绩：

1. 汽包的工作原理和作用是什么？

2. 如何调解汽包的温度和压力？

3. 加入碳酸钠的作用是什么？

任务总结与评价

熟悉汽包 V9104 工艺流程，能够熟练完成仿真操作。根据仿真系统评分，分析操作上存在的不足，制定改进方案并在小组内进行分享。

任务三　开工加热炉点火升温、加催化剂

任务目标　① 了解加热炉的结构、作用、加热炉点火升温的意义；
　　　　　　② 掌握催化剂的加入方式。
任务描述　请你以操作人员的身份进行 DCS 仿真操作，成功对加热炉进行升温，并控制温度在规定范围，按操作规程要求加入催化剂。
教学模式　任务驱动、仿真操作
教学资源　沙盘、仿真软件及工作任务单（3-3-3）

任务学习

打开丙烯边界阀，引丙烯入丙烯蒸发器 E9104A，丙烯蒸发器 E9104A 液位达到 20%～80%。打开液氨边界阀，引液氨入 E9105A，液氨蒸发器 E9105A 液位达到 20%～80%（反应器烧氨之前 E104、E105 建立液位即可）。

反应器温度高投联锁，反应器压力高投联锁，点火前控制空气流量 FRCAS1103 为 10000～25000m³/h，开工炉引入燃料气，控制 PRC1108 压力为 0.3MPa，PRC1109 压力控制 0.1MPa，打开 XV1115、XV1116，打通长明灯流程。打开 XV1112、XV1113，打通主燃料气流程，引入仪表风（燃烧空气），点火器点火，打开长明灯根部阀，长明灯引丙烯，点火。

打开主火嘴阀，主火嘴点燃，关闭点火器阀门 IA，火焰熄灭投联锁，燃料气压力高投联锁，燃料气压力低投联锁，炉膛温度高投联锁，将进反应器的空气量调至 50000～75000m³/h。空气流量低投联锁，开 IA 去 9102 阀，开 PV0119 前后阀及 VI3V102，给催化剂槽 V9102 冲压，先打开 8 字盲板，然后才能打开 VI1C101。

打开 VI1C101、VI6V102、VI7V102，最后打开 VI4C101（起始条件 VIC101、VI5V102、VI3V102），打通催化剂去 R9101 流程，炉膛温度高于 200℃时，反应器加催化剂。反应器加催化剂到正常 200t，加完催化剂后关闭 R9101 根部阀，关闭催化剂槽 V9102 出口阀，关闭催化剂进料 8 字盲板，关闭 PV0119 及前后阀，开 V9102 顶部泄压阀。

控制吸收塔 T9103 压力在 20kPa，调至反应器压力在 45kPa，投氨之前引硫酸，控制 AC1201（接入控制器）在 5 以下。全开氨过热器 E9133 蒸汽阀 TRC1106，开 E9133 凝液阀，全开丙烯过热器 E9134 蒸汽阀 TRC1105，开 E9134 凝液阀，打开丙烯蒸发器 E9104 顶部阀，打开液氨蒸发器 E9105 顶部阀，打开液氨蒸发器 E9105 贫液前后阀，关闭液氨蒸发器 E9105 贫液旁路阀。控制反应器入口氨 PIC1114 压力 0.25MPa 左右，控制氨进反应器温度 66℃，反应器温度升至 390℃，准备烧氨。空气降量之前反应器空气流量低联锁投旁路，将空气流量控制 FRCAS1103 流量缓慢调整为 8000～25000m³/h，微开氨气流量 FRCAS1102，开始烧氨（起始条件反应器温度 390℃）。烧氨成功，停事故氮气 HIC1102，TRC1103 达到 410℃时，投用过热大阀 VBGR（比例积分电动调节阀），关闭汽包 V9104 温度调节阀 TICA1161，TRC1103 达到 420℃时，开始投用撤热 U 形换热器。

关闭撤热水管跨线，逐步投氨使尾氧降至 7% 以下，当尾氧达 7% 以下时熄主火嘴。打开丙烯蒸发器 E9104 贫液，关闭丙烯蒸发器 E9104 贫液旁路阀，控制丙烯进入反应器温度为 66℃，控制氨蒸发器 E9105 液位在 50%，控制 E9104 液位在 50%。反应器投入丙烯，逐

步投入丙烯达到 7500m³/h，逐步投入氨气达到 8775m³/h，氨比为（氨与丙烯的摩尔比最佳值为 1.17）1.14～1.3。逐步投入空气达到 71250m³/h（空气与丙烯的摩尔比为 9.5），控制尾氧 0～2%，控制反应器温度 440℃，开 LV1205，控制急冷塔后冷却器 E9140 液位在 20%～80%，控制吸收塔 T9103A 循环量返回温度控制 TRC1227 在 8℃。

一、开工炉 F9101 点火

(P)—确认管道内无液相丙烯

[I]—关闭 XEV-1114、XEV-1117

[I]—启动 PRC-1108 调节器，将压力控制在 0.25～0.4MPa（表压）

[I]—将 PRC1109 调节阀关至 50% 阀位

[I]—将 TRCA1101 调节阀关至 20% 阀位

(P)—确认在 E9102A 处分析可燃气体浓度<0.2%

[I]—调节去反应器的空气流量 FRCAS1103 为 12000～18000m³/h

[P]—打开去点火器的仪表空气阀门，将压力调至 0.15MPa 左右

[P]—打开去点火器丙烯气管线阀门调节点火器丙烯气压力至 0.5MPa 左右

[P]—按动电动打火开关

(P)—确认开工炉长明灯点燃

(P)—打开主火嘴管线靠 F9101A 根部球阀，点燃主火嘴

(P)—确认主火嘴点燃，炉膛温度 TIAS1102 不断上升

[P]—关闭点火器的丙烯阀门

[P]—关闭点火器的空气阀门

[I]—将进反应器的空气量调至 50000～75000m³/h

[P]—通过调节主火嘴燃料气手阀的开度调节进入火嘴的燃料气量，将开工炉出口气体的升温速率控制在 50℃/h

[I]—主火嘴燃料气手阀全开后，通过温度记录调节器 TRCAS1101 调节进入火嘴的燃料气量，将开工炉出口气体的升温速率控制在 50℃/h。升温速率≤50℃/h。

二、反应器 R9101A 加催化剂

1. 打通 C9401A→R9101A 流程

[P]—投用 PR1105 的 N_2 吹扫

[P]—投用 LR1101 的 N_2 吹扫

[P]—投用 DR1101 的 N_2 吹扫

[P]—投用 PDR1106 的 N_2 吹扫

[P]—投用 PDR1107 的 N_2 吹扫

[P]—投用 R9101A 旋风分离器料腿仪表反吹风

[P]—投用 R9101A 催化剂取样管仪表反吹风

[P]—投用 R9101A 事故氮气 800～1000m³/h

(P)—确认"8"字盲板已调向，催化剂回装管线打通

[P]—全开输送空气→V9102A→R9101A 装料管线上的阀门

[I]—投用加压风压力控制阀 PCV0119

[P]—打开 V9102A 顶部加压空气阀门

[P]—打开 V9102A 底部松动风阀门

2. 反应器加催化剂操作

(I)—确认反应器 R9101A 升温至 200℃

[M]—联系施工单位 R9101A 系统热紧

(I)—确认 V9102A 顶部压力为 0.3MPa

[I]—调整 R9101A 压力为 25~50kPa

[P]—稍开 V9102A 底部至反应器阀门，向反应器内加催化剂

(I)—确认催化剂加入至 R9101A

(P)—确认 V9102A 中的催化剂全部加入到 R9101A 中

[P]—关闭 V9102A 底部出料阀门

[P]—关闭反应器 R9101A 装催化剂根部阀门

[P]—关闭 V9102A 顶部加压空气阀门

[P]—关闭 V9102A 底部松动风阀门

(P)—确认输送空气→V9102A→R9101A 装料管线吹扫 1h

[P]—关闭输送空气→V9102A→R9101A 装料管线阀门

[P]—打开 V9102A 顶部放空阀门

(I)—确认 V9102A 泄至常压

[P]—关闭 V9102A 顶部放空阀门

[I]—R9101A 加完催化剂继续升温

任务执行

根据生产指令，完成开工加热炉点火升温、加催化剂操作，并控制温度、压力等工艺参数在规定范围；时间 30min，成绩 85 分以上。

工作任务单　开工加热炉点火升温、加催化剂		编号：3-3-3
考查内容：开工加热炉点火升温、加催化剂仿真操作		
姓名：	学号：	成绩：

1. 指出 F9101、R9101、V9102 的名称和各自的作用。

2. 反应温度需要控制在什么范围？

3. 说明 R9101 内部结构。

4. 反应器 R9101 使用的催化剂是什么？加催化剂的条件是什么？

5. 烧氨的起始条件是什么？

6. 丙烯和氨进入反应器的温度是多少？

任务总结与评价

熟练掌握开工加热炉工艺流程，能够顺利完成仿真操作。根据仿真系统评分，分析操作上存在的不足，制定改进方案并在小组内进行分享。

任务四　装置循环冷运

任务目标　① 了解大循环系统的主要设备、仪表、阀门位置（位号）及作用，了解各设备、仪表、阀门的主要控制参数；
② 掌握大循环冷运的仿真操作。
任务描述　请你以操作人员的身份进行 DCS 仿真操作，成功进行大循环冷运，并控制各工艺参数在规定范围。
教学模式　任务驱动、仿真操作
教学资源　沙盘、仿真软件及工作任务单（3-3-4）

任务学习

打开氮气管路总阀，打开仪表空气管路总阀，打开低压蒸汽边界阀，打开中压蒸汽边界阀，打开蒸汽进装置总阀，控制 PICA7117 压力在 0.35MPa。

打开封水槽 V9515 注水阀，打开封水泵 P9545 前后阀，打开 P9545 去封水系统阀门，启动封水泵 P9545，P9135A/B 联锁投用。打开 TICA5113 前后阀，打开 TICA5113 控制阀，控制温度在 15～30℃。打开 FRC1223 控制阀，开度 50%，打开贫水/溶剂水缓冲槽 V9138 加水阀，打开回收塔 T9104 底与贫水/溶剂水缓冲罐 V9138 底连通阀。打开 LICA1207 控制阀，开度 50%，打开回收塔 T9104，30#板采出线阀门，打开 FRC1238 前后阀，打开乙腈塔冷凝器 E9146A/B 前后阀，打开乙腈塔尾气洗涤槽 V9141 罐底排污阀，打开 FRC1242 前后阀，打开 LICA1215 前后阀，打开 LICA1216 前后阀，打开回收塔冷凝器 E9113A/B 前后阀，打开 LICA1213 前后阀。

打开脱氢氰酸塔再沸器 E9116A/B 旁路前后阀，全开 E9116A/B 旁路阀，打开成品塔再

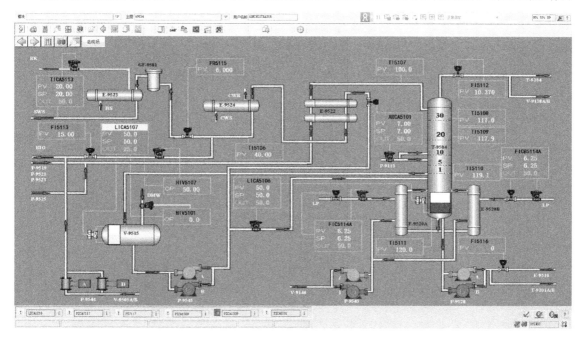

图 3-19　装置循环冷运仿真操作 DCS 界面

沸器 E9119A/B/C 旁路前后阀，全开 E9119A/B/C 旁路阀，联系合成工段向回收塔 T9104 进水，打开溶剂水/贫水泵 P9115A 前后阀，启动 P9115A，打开溶剂水/贫水泵 P9115B 前后阀，启动 P9115B，打开 FRC1225 控制阀，控制流量在 220t/h，打开 TRC1231 前后阀，打开 TRCB1231 前后阀，控制阀 TRC1231 投自动，设定值 66℃。控制阀 TRCB1231 投自动，设定值 66℃，打开溶剂水冷却器 E9109A 入口阀，打开 TRC1230 前后阀，打开 E9109B 入口阀，打开 TRCB1230 前后阀，控制阀 TRC1230 投自动，设定值 48℃，控制阀 TRCB1230 投自动，设定值 48℃。装置循环冷运仿真操作 DCS 界面如图 3-19 所示。

任务执行 ◀

根据生产指令,建立装置循环冷运,并控制工艺参数在规定范围;时间 30min,成绩 85 分以上。

工作任务单　装置循环冷运		编号:3-3-4
考查内容:装置循环冷运工艺仿真操作		
姓名:	学号:	成绩:

1. 说明 V9515、P9545、T9104、E9146A 的名称、作用及控制参数。

2. 说明 PICA7117、TICA5113、LICA1215 的名称、作用及控制参数。

3. TRC1230 温度需要控制在什么范围?

任务总结与评价 ◀

熟练掌握装置冷运工艺流程,能够顺利完成仿真操作。根据仿真系统评分,分析操作上存在的不足,制定改进方案并在小组内进行分享。

任务五　装置循环热运

任务目标　① 了解装置循环热运的目的和意义；
② 掌握装置循环热运的原理和方法。
任务描述　请你以操作人员的身份进行 DCS 仿真操作，成功对装置进行循环热运。
教学模式　任务驱动、仿真操作
教学资源　沙盘、仿真软件及工作任务单（3-3-5）

任务学习

全开 FRC1227 前切阀，关闭 FRC1227 后切阀，全开 FRC1227 控制阀，关闭 FRC1227 控制阀，全开 FRC1227 后切阀，启动回收塔再沸器凝液泵 P9153A，启动 P9153B，微开 FRC1227 控制阀，逐渐增大开度至20%，打开 FRC1238 控制阀，开度在 20%～80%，打开乙腈塔釜液泵 P9155A 前后阀，启动 P9155A，调节 LICA1215 控制乙腈塔 T9110 液位在 20%～80%。打开回收塔水泵 P9111A 前后阀，启动 P9111A，打开 P9111B 前后阀，启动 P9111B。调节 LICA1213 控制回收塔分层器 V9111 液位在 20%～80%，调节 FRC1227 量，稳定 TI1241 在 100℃，打开 LICA1211 前后阀，打开 LICA1211 控制阀，控制贫水/溶剂水缓冲槽 V9138 液位在 20%～80%。打开回收塔塔釜补水泵 P9116A 前后阀，启动 P9116A，打开 P9116B 前后阀，启动 P9116B。装置循环热运仿真操作 DCS 界面见图 3-20。

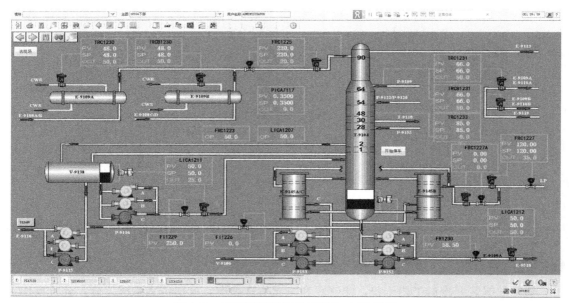

图 3-20　装置循环热运仿真操作 DCS 界面

打开脱氢酸塔真空泵 P9133 前后阀，打开 P9133 封水入口阀，启动 P9133，控制 PIC1306 为 65kPa，打开成品塔真空泵 P9126 前后阀，打开 P9126 封水入口阀，启动成品塔真空泵 P9126，控制 PIC1303 为 35kPa。打开粗丙烯腈泵 P9301A 前后阀，打开 FIC1231 前后阀，启动 P9301A，初期打开 FIC1231 控制阀开度不大于 5%，逐步开大 FIC1231 控制阀至 5%，控制 TRC1233 温度在 78～96℃，打开脱氢氰酸塔进料泵 P9112A/B 前后阀，待回收塔分层器 V9111 油相液位大于 20%，启动脱氢氰酸塔进料泵 P9112A/B，打开 P9112 去粗丙烯腈槽 V9301 连通阀，打开 FRCA1241 前后阀，打开 FRCA1241 控制阀，调节回收塔分层器 V9111 油相出料。

当回收塔分层器 V9111 油相分析合格后，打开脱氢氰酸塔进料泵 P9112 去脱氢氰酸塔 T9106 阀门，关闭脱氢氰酸塔进料泵 P9112 去粗丙烯腈槽 V9301 连通阀，打开对苯二酚泵 P9127A 前后阀，启动 P9127。打开阻聚剂 HQ 去回收塔冷凝器 E9113 阀门，打开乙腈塔回流泵 P9151A 前后阀，启动 P9151，打开 P9151 去废水/废有机物槽 V9304 阀门，打开 FRC1242 控制阀，调节 LICA1216 控制乙腈塔冷凝器 E9146 液位在 20%～80%。

任务执行

根据生产指令，进行装置循环热运仿真操作，并控制工艺参数在规定范围；时间30min，成绩85分以上。

工作任务单　装置循环热运		编号:3-3-5
考查内容:装置循环热运工艺仿真操作		
姓名：	学号：	成绩：

1. 说明 V9111、V9304、P9153 的名称、作用及控制参数。

2. 如何调解 FRC1227？

3. TRC1233 的温度须控制在什么范围？

任务总结与评价

熟悉装置循环热运工艺流程，能够熟练完成仿真操作。

根据仿真系统评分，分析操作上存在的不足，制定改进方案并在小组内进行分享。

任务六　脱氢氰酸塔、成品塔进料

任务目标　① 了解脱氢氰酸塔和成品塔的结构、工作原理和作用；
② 掌握脱氢氰酸塔和成品塔的控制指标；
③ 掌握脱氢氰酸塔和成品塔的进料方法及工艺参数调整方法。

任务描述　请你以操作人员的身份进行 DCS 仿真操作，成功对脱氢氰酸塔和成品塔进行进料，并控制参数在规定范围。

教学模式　任务驱动、仿真操作

教学资源　沙盘、仿真软件及工作任务单（3-3-6）

任务学习

打开脱氢氰酸塔 T9106 进料入口阀，打开脱氢氰酸塔冷凝器 E9118A/B 进出口阀，打开 HIC1305、HICB1305B 通入 0℃盐水，打开脱氢氰酸塔排气冷凝器 E9124 进出口阀，打开脱氢氰酸塔侧线冷却器 E9117 冷凝水进口阀，打开 E9117 冷凝水出口阀，打开脱氢氰酸塔侧线抽出泵 P9117 前后阀，打开 T9106 中段液位控制阀 LIC1305 前后阀，当 21# 塔板液位大于 50％时，启动脱氢氰酸塔侧线抽出泵 P9117，打开 LIC1305 控制阀，打开回收水泵 P9120A 前后阀，打开 P9120B 前后阀，打开脱氢氰酸塔分层器 V9116 水包液位 LICA1302 前后阀，打开 V9116 水相去急冷塔 T9101 阀门，当 V9116 水相液位大于 60％时，启动回收水泵 P9120A/B，调节 LICA1302 控制阀，控制脱氢氰酸塔分层器 V9116 水相液位在 20％～80％，打开脱氢氰酸塔侧线泵 P9119A 前后阀，打开 P9119B 前后阀，打开 V9116 油包液位 LICA1303 前后阀，当脱氢氰酸塔分层器 V9116 油相液位大于 60％时，启动脱氢氰酸塔侧线泵 P9119A/B，调解 V9116 油包液位 LICA1303 控制阀，控制 V9116 油相液位在 20％～80％。

当脱氢氰酸塔 T9106 塔底液位达到 60％，投用脱氢氰酸塔再沸器 E9116，调节贫液过脱氢氰酸塔再沸器 E9116 流量 FIC1308 控制阀，控制 T9106 塔釜温度在 71～77℃，打开脱氢氰酸塔釜液泵 P9118A 前后阀，打开 P9118B 前后阀，打开 T9106 塔釜采出流量 FRC1306 前后阀，打开 T9106 塔釜去粗丙烯腈槽 V9301 阀门，启动 P9118A，启动 P9118B，通过调节 FRC1306 控制阀，控制脱氢氰酸塔 T9106 塔釜液位 LICA1304 稳定在 20％～80％，待脱氢氰酸塔釜液泵 P9118 分析合格后，打开 P9118 至成品塔 T9107 阀门，关闭 P9118 至粗丙烯腈槽 V9301 阀门，打开脱氢氰酸塔回流泵 P9132A 前后阀，打开 FRC1305 前后阀，当脱氢氰酸塔冷凝器 E9118 液位达到 50％，启动脱氢氰酸塔回流泵 P9132A。

通过调节脱氢氰酸塔 T9106 塔顶回流流量 FRC1305 控制阀，控制 T9106 塔顶温度在 20℃，通过脱氢氰酸塔冷凝器 E9118A 液位控制阀 LICA1306 控制脱氢氰酸塔冷凝器 E9118 液位在 20％～80％，打开醋酸泵 P9121A 前后阀，启动 P9121A，打开醋酸去脱氢氰酸塔冷凝器 E9118、脱氢氰酸塔排气冷凝器 E9124 阀门，打开阻聚剂 HQ 去脱氢氰酸塔 T9106 阀门。

打开成品塔 T9107 进料入口阀，打开成品塔冷凝器 E9120 冷物流入口阀，充分排气后打开 E9120 冷物流出口阀。打开成品塔排气冷凝器 E9121 进出口阀，打开成品冷却器 E9122 冷却水进出口阀，当成品塔 T9107 塔底液位达到 60％时，投用 E9119，调节热物流过 E9119 流量 FIC1309 控制成品塔 T9107 塔釜温度在 60～66℃。

打开成品塔釜液泵 P9122 前后阀，打开 FIC1310 前后阀，打开 P9122 去回收塔 T9104 阀门，启动 P9122A。打开 FIC1310 控制阀，控制流量为 2000kg/h，打开成品塔回流泵 P9124A 前后阀，打开 P9124B 前后阀，打开 LICA1308 前后阀，当成品塔回流罐 V9117 液位大于 50% 时，启动成品塔回流泵 P9124PA/B，通过 LICA1308 控制阀调节成品塔回流罐 V9117 液位稳定在 20%～80%。打开 FIC1311 前后阀，打开 P9124 去回收塔 T9104 阀门，调节 FIC1311 控制阀，控制采出量。打开成品塔 T9107 第 43# 塔板侧采出阀门，打开 FRC1313 前后阀，通过调节 FRC1313 控制阀，控制成品塔 T9107 塔釜液位稳定在 20%～80%，打开 MEHQ 去成品塔冷凝器 E9120A/B 阀门。控制 LICA1211 液位稳定在 20%～80%，控制 LICA1212 液位稳定在 20%～80%。

任务执行 ◀

熟练掌握 T9106、T9107 工艺流程，根据生产指令，顺利完成脱氢氰酸塔、成品塔进料仿真操作；时间 30min，成绩 85 分以上。

工作任务单　　脱氢氰酸塔、成品塔进料		编号：3-3-6
考查内容：脱氢氰酸塔、成品塔进料仿真操作		
学号：	姓名：	成绩：

1. 脱氢氰酸塔的作用是什么？

2. E9118 和 V9116 的作用是什么？

3. 什么时候启动 P9117？什么时候启动 P9120？

4. 什么时候投用 E9119？

5. 如何调节 T9107 塔釜温度？T9107 塔釜温度控制在什么范围？

6. 如何调解 T9107 塔釜液位？T9107 塔釜液位控制在什么范围？

任务总结与评价 ◀

熟练掌握脱氢氰酸塔 T9106、成品塔 T9107 工艺流程，能够顺利完成仿真操作。根据仿真系统评分，分析操作上存在的不足，制定改进方案并在小组内进行分享。

【项目综合评价】

姓名		学号		班级	
组别		组长		成员	
项目名称					

维度	评价内容	自评	互评	师评	等级
知识	了解装置开车前的各项准备工作(5分)				
	掌握 T9106 的基本结构、工作原理,在工艺流程中所起的作用(10分)				
	掌握 T9107 的基本结构、工作原理,在工艺流程中所起的作用(5分)				
	掌握 V9116 的基本结构、工作原理,在工艺流程中所起的作用(5分)				
	掌握 V9117 的基本结构、工作原理,在工艺流程中所起的作用(5分)				
	掌握 V9301 的基本结构、工作原理,在工艺流程中所起的作用(5分)				
能力	根据操作规程,配合班组指令,进行 T9106 的开车仿真操作(10分)				
	根据操作规程,配合班组指令,进行 T9107 的开车仿真操作(10分)				
	根据操作规程,配合班组指令,进行 V9116 的开车仿真操作(10分)				
	根据操作规程,配合班组指令,进行 V9117 的开车仿真操作(10分)				
	能正确识图,能叙述流程并找出对应的设备、泵、控制仪表(5分)				
素质	通过学习,了解装置开车的重要性、工作流程,具有初步的装置开车能力(5分)				
	通过对交互式仿真软件的操作练习,培养动手能力、团队协作能力、沟通能力、具体问题具体分析能力,使理论知识更好地与实践知识相结合,培养职业发展学习的能力(10分)				
	通过叙述工艺流程,培养良好的语言组织、语言表达能力(5分)				
我的反思	我的收获				
	我遇到的问题				
	我最感兴趣的部分				
	其他				

项目四
丙烯腈装置停车操作

【学习目标】

知识目标
① 了解丙烯腈装置停车前的各项准备工作，了解公用工程的运行情况；
② 掌握各主要控制点的参数范围及丙烯腈装置停车操作的步骤；
③ 掌握各控制参数的调节方法；
④ 掌握各工段之间的联系，各设备、阀门、仪表的位号。

技能目标
① 能够在仿真操作界面上熟练定位各设备、阀门、仪表；
② 能根据仿真软件的操作提示完成各工序的停车操作；
③ 能够将工艺参数控制在规定的范围内。

素质目标
① 通过装置停车仿真操作，树立遵章守纪、精益求精的工作态度；
② 通过仿真操作中内外操的切换，增强安全环保意识和团队合作意识。

【项目导言】

1. 正常停车

正常停车的目的是保证装置长周期、高效、安全地运行，是常规设备检修和设备检查所必需的。这种类型的停车，首先是假定装置所有的设备都处在良好的运行状态；当然，也可能已经发现有的设备正带"病"运转、将要影响生产和安全，但目前这一"病症"并没有影响生产和安全，所以正好赶在设备正常停车期间一并检修；还有可能因为生产任务的不足或市场需求的变化造成生产装置的开工不足导致的正常停车。

正常停车在前述两种情况下不影响生产计划的完成，即人们在制订年度计划时已将正常停车时间扣除，在恢复生产之后是无须采取非常措施将正常停车期间所影响的生产任务"抢"回来的；对于后者，也没必要"抢回"生产任务，应根据市场变化情况确定。

2. 非正常停车

非正常停车一般是指在生产过程中，遇到一些人们想象不到的特殊情况，如某些装置或设备的损坏、某些电气设备的电源可能发生故障、某一个或多个仪表失灵而不能正确地显示要测定的各项指标，如温度、压力、液位、流量等，而引起的停车，也称紧急停车或事故停车，它是人们意想不到的，事故停车会影响生产任务的完成。事故停车与正常停车完全不同，它首先要分清原因，采取措施，保证事故所造成的损失不因操作不当而扩大。

3. 全面紧急停车

全面紧急停车是指在生产过程中突然发生停电、停水、停汽，或因发生重大事故而引起的停车。对于全面紧急停车，如同紧急停车一样，操作者是事先不知道的，发生全面紧急停车，操作者要迅速、果断地采取措施，尽量保护好反应器及辅助设备，防止因停电、停水、停汽而发生事故和已发生事故的连锁反应，造成事故扩大。

为了防止因停电而引发全面紧急停车的发生，一般化工厂均有自备电源，对于一些关键岗位采用双回路电源，以确保第一电源断电时，第二电源能够立即送电。如果反应装置因事故而紧急停车并造成整个装置全线停车，应立即通知其他受影响工序的操作人员，这将消除对其他工序造成大的危害。

【项目实施任务列表】

任务名称	总体要求	工作任务单	建议课时
任务一 反应器停车	通过该学习任务，了解反应器停车所具备的前置条件，能够完成反应器停车的仿真操作	3-4-1	2
任务二 脱氢氰酸塔 T9106、成品塔 T9107 停工退料	通过该学习任务，了解脱氢氰酸塔和成品塔停车的前置条件，能够完成 T9106 和 T9107 停工退料的仿真操作	3-4-2	2

任务一　反应器停车

任务目标　① 了解反应器 R9101 的结构、作用与前后设备之间的联系；
② 掌握反应器 R9101 停车的前置条件；
③ 掌握反应器 R9101 停车的仿真操作步骤。
任务描述　请你以操作人员的身份进行 DCS 仿真操作，完成反应器的停车仿真操作。
教学模式　任务驱动、仿真操作
教学资源　沙盘、仿真软件及工作任务单（3-4-1）

任务学习

关闭丙烯蒸发器 E9104A 进料，关闭液氨蒸发器 E9105A 进料，反应器停止加丙烯，反应物温度降至 390℃ 以下，反应器停止加氨气。打开反应器氮气事故阀门，打开丙烯蒸发器 E9104A 氮气阀门，打开丙烯蒸发器 E9104A 去火炬阀门，待 PIC1113 压力降为 0 后，关闭 PIC1113。打开液氨蒸发器 E9105A 氮气阀门，打开液氨蒸发器 E9105A 去火炬阀门，待 PIC1114 压力降为 0 后，关闭 PIC1114。关闭丙烯蒸发器 E9104A 贫水进出口阀门，打开 E9104A 贫水旁路阀，改走旁路。关闭液氨蒸发器 E9105A 贫水进出口阀门，打开 E9105A 贫水旁路阀门，改走旁路。关闭汽包 V9104 与高压蒸汽联通现场阀，全开汽包 V9104 去中压的 PIC1111，泄压。打开汽包排污阀，反应物温度降至 200℃ 以下，催化剂罐 V9102 抽负压，打通退催化剂管路，待反应器 R9101 内催化剂不再降低，关闭催化剂罐 V9102 抽负压，关闭退催化剂管路现场阀，待汽包 V9104 压力小于 1.0MPa，关闭 PRCA1111，待汽包 V9104 压力小于 0.3MPa，打开顶部放空阀，泄压至常压。

联系空压机组停空气，关闭空气进料调节阀，关闭事故氮气阀门，停供水泵 P9103，打开泵 P9103 前后导淋阀，排空除氧槽 V9106，关闭脱氢氰酸塔 T9106 进水阀门，关闭 V9106 除氧蒸汽阀门 PIC1112，反应器冷却水泵 P9102 联锁打旁路，停泵 P9102，打开 P9102 泵前导淋，排空汽包 V9104，停消泡剂泵 P9106，打开 P9106 泵前导淋，排空脱盐水罐 V9140，反应器停进料后，停止加硫酸，关闭急冷塔 T9101 去催化剂现场手阀，打开急冷塔循环泵 P9108 去废水/废有机物槽 V9304 现场手阀，改线去 V9304。关闭 FRC1201 及前后手阀，待 R9101 液位低于 5% 时停急冷塔循环泵 P9108，打开泵 P9108 前后导淋，排空急冷塔 T9101，联系精制停水。关闭 FRC1223，吸收塔侧线循环泵 P9110 联锁打旁路，待吸收塔 T9103 上段液位低于 5% 时，停泵 P9110，待 T9103 下段液位低于 5% 时，停吸收塔釜液泵 P9109，打开泵 P9110 前后导淋阀，排空 T9103 上段，打开泵 P9109 前后导淋阀，排空 T9103 下段。

任务执行 ◀

熟练掌握反应器 R9101 工艺流程，根据生产指令，顺利完成反应器停工仿真操作，并控制工艺参数在规定范围。时间 30min，成绩 85 分以上。

工作任务单　反应器 R9101 停车	编号:3-4-1

考查内容:反应器 R9101 停车		
姓名：	学号：	成绩：

1. 反应器停车前需要具备哪些条件？

2. 反应器停车时需要做哪些准备工作？

3. 如何停 V9103A 自动补加系统？

4. 画出 T9101 工艺流程简图。

任务总结与评价 ◀

熟练掌握反应器 R9101 工艺流程，根据生产指令顺利完成仿真操作。

根据仿真系统评分，分析操作上存在的不足，制定改进方案并在小组内进行分享。

任务二 脱氢氰酸塔 T9106、成品塔 T9107 停工退料

任务目标　① 了解脱氢氰酸塔 T9106、成品塔 T9107 的结构、工作原理与前后设备之间的联系；
② 掌握脱氢氰酸塔 T9106、成品塔 T9107 停工退料的前置条件；
③ 掌握脱氢氰酸塔 T9106、成品塔 T9107 停工退料的仿真操作步骤。

任务描述　请你以操作人员的身份进行 DCS 仿真操作，成功对脱氢氰酸塔 T9106、成品塔 T9107 进行停工退料的仿真操作。

教学模式　任务驱动、仿真操作

教学资源　沙盘、仿真软件及工作任务单（3-4-2）

任务学习

待回收塔分层器 V9111 油包液位降至 10% 以下，关闭 FRCA1241 控制阀，打开脱氢氰酸塔釜液泵 P9118 至粗丙烯腈槽 V9301 阀门，关闭 P9118 至成品塔 T9107 阀门，打开氢氰酸至 F9301 阀门，关闭氢氰酸（HCN）至乙酸阀门，全开贫液过脱氢氰酸塔再沸器 E9116 流量 FIC1308 控制阀，确认脱氢氰酸塔 T9106 塔釜液位降至 10% 以下，关后阀，停运脱氢氰酸塔釜液泵 P9118A/B，关 P9118A/B，确认脱氢氰酸塔冷凝器 E9118 液位降至 10% 以下，关后阀。停运脱氢氰酸塔回流泵 P9132A，关 P9132A 前阀，确认脱氢氰酸塔分层器 V9116 油相液位降至 10% 以下，关后阀，停运脱氢氰酸塔侧线泵 P9119A/B，关脱氢氰酸塔侧线泵 P9119A/B 前阀，确认回收塔分层器 V9116 水相液位降至 10% 以下，关后阀，停运回收水泵 P9120A/B，关 P9120A/B 前阀，确认 T9106 塔 21# 板液位 LICA1305 降至 10% 以下，关后阀，停运脱氢氰酸塔侧线抽出泵 P9117A，关 P9117A 前阀，停运脱氢氰酸塔真空泵 P9133A。

打开成品塔釜液泵 P9122 去粗丙烯腈槽 V9301 阀门，全开热物流过 E9119 流量 FIC1309 阀门，调整贫液过脱氢氰酸塔再沸器 E9116 流量 PICA1308，当成品塔回流罐 V9117 液位降至 10% 以下，关后阀，停运成品塔回流泵 P9124A/B，关闭 P9124A/B 前阀，当 T9107 塔釜液位降至 10% 以下，关后阀，停运成品塔釜液泵 P9122A，关闭 P9122A 前阀，停运成品塔真空泵 P9126。

任务执行

根据生产指令，完成脱氢氰酸塔 T9106、成品塔 T9107 停工退料仿真操作，并控制工艺参数在规定范围；时间 30min，成绩 85 分以上。

工作任务单　脱氢氰酸塔、成品塔停工退料		编号：3-4-2
考查内容：脱氢氰酸塔、成品塔停工退料的仿真操作		
姓名：	学号：	成绩：

1. 叙述脱氢氰酸塔、成品塔工艺流程。

2. 叙述脱氢氰酸塔 T9106、成品塔 T9107 的结构和工作原理。

3. 脱氢氰酸塔 T9106、成品塔 T9107 停工退料时需要做哪些准备工作？

4. 画出脱氢氰酸塔、成品塔的工艺流程简图。

任务总结与评价

熟悉 T9106、T9107 工艺流程，能够熟练完成仿真操作。

根据仿真系统评分，分析操作上存在的不足，制定改进方案并在小组内进行分享。

【项目综合评价】

姓名		学号		班级	
组别		组长		成员	
项目名称					

维度	评价内容	自评	互评	师评	等级
知识	了解装置停车前的各项准备工作,内外操各自职责(5分)				
	掌握反应器 R9101 的基本结构、工作原理,在工艺流程中所起的作用(5分)				
	掌握脱氢氰酸塔 T9106 的基本结构、工作原理,在工艺流程中所起的作用(5分)				
	掌握成品塔 T9107 的基本结构、工作原理,在工艺流程中所起的作用(5分)				
能力	根据操作规程,配合班组指令,进行反应器 R9101 的停车仿真操作(20分)				
	根据操作规程,配合班组指令,进行脱氢氰酸塔 T9106 的停车仿真操作(20分)				
	根据操作规程,配合班组指令,进行成品塔 T9107 的停车仿真操作(15分)				
	能正确识图,能叙述流程并找出对应的设备、泵、控制仪表(5分)				
素质	通过学习,了解装置停车的目的、停车工作流程,具有初步的装置停车能力(5分)				
	通过对交互式仿真软件的操作练习,培养动手能力、团队协作能力、沟通能力、具体问题具体分析能力,使理论知识更好地与实践知识相结合,培养职业发展学习的能力(10分)				
	通过叙述工艺流程,培养良好的语言组织、语言表达能力(5分)				
我的反思	我的收获				
	我遇到的问题				
	我最感兴趣的部分				
	其他				

项目五
丙烯腈装置异常与处理

【学习目标】

知识目标
① 了解丙烯腈产品储存和运输的要求及方法；
② 了解丙烯腈装置常见的异常现象及表现；
③ 掌握丙烯腈装置典型异常现象的处理方法；
④ 掌握各控制参数的调节方法；内外操各自的工作职责；
⑤ 掌握各设备之间的联系，各设备、阀门、仪表的位号。

技能目标
① 能够根据工艺参数的波动与变化，判断装置异常现象的种类，并确定处理方法；
② 能根据仿真软件的操作提示完成典型异常现象的处理；
③ 能够将工艺参数控制在规定的范围内。

素质目标
① 通过装置异常现象的判断与处理，树立遵章守纪、精益求精的工作态度；
② 通过仿真操作中内外操角色的转换，增强团队合作意识；
③ 通过对装置异常现象的处理，增强责任感和安全环保意识；
④ 具有冷静沉着、临危不乱的心理素质，能够从容应对突发事件。

【项目导言】

化工生产装置在运行过程中，由于各种原因如：停水、停电、停蒸汽、停工业风、停仪表风、动设备故障、动静设备跑冒滴漏等，经常导致装置运行异常。所以，化工生产装置的异常现象判断及处理是化工工艺操作人员的必备技能。

生产装置异常现象包括工艺的异常波动和外界异常影响，工艺操作超出了正常的波动范围就可以视为异常现象。其中工艺的异常波动主要是工艺操作和机械、电气、仪表等方面的原因所致，如果对异常影响处理不当，将导致各类事故发生。而异常工艺波动如果不能准确找出原因及时处理，也会演化为事故。生产过程中也常常会发生一些泄漏着火的事故，此类异常现象事先没有任何征兆，危害性也较大。所以正确处理异常现象是预防事故发生的最有效、最基本的原则。

【项目实施任务列表】

任务名称	总体要求	工作任务单	建议课时
任务一 装置典型事故案例	通过该学习任务，了解丙烯腈装置常见的事故种类及现象；能够根据事故现象分析判断事故原因并提出解决方案；能够迅速、准确地排除故障	3-5-1	2

续表

任务名称	总体要求	工作任务单	建议课时
任务二 空压机故障反应器进料中断	通过该学习任务,能够根据事故现象分析判断事故原因并提出解决方案;能够迅速、准确地排除故障	3-5-2	2
任务三 氢氰酸泄漏事故	通过该学习任务,能够根据事故现象分析判断事故原因并提出解决方案;能够迅速、准确地排除故障	3-5-3	2
任务四 精制工段装置晃电	通过该学习任务,能够根据事故现象分析判断事故原因并提出解决方案;能够迅速、准确地排除故障	3-5-4	2

任务一　装置典型事故案例

任务目标　① 了解循环水中断、停仪表风、P9103故障断水等常见事故的现象;
② 制订事故处理方案;
③ 掌握各事故处理的仿真操作步骤。
任务描述　请你以操作人员的身份进行DCS仿真操作,分析判断事故原因并进行处理。
教学模式　任务驱动、仿真操作
教学资源　沙盘、仿真软件及工作任务单(3-5-1)

任务学习

一、丙烯腈装置事故处理预案

(1) 装置停电、停汽、停循环水、停反应器中的任何一种进料,停仪表空气、发生重大火灾、撤热水系统故障等都应立即按紧急停工处理。

(2) 装置发生泄漏,视情况轻重将泄漏处切除处理,若无法切除或泄漏严重,应按照紧急停车处理,并及时用大量的水冲洗,排入污水处理系统。

(3) 发生各种事故时,应保持沉着冷静的态度,并向相关领导逐级汇报,多级确认。除非发生特大事故,运行工程师有权停车。杜绝违章指挥、违章作业和违反劳动纪律的现象。

(4) 处理事故时,要严格遵守国家的各项法律、法规以及工厂、车间的各项规章制度。

(5) 处理事故过程中,严禁机动车辆进入现场,现场不得有动火施工等操作。

(6) 处理事故时,应佩戴好必要的劳动保护用品,防止有毒物质通过皮肤、呼吸道和消化道进入体内或飞溅伤人。使用灵活好用的防爆工具。

(7) 确保各种通排风设备运转正常,装置通风良好,配合疏散无关人员到上风侧安全地带。

(8) 在紧急停车处理过程中,应注意控制系统的稳定,保证系统不发生火灾、爆炸等事故。

(9) 处理事故过程中,应以大局为重,以人员生命安全为重,尽量减少不必要的经济财产损失,尽量控制环保污染等特大事故发生。

(10) 重新开车或恢复生产时应进行多级确认，严格按照操作规程进行操作。

(11) 冬季停车处理过程中，应注意防冻和保温工作。

(12) 停车处理过程中特殊的处理地方要做好记录，以便查寻、参考或重新开车时恢复正常。

(13) 设备或公用工程等故障引发的紧急事故一般只导致暂时的紧急停车，有时甚至只是局部性的。在这种情况下，首先要考虑的是确保装置的安全，准确判断，并果断采取措施，避免超温超压损坏设备。其次，由于紧急停车大部分是暂时的、局部的，因此不需要向正常停车那样把物料卸干净，而是采取有效的措施为重新开工创造条件，缩短再次开工至正常运行的时间。

二、循环水中断事故处理

(1) 故障现象：循环水流量、压力急剧下降。

(2) 故障危害：装置紧急停车。

(3) 故障原因：循环水站机械故障。

(4) 故障处理：按下合成工段开始停车确认按钮，控制低压蒸汽入装置压力 PICA7117 压力在 0.3MPa，全开 FIC1308，切除脱氢氰酸塔 T9106 再沸器贫水，全开 FIC1309，切除 T9106 再沸器贫水，打开 FIC1308 副线，打开热物流过 E9119 流量 FIC1309 副线，侧线改送粗丙烯腈槽 V9301，关闭侧线出料去成品中间槽 V9121，HCN 改送 F9301，关闭 HCN 产品采出阀，粗乙腈改送废水/废有机物槽 V9304，关闭粗乙腈采出阀，脱氢氰酸塔进料泵 P9112 出料改送废水/废有机物槽 V9304，关闭 P9112 去 T9106 阀门，全开脱氢氰酸塔釜液泵 P9118 去粗丙烯腈槽 V9301 阀门，关闭 P9118 去 T9107 阀门。

三、停仪表风事故处理

(1) 故障现象：调节阀门失灵，仪表风流量、压力急剧下降。

(2) 故障危害：装置调节阀失灵。

(3) 故障原因：仪表空压站空压机故障。

(4) 故障处理：现场打开蒸汽压入装置的压力 PIC7117 副线阀，现场打开再沸器 E9145 微调蒸汽 FRC1227 副线阀，现场打开溶剂水冷却器 E9109 去回收塔 T9104 流量 FRC1225 副线阀，现场打开贫液过脱氢氰酸塔再沸器 E9116 流量 FIC1308 副线阀，现场打开热物流过 E9119 流量 FIC1309 副线阀，现场关闭 PHC7117B 端阀，富水/贫水换热器 E9108 去回收塔 T9104 物流温度 TRC1231 温度控制在 66℃，TRCB1230 温度控制在 48℃，回收塔 T9104 灵敏板温度控制在 85℃，T9104 塔顶温度控制在 72℃，乙腈塔 T9110 灵敏板温度控制在 100℃，脱氢氰酸塔 T9106 塔釜灵敏板温度控制在 72℃，T9106 塔顶灵敏板温度控制在 30℃，脱氢氰酸塔冷凝器 E9118A/B 罐顶压力控制在 65kPa，成品塔 T9107 产品采出板温度控制在 51.6℃，成品塔回流罐 V9117 罐顶压力 35kPa，第四蒸发器加热室 E9513A 罐顶压力控制在 20kPa，轻有机物汽提塔 T9504 塔釜温度控制在 120℃，蒸汽进装置压力控制在 0.35MPa。

四、P9103 故障断水事故处理

(1) 故障现象：FIC1115/FICB1115 流量下降；V9104A/B 液位 LICA1102/LICA

B1102 下降；反应器温度 TIC1103/TICB1103 上涨；撤热水流量 FR1111/FRB1111 下降；E9102A/B 管程出口温度 TRC1155/TRCB1155 波动。

（2）故障危害：装置非计划停车、撤热水系统设备损坏等。

（3）故障原因：P9103 故障断水。

（4）故障处理：打开备用供水泵 P9103B 入口阀，启动备用泵 P9103B，打开备用泵 P9103B 出口阀，控制汽包 V9104 液位 50%。

任务执行

根据生产指令，完成循环水中断、停仪表风、P9103 故障处理仿真操作，并调整工艺参数在规定范围；时间 30min，成绩 85 分以上。

工作任务单　装置典型事故案例		编号:3-5-1
考查内容:循环水中断、停仪表风、P9103 故障		
姓名：	学号：	成绩：

1. 循环水中断对生产会带来什么影响？

2. 停仪表风对生产有什么危害？

3. 如何进行切泵操作？

4. 利用仿真软件完成循环水中断、仪表风停、P9103 故障处理操作。

任务总结与评价

熟悉装置典型事故案例，能够熟练完成事故处理仿真操作。

根据仿真系统评分，分析操作上存在的不足，制定改进方案并在小组内进行分享。

任务二　空压机故障反应器进料中断

任务目标　① 了解空压机故障导致的装置异常现象；
② 制定事故处理方案；
③ 掌握事故处理的仿真操作步骤。
任务描述　请你以操作人员的身份进行 DCS 仿真操作，分析判断事故原因并进行处理。
教学模式　任务驱动、仿真操作
教学资源　沙盘、仿真软件及工作任务单（3-5-2）

任务学习　◀

（1）故障现象：空气进料量 FRCAS1103 突然快速降低，空气压缩机跳车。
（2）故障危害：装置紧急停车。
（3）故障原因：FRCAS1103 控制调节阀失灵，空气压缩机故障。
（4）故障处理：关闭丙烯调节阀 FRCAS1101，关闭氨气调节阀 FRCAS1102，关闭丙烯蒸发器 E9104 液位控制阀 LICA1106，关闭液氨蒸发器 E9105 液位控制阀 LICA1107，关闭反应器丙烯进料压控阀 PIC1113，关闭反应器氨气进料压控阀 PIC1114，调节吸收塔 T9103 塔顶压力控制 PRCA1203 控制好反应器压力，关闭丙烯进料电磁阀 XV1131，关闭氨气进料电磁阀 XV1132，打开反应器 R9101A 事故氮气吹扫阀，关闭丙烯流量 FRCAS1101 前端阀，关闭氨气流量 FRCAS1102 前端阀，打开丙烯蒸发器 E9104 贫水跨线，关闭 E9104 贫水前后阀，打开氨蒸发器 E9105 贫水跨线，关闭 E9105 贫水前后阀，打开撤热水跨线，关闭丙烯蒸发器 E9104 液位控制器 LICA1106 前后端阀，关闭丙烯蒸发器 E9104 液位控制器 LICA1107 前后端阀，关闭丙烯进反应器压力控制 PIC1113 前后端阀，关闭氨气进反应器压力控制 PIC1114 前后端阀，关闭反应器 R9101A 所有撤热水管阀门，关闭丙烯蒸发器 E9104A 丙烯支料阀门，关闭氨蒸发器 E9105A 液氨支料阀门，急冷塔 T9101A 自身循环，急冷塔后冷却器 E9140A 自身循环。

任务执行

根据生产指令,完成空压机故障反应器进料中断仿真操作,并调整工艺参数在规定范围;时间 30min,成绩 85 分以上。

工作任务单　空压机故障反应器进料中断		编号:3-5-2
考查内容:空压机故障反应器进料中断处理		
姓名:	学号:	成绩:

1. 空压机在装置中的作用是什么?

2. 反应器进料中断会产生什么后果?

3. 利用仿真软件完成空压机故障反应器进料中断故障处理操作。

任务总结与评价

熟悉空压机故障、反应器进料中断故障判断及处理的方法,能够熟练完成仿真操作。根据仿真系统评分,分析操作上存在的不足,制定改进方案并在小组内进行分享。

任务三 氢氰酸泄漏事故

任务目标　① 了解氢氰酸泄漏导致的装置异常现象；
　　　　　　② 制定事故处理方案；
　　　　　　③ 掌握事故处理的仿真操作步骤。
任务描述　请你以操作人员的身份进行 DCS 仿真操作，分析判断事故原因并进行处理。
教学模式　任务驱动、仿真操作
教学资源　沙盘、仿真软件及工作任务单（3-5-3）

任务学习

1. 故障现象

（1）氢氰酸泵房内外有毒可燃气系统报警

（2）员工巡检过程中便携式氢氰酸报警器报警

2. 故障危害

（1）泄漏区域人员发生氢氰酸中毒

（2）可燃气体聚集，易发生火灾、爆炸事故

（3）造成人员伤亡、环境污染事件

3. 故障原因

（1）设备、管线腐蚀或法兰口发生泄漏

（2）人员操作失误发生泄漏

（3）检修管理不当

4. 故障处理

停脱氢氰酸塔回流泵 P9132A，关闭 P9132A 前后阀，点击检查按钮，检查并修复氢氰酸泄漏处。

泄漏停止后，打开脱氢氰酸塔回流泵 P9132B 前阀，启动脱氢氰酸塔回流泵 P9132B，打开 P9132B 后阀，氢氰酸持续流出。

任务执行

根据生产指令，完成氢氰酸泄漏事故处理仿真操作，并调整工艺参数在规定范围；时间 10min，成绩 85 分以上。

工作任务单　氢氰酸泄漏事故		编号：3-5-3
考查内容：氢氰酸泄漏事故处理		
姓名：	学号：	成绩：

1. 了解氢氰酸的物理和化学性质。

2. 氢氰酸泄漏会产生什么后果？

3. 利用仿真软件完成氢氰酸泄漏故障处理操作。

任务总结与评价

熟悉脱氢氰酸塔 T9106 工艺流程，能够熟练完成仿真操作；根据仿真系统评分，分析操作上存在的不足，制定改进方案并在小组内进行分享。

任务四　精制工段装置晃电

任务目标　① 了解晃电导致的装置异常现象；
② 制定事故处理方案；
③ 掌握事故处理的仿真操作步骤。
任务描述　请你以操作人员的身份进行 DCS 仿真操作，分析判断事故原因并进行处理。
教学模式　任务驱动、仿真操作
教学资源　沙盘、仿真软件及工作任务单（3-5-4）

任务学习

1. 故障现象

现场部分或全部照明熄灭。主控电气信号屏上的多数泵报警跳车。

2. 故障危害

装置紧急停车。

3. 故障原因

变电所晃电。

4. 故障处理

装置停电、停汽、停循环水、停反应器中的任何一种进料，停仪表空气、发生重大火灾、撤热水系统故障等都应立即按紧急停工处理。紧急停工处理方法：

[P]—事故处理者立即报告班长或运行工程师

[M]—班长立即报告值班人员和运行工程师

[L]—运行工程师立即报告调度室，视事故类型立即通知急救站或消防队

[M]—运行工程师或值班人员立即通知车间主任和相关人员

（1）合成系统紧急停车

[I]—关闭 FRCAS-1101 调节阀

[I]—关闭 FRCAS-1102 调节阀

[I]—关闭 LICA-1106 调节阀

[I]—关闭 LICA-1107 调节阀

[I]—关闭 PICA-1113 调节阀

[I]—关闭 PICA-1114 调节阀

[I]—调节 PRCA-1203 控制好反应器压力

[I]—关闭 XV-1131 电磁阀

[I]—关闭 XV-1132 电磁阀

[M]—通知空压岗位高压蒸汽并网

[P]—打开 R9101A 事故 N_2 吹扫阀

[P]—关闭 FRCAS-1101 前端阀

[P]—关闭 FRCAS-1102 前端阀

[P]—E9104A，E9105A 贫水改跨线

[P]—R9101A 撤热水管改跨线

[P]—关闭 LICA-1106 前后端阀

[P]—关闭 LICA-1107 前后端阀

[P]—关闭 PIC-1113 前后端阀

[P]—关闭 PIC-1114 前后端阀

[P]—关闭 R9101A 所有撤热水管阀门

[P]—关闭 E9104A 丙烯支料阀门

[P]—关闭 E9105A 液氨支料阀门

[I]—T9101A、E9140A 自身循环

[M]—酸线向 T9101A 塔内扫线

[P]—T9101A 硫酸铵改去 V9304

[P]—T9101A 硫酸铵去催化剂沉降单元扫线

[I]—若 CT-9401A 空压机运转正常，通知空压缓慢打开 FIC11 阀门

(M)—确认 CT-9401A 空压机油路运转正常

(M)—确认 CT-9401A 空压机上的冰机油路运转正常

(2) 精制系统紧急停车

[P]—调整 PV-7117，控制 PV-7117 在 0.3MPa

[P]—切除 T9106、T9107 塔再沸器贫水

[P]—打开 FIC-1308、FIC-1309 副线阀

[P]—侧线改送 V9301

[P]—HCN 改送 F9301，HCN 去乙酸管线用氮气吹扫

[P]—粗乙腈改送 V9304，粗乙腈去乙腈管线用氮气吹扫

[P]—P9112 改送 V9301

[P]—P9118 改送 V9301

[I]—大循环系统热运

[I]—四效系统正常运转

装置晃电事故任务学习表见表 3-40。

表 3-40 装置晃电事故任务学习表

事故名称	装置晃电事故
反应器 R9101 工艺流程	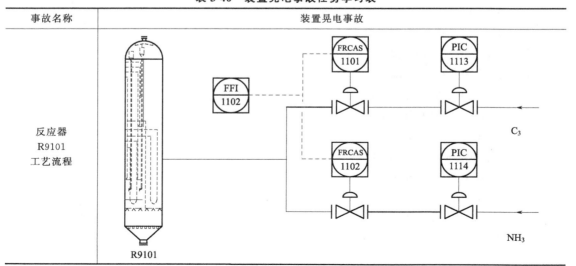

续表

事故名称	装置晃电事故
事故现象	现场部分或全部照明熄灭 主控电气信号屏上的多数泵报警跳车
危害描述	装置紧急停车
事故原因	变电所晃电
事故确认	现场多数运转设备跳车
报警响应程序	险情发生 → 检查确认 → 值班长 → 应急小组 / 工厂调度

任务执行

根据生产指令，完成装置晃电事故处理仿真操作，并调整工艺参数在规定范围；时间 10min，成绩 85 分以上。

工作任务单　精制工段装置晃电事故		编号：3-5-4
考查内容：精制工段装置晃电事故处理		
姓名：	学号：	成绩：
1. 晃电事故对装置会产生哪些危害？ 2. 打开仿真软件，完成装置晃电事故的处理，使装置迅速恢复正常。 注意：生产中要平稳操作，调节参数要稳妥缓慢，幅度要小，防止系统的波动。		

任务总结与评价

熟悉装置停电事故处理流程，能够熟练完成仿真操作；根据仿真系统评分，分析操作上存在的不足，制定改进方案并在小组内进行分享。

【项目综合评价】

姓名		学号		班级	
组别		组长		成员	
项目名称					

维度	评价内容	自评	互评	师评	等级
知识	了解装置停水、停风、停电的现象、危害及可能出现的严重后果(5分)				
	了解丙烯腈、氢氰酸、乙腈的物理和化学性质,了解上述物质的毒性(5分)				
	掌握丙烯腈、氢氰酸、乙腈的中毒途径,中毒后的症状,中毒后自救与互救的方法(5分)				
	掌握生产装置的安全管理规定,熟悉各类常见事故的应急预案(5分)				
能力	根据应急预案,配合班组指令,进行典型事故应急处理操作(20分)				
	能够熟练穿戴正压式防护服,熟练使用空气呼吸器(10分)				
	掌握抗氰预防胶囊和抗氰针的使用条件及使用方法(10分)				
	能够熟练操作事故处理仿真软件,能对实际操作中出现的现象进行分析,能够解决操作过程中的问题(15分)				
	通过事故处理学习与仿真操作,培养应对危机与突发事件的能力及解决化工生产一线技术问题的能力(5分)				
	通过对交互式仿真软件的操作练习,培养动手能力、团队协作能力、沟通能力、具体问题具体分析能力,使理论知识更好地与实践知识相结合,培养职业发展学习的能力(15分)				
	通过叙述工艺流程,培养良好的语言组织、语言表达能力(5分)				
我的反思	我的收获				
	我遇到的问题				
	我最感兴趣的部分				
	其他				

参 考 文 献

[1] 杜春华,闫晓霖. 化工工艺学. 北京:化学工业出版社,2016.
[2] 马长捷,刘振河. 有机产品生产运行控制. 北京:化学工业出版社,2011.
[3] 梁凤凯,舒均杰. 有机化工生产技术. 北京:化学工业出版社,2011.
[4] 丙烯腈装置操作规程. 中国石油天然气股份有限公司企业标准,JH107.10205.132-2015.
[5] 宋艳玲,李丽娜. 化工产品生产技术. 北京:化学工业出版社,2022.